ISO 45001:2018
(JIS Q 45001:2018)

労働安全衛生マネジメントシステム
要求事項の解説

Occupational Health and Safety Management System

中央労働災害防止協会　監修

平林　良人　編著

日本規格協会

著作権について

　本書に収録した JIS は，著作権により保護されています．本書の一部又は全部について，当会の許可なく複写・複製することを禁じます．
　JIS の著作権に関するお問い合わせは，日本規格協会グループ (e-mail：copyright@jsa.or.jp) にて承ります．

発刊にあたって

　働く人の安全と健康を守ることは，健全な社会を構築し市民が平和で幸福な生活を送る上で，個人はもちろんのこと，企業にとっても，また規制する国にとっても，最も重要な課題である．

　労働安全衛生マネジメントシステムの国際規格 ISO 45001 が 2018 年 3 月にようやく制定された．マネジメントシステムは，組織のトップが責任をもって積極的に関与して，現場や中間管理職を巻き込んで組織が一体となって用いるツールである．ISO 45001 は，現場の労働者をはじめとする組織で働く人全体の安全と健康の確保をその目的としている．

　私はかねてより"安全第一，品質第二，生産第三"という価値の順番が基本であり，この意味からは，まず，労働安全衛生マネジメントシステムの存在が大前提にあってはじめて，品質や環境等のマネジメントシステムが存在すべきものと考えている．

　ではなぜ，労働安全のマネジメントシステム規格が品質や環境等より遅れて制定されたかには，労働安全それなりの理由がある．労働安全は，これまで ILO（国際労働機関）が主導して各国で政労使が一体となってそれぞれの国の法律，習慣，文化等を重視して活動してきた経緯があったからである．しかし近年，ローカルに実施されてきた各種の労働安全衛生マネジメントシステムの有効性が認められ，国際標準化するに値すると ILO と ISO（国際標準化機構）が合意して，今回の ISO 45001 の制定に至った経緯がある．

　企業活動における働く人の安全確保の基盤となる ISO 45001 が制定され，その国内対応規格である JIS Q 45001 とともに，それに我が国の誇るべき現場活動が加味された JIS Q 45100 が発行される．この機会を活かして，我が国の労働安全衛生法とあいまって，大手から中小企業まで同じ基準である ISO 45001 及び JIS Q 45100 を用いて，各企業の水準に合ったレベルで導入

され,各企業の労働安全衛生水準の向上に努められるきっかけになることを期待したい.そして,我が国が労働安全の分野で世界に誇るべき最も安全な国になることを願っている.

本書は,我が国最初の本格的な ISO 45001 の解説書である.執筆者は,本国際規格制定に直接ご尽力された我が国のエキスパートをはじめとした専門家である.労働安全に関係するあらゆる人に強く推薦する.必ず手元に 1 冊置くべき必須の本である.

2018 年 10 月

明治大学名誉教授
JIS Q 45001 原案作成委員会委員長
向殿　政男

まえがき

　本書は，2018年3月に発行されたISO 45001の日本語版JIS Q 45001の解説本であるが，事前に計画された2016年の出版時期から，2年遅れての出版となった．それには理由があって，ISO（国際標準化機構）の永年の懸案であった労働安全衛生マネジメントシステム規格の発行に思いのほか時間が掛かったからである．

　ISO 45001は，2013年に設立されたISO/PC 283（2018年4月にはISO/TC 283に拡張された）によって開発が進められたが，開発が進むにつれILO（国際労働機関）とISOの間の労働安全衛生マネジメントシステム規格に対する概念の違いが徐々に明らかになっていった．ILOにはILS（国際労働基準）という加盟各国に周知してある基準があり，ISOには"共通テキスト"と呼ばれる専門業務用指針の付録に規定された附属書SLという基準文書があり，両者の整合をとるのに一定の時間を必要とした．

　しかし，2012年に交わされたILOとISOの覚書によって，ISO 45001の開発は，世界中の労働安全衛生関係の各種団体の衆目を集めるところとなり，予定より2年遅れはしたが多くの議論を経て完成にこぎつけることができたことには大きな意義がある．

　本書は，日本から派遣されたエキスパートの3名，中央労働災害防止協会の斉藤信吾氏，日本規格協会の古野毅氏，テクノファの平林が分担してJIS Q 45001規格の要求事項に関する解説を執筆した．さらに，OH&Sコンサルタントである五十石清氏が中小企業の取組み関係について，元日本規格協会の井ノ口和好氏がOH&SMSに関する各種情報を執筆した．OHSAS 18001とは異なる認証制度の基準については，JISHA方式を中央労働災害防止協会の白崎彰久氏に，COSMOS方式については建設業労働災害防止協会の本山謙治氏に執筆をお願いした．以上の執筆者は，お互いの原稿を計画的に査読してその

内容の充実を図った．最終的な全体編集，校正については，エキスパートを代表して平林がその任に当たった．

PC 283 の国際会議は期間中に 6 回の総会が各地で開催されたが，そのたびに ILO 勤務の日本人 2 人，町田静治氏，川上剛氏とはいろいろ情報交換をさせていただいた．

ISO 45001 の日本語訳の策定にあたっては，JIS Q 45001 原案作成委員会（委員長：向殿政男明治大学名誉教授）において精力的な活動が行われたが，本書ではその成果を使用させていただいていることを申し添えたい．

ISO 45001 開発期間中の中央労働災害防止協会の全国産業安全衛生大会では，リスクアセスメント部会での議論において，日本の特長を追加した規格の開発の必要性が論じられ，その成果物として JIS Q 45100 が開発されたことも意義深いものがある．2016 年の仙台大会で，向殿先生のリーダーシップによって第三者認証制度の更なる信頼性向上の議論が JIS Q 45100 開発の端緒になった．OHSAS 18001 からの ISO 45001 への移行については，IAF（国際認定機関協議会）のガイドにより 2018 年 3 月から向こう 3 年間となっているが，"ISO 45001 と一体で活用する JIS Q 45100"についても，働き方改革（時間外労働規制，メンタルヘルス，健康確保など）に関する内容が含まれているだけに，社会的周知とその理解が深まることを期待したい．

そして，厚生労働省安全課，経済産業省国際標準課の担当者の方には，JIS Q 45100 についてご教授をいただいたことに謝意を表します．

本書は ISO 規格が予定より 2 年延びたことにより，出版が延び延びとなり原稿の執筆から修正，最新化と従来の倍の管理が必要となり，時間的拘束を含めて随分と編集者に負担を与えてしまった．最後にその労に対して大変に世話になった日本規格協会編集制作チームの室谷誠氏，伊藤朋弘氏の両名に謝意を表します．

2018 年 10 月

執筆者を代表して
JIS Q 45001 原案作成委員会 WG 主査　平林　良人

編集委員会名簿

編集主査　平林　良人　株式会社テクノファ
　　　　　　　　　　　ISO/PC 283 日本代表エキスパート
　　　　　　　　　　　ISO/PC 283 国内審議委員会委員
　　　　　　　　　　　JIS Q 45001 原案作成委員会委員／WG 主査

委　　員　五十石　清　五十石技術士事務所
　　　　　　　　　　　ISO/PC 283 国内審議委員会委員

　　　　　井ノ口和好　花野井企画
　　　　　　　　　　　元 ISO/PC 283 国内審議委員会事務局

　　　　　斉藤　信吾　中央労働災害防止協会
　　　　　　　　　　　ISO/PC 283 日本代表エキスパート
　　　　　　　　　　　ISO/PC 283 国内審議委員会委員
　　　　　　　　　　　JIS Q 45001 原案作成委員会事務局

　　　　　白崎　彰久　中央労働災害防止協会
　　　　　　　　　　　ISO/PC 283 国内審議委員会委員
　　　　　　　　　　　JIS Q 45001 原案作成委員会委員

　　　　　本山　謙治　建設業労働災害防止協会
　　　　　　　　　　　ISO/PC 283 国内審議委員会委員
　　　　　　　　　　　JIS Q 45001 原案作成委員会委員

協 力 者　古野　　毅　一般財団法人日本規格協会
　　　　　　　　　　　ISO/PC 283 日本代表エキスパート
　　　　　　　　　　　ISO/PC 283 国内審議委員会事務局
　　　　　　　　　　　JIS Q 45001 原案作成委員会委員

　　　　　　　　　　　　　　　（順不同，所属は執筆時）

目　次

発刊にあたって　3
まえがき　5

第1章　ISO 45001 の発行とその活用　（平林）

1.1　規格発行の背景――複雑な経緯，関係者 …………………… 16
1.2　ISO 45001（JIS Q 45001）の発行 ……………………………… 23
1.3　規格要求事項の概要 …………………………………………… 27
1.4　認証制度の概要と動向 ………………………………………… 39
1.5　ISO 45001:2018 と OHSAS 18001:2007 との比較表 ………… 40

第2章　ISO 45001:2018 要求事項の解説

箇条1　適用範囲 ……………………………………………（JSA）…… 46
箇条2　引用規格 …………………………………………………………… 49
箇条3　用語及び定義 ………………………………………（斉藤）…… 50
箇条4　組織の状況 …………………………………………（平林）…… 79
　　4.1　組織及びその状況の理解 ………………………………… 79
　　4.2　働く人及びその他の利害関係者のニーズ及び期待の理解 … 83
　　4.3　労働安全衛生マネジメントシステムの適用範囲の決定 … 85
　　4.4　労働安全衛生マネジメントシステム …………………… 88
箇条5　リーダーシップ及び働く人の参加 ………………（JSA）…… 93
　　5.1　リーダーシップ及びコミットメント …………………… 93
　　5.2　労働安全衛生方針 ………………………………………… 98
　　5.3　組織の役割，責任及び権限 ……………………………… 101
　　5.4　働く人の協議及び参加 …………………………………… 105

箇条6　計　画 ……………………………………………………(平林) … 114
　6.1　リスク及び機会への取組み ……………………………………… 114
　　　6.1.1　一般 ……………………………………………………… 114
　　　6.1.2　危険源の特定並びにリスク及び機会の評価 ……………… 119
　　　6.1.2.1　危険源の特定 …………………………………………… 119
　　　6.1.2.2　労働安全衛生リスク及び労働安全衛生マネジメントシステム
　　　　　　に対するその他のリスクの評価 ……………………………… 126
　　　6.1.2.3　労働安全衛生機会及び労働安全衛生マネジメントシステムに
　　　　　　対するその他の機会の評価 …………………………………… 130
　　　6.1.3　法的要求事項及びその他の要求事項の決定 ……………… 131
　　　6.1.4　取組みの計画策定 ……………………………………… 135
　6.2　労働安全衛生目標及びそれを達成するための計画策定 ………… 138
　　　6.2.1　労働安全衛生目標 ……………………………………… 138
　　　6.2.2　労働安全衛生目標を達成するための計画策定 …………… 142
箇条7　支　援 …………………………………………………(JSA) … 145
　7.1　資源 ………………………………………………………… 145
　7.2　力量 ………………………………………………………… 146
　7.3　認識 ………………………………………………………… 151
　7.4　コミュニケーション ………………………………………… 154
　　　7.4.1　一般 ……………………………………………………… 154
　　　7.4.2　内部コミュニケーション ……………………………… 159
　　　7.4.3　外部コミュニケーション ……………………………… 160
　7.5　文書化した情報 ……………………………………………… 161
　　　7.5.1　一般 ……………………………………………………… 161
　　　7.5.2　作成及び更新 …………………………………………… 166
　　　7.5.3　文書化した情報の管理 ………………………………… 168
箇条8　運　用 …………………………………………………(平林) … 172
　8.1　運用の計画及び管理 ………………………………………… 172
　　　8.1.1　一般 ……………………………………………………… 172
　　　8.1.2　危険源の除去及び労働安全衛生リスクの低減 …………… 176
　　　8.1.3　変更の管理 ……………………………………………… 179

	8.1.4	調達 …………………………………………………………	183
		8.1.4.1 一般 ……………………………………………………	183
		8.1.4.2 請負者 …………………………………………………	185
		8.1.4.3 外部委託 ………………………………………………	189
	8.2	緊急事態への準備及び対応 …………………………………………	192

箇条9　パフォーマンス評価 ………………………………………… (JSA) … 196
 9.1　モニタリング，測定，分析及びパフォーマンス評価 ……………… 196
  9.1.1　一般 ………………………………………………………………… 196
  9.1.2　順守評価 …………………………………………………………… 201
 9.2　内部監査 …………………………………………………………………… 204
  9.2.1　一般 ………………………………………………………………… 204
  9.2.2　内部監査プログラム ……………………………………………… 205
 9.3　マネジメントレビュー …………………………………………………… 209

箇条10　改　善 ……………………………………………………… (平林) … 213
 10.1　一般 ……………………………………………………………………… 213
 10.2　インシデント，不適合及び是正処置 ………………………………… 214
 10.3　継続的改善 ……………………………………………………………… 221

第3章　JIS Q 45100:2018 要求事項の解説 　(斉藤)

3.1　日本版マネジメントシステム規格（JIS Q 45100）作成の経緯 …………… 226
3.2　JIS Q 45100 運用の意義 ……………………………………………………… 226
3.3　JIS Q 45100 の解説 …………………………………………………………… 227
箇条1　適用範囲 …………………………………………………………………… 228
箇条2　引用規格 …………………………………………………………………… 228
箇条3　用語及び定義 ……………………………………………………………… 229
箇条4　組織の状況 ………………………………………………………………… 229
箇条5　リーダーシップ及び働く人の参加 ……………………………………… 229
  5.3　組織の役割，責任及び権限 ………………………………………… 229
  5.4　働く人の協議及び参加 ……………………………………………… 230

箇条 6	計　画	231
	6.1　リスク及び機会への取組み	231
	6.1.1　一般	231
	6.1.1.1　労働安全衛生への取組み体制	233
	6.1.2　危険源の特定並びにリスク及び機会の評価	235
	6.1.2.1　危険源の特定	235
	6.1.2.2　労働安全衛生リスク及び労働安全衛生マネジメントシステムに対するその他のリスクの評価	235
	6.1.2.3　労働安全衛生機会及び労働安全衛生マネジメントシステムに対するその他の機会の評価	236
	6.1.3　法的要求事項及びその他の要求事項の決定	236
	6.2　労働安全衛生目標及びそれを達成するための計画策定	237
	6.2.1　労働安全衛生目標	237
	6.2.1.1　労働安全衛生目標の考慮事項など	237
	6.2.2　労働安全衛生目標を達成するための計画策定	237
	6.2.2.1　実施事項に含むべき事項	239
箇条 7	支　援	241
	7.2　力量	241
	7.5　文書化した情報	242
	7.5.1　一般	242
	7.5.1.1　手順及び文書化	242
	7.5.3　文書化した情報の管理	243
箇条 8	運　用	244
	8.1　運用の計画及び管理	244
	8.1.1　一般	244
	8.1.2　危険源の除去及び労働安全衛生リスクの低減	245
箇条 9	パフォーマンス評価	246
	9.1　モニタリング，測定，分析及びパフォーマンス評価	246
	9.1.1　一般	246
	9.2　内部監査	247
	9.2.2　内部監査プログラム	247

箇条 10　改　善 …………………………………………………… 247
　　　10.2　インシデント，不適合及び是正処置 ………………… 247
　附属書 A（参考）　取組み事項の決定及び労働安全衛生目標を達成するため
　　　　　　　　　の計画策定などに当たって参考とできる事項 ………… 249

第 4 章　他の ISO マネジメントシステム規格との比較　（平林）

4.1　共通テキスト（附属書 SL）導入による共通要素 ………………… 258
4.2　他のマネジメントシステム規格との違い ………………………… 272
4.3　ISO 9001:2015 及び ISO 14001:2015 との違い ………………… 279

第 5 章　中小企業は ISO 45001 をどのように活用するか
（五十石・井ノ口）

5.1　ISO 45001 開発における中小企業への配慮 ……………………… 292
5.2　中小企業が ISO 45001 を活用する四つのステップ ……………… 294
5.3　ステップごとの取組みの提案 ……………………………………… 295
5.4　中小企業には"機会"があるか？ ………………………………… 298
5.5　おわりに …………………………………………………………… 300

第 6 章　他の OH&SMS 規格・指針との比較

6.1　OHSAS 18001:2007 との比較 ………………………… （平林）… 304
6.2　厚生労働省"労働安全衛生マネジメントシステムに関する指針"との比較
　　　　　　　　　　　　　　　　　　　　　………………… （白崎）… 315
6.3　JISHA 方式適格 OSHMS 基準との比較 …………………（白崎）… 323
6.4　ILO 労働安全衛生マネジメントシステムに関するガイドラインとの比較
　　　　　　　　　　　　　　　　　　　　　………………… （白崎）… 328
6.5　COHSMS 認定基準との比較 ……………………………（本山）… 331

付　録 （井ノ口）

付録1　ISO 45001 関連情報の入手先 …………………………………………… 342
付録2　OH&SMS 認証組織件数 …………………………………………………… 343
付録3　IAF ガイダンス文書"OHSAS 18001:2007 から ISO 45001:2018
　　　　への移行に関する要求事項" ……………………………………………… 344

索　　引　　353

第1章

ISO 45001:2018 の発行とその活用

1.1 規格発行の背景——複雑な経緯，関係者

1.1.1 ISO と ILO

ISO（International Organization for Standardization：国際標準化機構）が労働安全衛生マネジメントシステム（Occupational Health and Safety Management System, 以下 OH&SMS という）規格について最初に議論したのは，1994 年のゴールドコースト ISO/TC 207 第 2 回総会である．環境マネジメントシステム規格の議論において，規格に盛り込む内容のバウンダリー（境界線，範囲）をどこに置くのかの議論をめぐってであった．環境マネジメントシステムも OH&SMS も劇物毒物，有機溶剤，騒音，廃棄物等の管理をカバーするが，環境と労働安全衛生との区別がはっきりしない．組織の外に対しては環境マネジメントシステムで，組織の内に対しては OH&SMS でというのが当時の大方の理解になった．

ISO/TMB（技術管理評議会）はカナダからの提案を受けて，1995 年に"OH&S アドホックグループ"（一時的な検討グループ）の設置を決めた．アドホックグループは，1995 年から 1996 年にかけて都合 3 回の会合を開き，OH&SMS の今後の方向について協議をした．1996 年にジュネーブで各国の利害関係者を集めてワークショップを開催したが，このワークショップには各国の関心が強く，44 か国，6 国際機関から約 400 人の専門家が集まった．

日本からも通商産業省，労働省，産業界，関係団体から 19 名が参加した．2 日間に及ぶ議論の中で OH&SMS の ISO 規格化には賛否両論であったが，賛成 33％に対して反対 43％という結果になり，ISO はこの案件を時期尚早ということで見送った．

ISO は 2000 年からも労働安全衛生規格の国際規格化を働きかけたが，OH&SMS の国際規格の制定をめぐり ILO（International Labour Organization：国際労働機関）と活動領域をめぐって対立することになり，明確な進展はなかった．

ILO は，第一次世界大戦後 1919 年に創設された世界の労働者の労働条件と

生活水準の改善を目的とする国連最初の専門機関であり，国際的に労働者の権利を守る国際機関として長らく活動してきた．本部はスイスのジュネーブにあり，加盟国は187か国（2016年2月現在）である．第一次世界大戦後当時の大きな政治問題となっていたのは，社会活動家による国際的な労働者保護を訴える運動，貿易競争の公平性の維持，各国の労働組合の運動，ロシア革命の影響などであったが，国際的に協調して労働者の権利を保護することが重要であると考えられ設立された．ILOの目的は，社会正義を基礎とする世界の恒久平和を確立することにある．そのためILOは，基本的人権の確立，労働条件の改善，生活水準の向上，経済的・社会的安定の増進を組織の目的に掲げている．

ILOは，世界的な規模で様々な活動を行っているが，その中でも条約や勧告の制定は最も古く，かつ最も重要なものの一つに挙げられる．これら条約や勧告を総称してILS（International Labour Standards：国際労働基準）と呼んでいるが，2013年時点で条約189本，勧告202本を数える．ILSは，ILO総会（International Labour Conference）に設置される委員会において2回審議され，本会議での投票による採択を経て条約となる．ただし，加盟国は批准を行って初めて当該条約の拘束を受ける．条約ごとに発効条件が明記されるが，通常は2か国以上の批准により発効する．

かたやISOも第一次世界大戦後1926年，IEC（International Electrotechnical Commission：国際電気標準会議，1906年創立）と同様な理念，すなわち世界の消費者に質のよい，安全な製品を供給し消費者が安心して使用できるように，工業製品の標準化を進めるためにできた国際機関［ISOはILOと異なり国連の組織ではなく，各国の支援を受けたNGO（Non Governmental Organization）］である．その本部はやはりスイスのジュネーブにあり，加盟国は162か国（2017年末現在）である．その定款には次のようなことが目的として掲げられている．

① 国際標準は営利でなく，コンセンサスと平等な投票制により形成されるべきであるという理解のもと，国際標準の究極的な権威を各国標準に根付

かせる．

② 各国における標準化活動の情報交換にシンプルかつシステマティックな方法を提供することで，標準化に対する国際理解が得られるような手広い活動を展開する．

ISO から発行されている現在有効な国際規格は約 2 万あるが，そのうちマネジメントシステム規格は約 100 である．ISO でも規格制定ルール（"ISO/IEC Directives"：ISO/IEC 専門業務指針）が明確にされており，そこには専門委員会を設置し，加盟国から参加メンバーを募り，一定の手順に基づき参加国の投票によって規格の成立，不成立が決定されていくステップが規定されている．

1.1.2 各国の OH&SMS 規格及び OHSAS 18001

英国をはじめ約 10 か国は，1996 年の国際ワークショップ後に，OH&SMS に関する国家規格（ガイドを含む）を制定しているが，将来の国際規格化のイニシアティブをとろうとしたと思われる．

主要な国家規格（ガイドを含む）の制定国，規格名及び制定年は表 1.1 のとおりである．

1998 年 BSI（英国規格協会）は OH&SMS 規格の私的制定を各国に呼びかけた．これは ILO が労働安全衛生は ISO が扱うべきでないとして，ISO の OH&SMS 国際規格化に明確に反対したからであるといわれている．BSI の呼びかけに呼応した組織は約 30 機関あり，日本からも，日本規格協会，中央労働災害防止協会，高圧ガス保安協会，株式会社テクノファが参加を表明した．このグループはその後 "OHSAS グループ" と呼ばれ，OH&SMS の審査登録用基準の制定に向けて協議を始め，1999 年 4 月に OHSAS 18001 を制定した．その後制定された OHSAS 18002 と併せて，コンソーシアム規格 OHSAS 18001/18002 と呼ばれるようになった．

一方，ILO は，2002 年の理事会で "OSHMS"（OH&SMS と表記が異なることに注意）に関するガイドライン（ILO-OSH 2001，以下 ILO ガイドラインという）を承認した．ILO は "非認証用 OH&SMS 規格（ガイドライン）

1.1　規格発行の背景

表 1.1　主要な OH&SMS 規格類

国	規　格	標　題
英国	BS 8800:1996	Guide to occupational health and safety management systems
オランダ	Technical Report NPR 5001:1997	Guide to an occupational health and safety management system
デンマーク	DS/INF 114:1996	Guide to occupational health and safety management systems
スペイン	UNE 81900:1996	Prevention of Occupational Risks-General rules for implementation of Occupational Health and Safety Management Systems
イタリア	UN 110616:1997	Major hazard process plants-safety management for the operation-fundamental criteria for the implementation
オーストラリア及びニュージーランド	AS/NZ 4804:1997	Occupational Health and Safety Management Systems—General guidelines on principles, systems and supporting techniques
日本	労働省告示第 53 号（1999 年）	労働安全衛生マネジメントシステムに関する指針

作成について協力をしたい"ことを ISO に申し出たが，今度は ISO が"ILO との協同作業は辞退する"ことを決めた．この背景には 1994 年以来の労働安全衛生規格の国際規格化のイニシアティブをどちらがとるのかという ILO と ISO の葛藤がまだ続いていたからであるといわれた．

1.1.3　社会的ニーズと意義

各国の政府機関は法的規制などを通じて災害の撲滅に努力を重ねてきているが，依然として死亡など重篤災害をはじめ多くの労働者に疾病などの被害を生じさせている．2016 年の統計では世界で 250 万人が労働災害で死亡している（ILO 調査数字）．労働災害は一義的には法的規制でその防止を図るべきで

あるが，強制的な対応に加えて自主的なコントロールも災害防止に効果があるといわれている．そのことは，英国のローベンス卿の名前を取った"ローベンス報告"に詳しい．自主的な対応が効果を上げるという理論的根拠は，"組織は，強制法規に対してはその規制をミニマムに適用しようとするが自主的対応（マネジメントシステム）はマキシマムに適用しようとする"ところにあるといわれている．

マネジメントシステムとは，"方針，目的及びその目的を達成するためのプロセスを確立するための，相互に関連する又は相互に作用する，組織の一連の要素"（附属書SL；共通テキスト3.4）と定義されている．労働安全衛生マネジメントの目的は，人間尊重の理念に基づき，産業活動がもたらす危険を排除して，災害や事故を防止し，さらには技術革新などによる新しい形の危険の発生をなくし，働く人々はもちろん，国民一般も健康で快適な生活を享受できるようにすることである．

これらの目的を達成するための基本は，企業経営を行う事業者自らがその責任において災害や事故の未然防止を図ることである．ノウハウや技能，経験に依存する労働安全衛生技術はそのままでは標準とはなりにくいものであり，労働安全衛生を標準化し，"制度"としての労働安全衛生を確立していくことが必要になる．

この制度こそが，"労働安全衛生マネジメントシステム（OH&SMS）"であり，その時々のパフォーマンスに一喜一憂しているのではなく，重要な要素を仕組み化して，制度として機能させることが組織に必要なことである．労働安全衛生を推進する基本思想は，次のとおりである．

・"人"を最重要視する．
・"人"は誤りを犯す存在であることを認識する．
・教育・訓練だけでは労働安全衛生は向上しない．
・機械（ハード）と制度（ソフト）の両方で労働安全衛生を向上させる．

また，労働安全衛生運用の基本は，次のとおりである．

・労働安全衛生の実施はトップマネジメントがリーダーシップをとる．

1.1 規格発行の背景

- 労働災害には根本原因にまで対策をとる．
- 機械は故障し，人間は誤りを犯すことを前提に労働安全衛生対策を考える．
- 機械の設計，製造，据付，運転，保守などの前段階で労働安全衛生対策を考える．
- 安全である，衛生的であるという判断は客観的証拠による．

そして，労働安全衛生のための要素は，大きく次の三つに分類される．

（1） マネジメント（管理）

　　事故を起こさないために，主に人間の行為，行動をマネジメントすることで安全を確保しようとする要素．

（2） 機械化，自動化

　　人の判断や管理手段によらず，主として機械的，ハードウェア的な手段により，安全を確保しようとする要素．

（3） 被害レベル低減化

　　インシデントは必ず起きることを認識し，インシデントが起こっても事故にならないようにして安全を確保しようとする要素．

労働安全衛生をマネジメントする管理者は，その職務の遂行するに当たっては，以下のような労働安全衛生の前提を考慮する必要がある．

- 人の安全と健康は何ものにも優先するものである．
- 安全は論理的に確認され，かつ，また，立証される必要がある．
- "危険は忘れたころやってくる"の原則を忘れない．
- 安全の向上は生産性を向上させる．

以上のようなことを制度にする，すなわちシステムにすることがISO 45001の命題である．OH&SMSは，組織の全員が決められたことを確実に行うことを担保する一つのツールである．組織では，"ある時期は一生懸命に行うものの，時間が経つと忘れてしまい，最終的には見向きもしない"ということがよくある．組織の労働安全衛生にはOH&SMSの構築は有用なツールであるが，逆にOH&SMSだけでは労働災害の防止はできない．

組織には，管理技術と固有技術の両方が必要である．組織が従来進めてきた労働安全衛生確保に関する固有の知識，技術，技能は，ますます高めていかなければならない．この固有技術がないところには，いくら立派な管理技術，すなわちOH&SMSを構築しても有効なものにはならない．固有技術と管理技術両方の向上があってはじめてOH&SMSも改善されていくものである．

1.1.4 自主的取組みの有効性

2015～2016年の英国の労働災害統計によると，労働災害による死亡者は144人，休業災害（7日以上）157,000件となっている[*1]．

一方, 日本の労働災害の状況は, 同時期の2016(平成28)年の死亡者数は928人となっており，また休業災害（4日以上）は117,910人と報告されている[*2]．

このことから，休業災害については日本（4日以上）と英国（7日以上）では英国のほうが3割以上多いが（休業日を考慮すると5割以上か），死亡件数だけを比較すれば，英国は日本の1/6と，圧倒的に少ないことがわかる．

英国の全就業者は日本の約45％であり，日本での死亡者を労働人口比で修正すれば，おおむね420人となる．すなわち，英国の労働災害による死亡者（144人）は日本の34％になる．英国と日本とでは産業構造が異なり，日本のような重工業は英国にはあまりなく，軽工業が多い．また，災害統計の算定方法（休業の取扱いや農業従事者の集計方法など）の違いなど，制度上の違いもあり，単純に比較はできない．しかし，死亡者数において大きな違いがあることは否定できない．休業災害などの労働災害はむしろ英国のほうが多いのだが，死亡災害に至ると随分と少ないことがわかる．この違いは，何に起因するのだろうか．

前述したように，まず産業構造の違いが挙げられるが，次に我が国と英国の間にある安全活動に対する考え方や手段に大きな相違があることが挙げられ

[*1] http://www.hse.gov.uk/statistics/
[*2] http://www.mhlw.go.jp/file/04-Houdouhappyou-11302000-Roudoukijunkyokuanzeneiseibu-Anzenka/0000165152.pdf

る．注目されるのは，英国で定着している OH&SMS の存在である．法による規制だけでは労働災害の防止には根本的な手が打てないことが "ローベンス報告"[*3] で説明されている．安全は，"人の心" のあり方に頼らざるを得ない面があり，法による規制だけでは，ムチで強制的に追いやられるように，消極的な対応になることが多く残念ながら長続きしない．人が本当にやる気になったときこそ，日ごろ想像できないような良い結果を生み出す．すべての人に共通していえることは，自分がその気になったとき，すなわち自発的にやるときに最大の成果を出すということである．ここにボランティアである OH&SMS 構築の基本的な意義がある．

1.2　ISO 45001（JIS Q 45001）の発行

　ISO は OH&SMS に関する協働作業について，2006 年に三たび ILO に提案したが，ILO 理事会では "ISO に対し OH&SMS の国際規格の作成を差し控えるよう依頼すること" を決議した．OH&SMS の ISO 規格化が 15 年にわたって 3 回見送られる中，1999 年に発表されたコンソーシアム規格 OHSAS 18001/18002 がじわじわと各国の認証制度の中で影響を強め始めた．各国の企業から OHSAS 18001 に基づく第三者の審査を受けたいという要請が増えてきた．2013 年に入ると OHSAS 18001 認証数は 100 か国以上で実施されるようになり，世界で 15 万件以上の認証を数えるまでになった（2013 年推定）．日本でもこの当時約 2,000 件の OHSAS 18001 認証が確認されている（プライベート認証のため公式調査はなく推定値）．

　BSI は，2013 年にこのような世界での普及を実績として，OH&SMS の ISO 規格作成について NWIP（New Work Item Proposal：新作業項目提案）を ISO に申請した．2013 年 6 月には BSI の新規提案が ISO 加盟国の投票で承認され，専門委員会 PC 283 が設置され ISO 45001 という番号も付与されたが，それに連動するかのように，ISO と ILO は労働安全衛生の国際規格の

[*3]　https://www.jisha.or.jp/international/sougou/pdf/uk_04.pdf

取扱いについて新たな協力関係に関する覚書を交わした．この合意書は20年にわたるISOとILOの労働安全衛生に関する業務領域の確執を解決するものとして，関係者の間にインパクトを与える画期的なものになった．

ISOはILOとの合意に基づき，ILOを利害関係者として招き，2013年10月にISO 45001の技術専門委員会であるPC 283第1回総会をロンドンで開催した．ここで，ISO 45001は，ISOマネジメントシステム規格の"共通テキスト"（ISO/IEC Directives Part 1, Annex SL：附属書SL）に準拠して開発することが確認された．その他，OHSAS 18001，ILO-OSHガイドライン，諸外国の国家規格の要素も取り入れ開発することも併せて承認された．

PC 283には，Pメンバー（参加メンバー：投票権あり）69か国，Oメンバー15か国（オブザーバーメンバー：投票権なし），リエゾン（利害関係メンバー：投票権なし）22組織が登録された．利害関係者（リエゾン）の参加はISOの特徴であり，幅広く意見を収集することを目的としており，PC 283にはILOをはじめITUC（国際労働組合総連合），OHSASグループなどの労働安全衛生に強い関係をもつ組織が参加している．

日本ではPC 283会議に対応するため，JISC（日本工業標準調査会）が政労使三者構成の国内審議委員会及びワーキンググループを設置し，3人の日本代表エキスパートを国際会議に派遣し我が国の意見を反映させた．

2017年7月のDIS 2投票結果は，投票したPメンバーの2/3以上が賛成し，かつ，反対は投票総数の1/4以下であったため，ISO 45001 DIS 2は承認された．この投票に付帯された各国のコメントは1,626件あった．コメント数が多かったため，同年9月のマラッカ総会での6日間においては，重要な技術的なコメントをエキスパート全員に挙げさせ（約100件）焦点を絞った議論を行った．残された技術コメント及びエディトリアル（誤字脱字など編集上の変更）は，会議終了後事務局がまとめ，それを最終国際規格案（FDIS）として各国の投票にかけることとなった．最終国際規格案（FDIS）への投票は，Pメンバーの2/3以上が賛成（93%）し，かつ，反対は投票総数の1/4以下（6%）であったため，2018年3月にIS発行がされた．

1.2 ISO 45001 (JIS Q 45001) の発行

発行後 PC（Project Committee）283 は，TC（Technical Committee）283 に改組され，複数の国際規格を開発する技術専門委員会に格上げされた．

過去 25 年余にわたる OH&SMS 規格開発に関する経緯を表 1.2 に示す．

表 1.2　OH&SMS 規格開発の経緯

年　月	JIS Q 45001 発行に至るまでの経過
2018 年 3 月	IS 発行
2017 年 11 月	FDIS 投票
2017 年 9 月 18 日～23 日	●第 6 回 PC 283 総会（WG 1）（マレーシア）
2017 年 5 月 19 日～ 7 月 13 日	DIS 2 投票 　— 投票結果：賛成 53，反対 7，棄権 6
2017 年 2 月 6 日～ 2 月 10 日	PC 283/WG 1 会合（ウィーン） 　— 国際規格案改訂版（DIS 2）の作成
2016 年 10 月 30 日～ 11 月 4 日	PC 283/WG 1 会合（クライペダ） 　— 国際規格案（DIS）のコメント検討
2016 年 9 月 12 日～16 日	PC 283/WG 1/TG 8 会合（デンマーク） 　— 国際規格案（DIS）のコメント検討
2016 年 6 月 6 日～ 6 月 10 日	●第 5 回 PC 283 総会（WG1）（トロント） 　— 国際規格案（DIS）のコメント検討
2016 年 2 月 12 日～ 5 月 12 日	DIS 投票 　— 投票結果：賛成 40，反対 16，棄権 5
2015 年 9 月 21 日～25 日	●第 4 回 PC 283 総会（WG1）（ジュネーブ） 　— 国際規格案（DIS）の作成
2015 年 6 月 29 日～ 7 月 3 日	PC 283/WG 1/TG 会合（ダブリン） 　— 委員会原案改訂版（CD 2）のコメント検討
2015 年 3 月 25 日～ 6 月 5 日	CD 2 投票 　— 投票結果：賛成 35，反対 11，棄権 5
2015 年 1 月 19 日～24 日	●第 3 回 PC 283 総会（WG 1）（トリニダード） 　— 委員会原案改訂版（CD 2）の作成
2014 年 7 月 18 日～ 10 月 18 日	CD 投票 　— 投票結果：賛成 29，反対 17，棄権 1
2014 年 3 月 31 日～ 4 月 4 日	●第 2 回 PC 283 総会（WG 1）（カサブランカ） 　— 委員会原案（CD 1）の作成
2013 年 10 月 21 日～25 日	●第 1 回 PC 283 総会（WG 1）（ロンドン） 　— 作業原案（WD 1）の作成

表 1.2 （続き）

年　月	JIS Q 45001 発行に至るまでの経過
2013 年 8 月	ISO と ILO は新しい協力関係について合意書を締結
2013 年 6 月	ISO/PC 283（労働安全衛生マネジメントシステム）を設置
2013 年 2 月	BSI は，OHSAS 18001 を含む当該分野の認証件数が増加していることなどを理由に，新規開発提案を提出．ISO と ILO は新しい協力関係について議論を開始．
2007 年 3 月	ISO/TMB は，OH&SMS 標準化活動に対して支持が得られないと結論する．
2007 年	ISO は OH&SMS のニーズ調査を行うことにした．
2006 年	TMB は BSI にニーズ調査のために ILO との対話を指示した．
2005 年 3 月	ILO と ISO のそれぞれの権能についての明解かつ共有された理解の必要を強調する，社会的責任（CSR）の分野における ILO-ISO 覚書を締結した．
2005 年	社会的責任（CSR）に関する NWIP を採択した．
2001 年 12 月	ILO は "Guidelines on occupational safety and health management systems ILO-OSH 2001"（労働安全衛生マネジメントシステムに関するガイドライン）の英語版を正式に公表した．
2000 年 4 月	投票結果は，賛成 29，反対 20，棄権 3 で，賛成票が投票数の 2/3 以上に未達． 反対票の多くは先進国で，主な反対票コメントは次のとおり（日本は棄権）： 　―ILO との共同作業，あるいは ILO 単独の作業が望ましい． 　―現時点で独自の OH&SMS 規格は必要ない．
1999 年 12 月	ISO 中央事務局は，英国規格協会（BSI）からの OH&SMS の規格開発に対する提案を受け，所定の通常の手続きに従って，投票するように通知．
1999 年 3 月～11 月	ILO でも同分野の標準化の議論を開始し，次の考えを提示： ILO は三者構成をとっているため，ISO よりも効果的な OH&SMS 開発の国際文書を策定する団体として適切である．

表1.2 （続き）

年　月	JIS Q 45001 発行に至るまでの経過
	ILO は，国際的な OH&SMS 規格，ガイダンス文書及び行動基準（code of practice）の最も重要な要素を取り入れるとともに，ISO の体系化したマネジメント規格にも対応する． ISO がこの分野の規格開発を行うとしても，ILO は OSH-MS ガイドライン開発を中断しない．
1999 年 1 月	ISO/TMB 及び理事会は調査結果を受けての報告と今後の対応について議論をし，次の結論を採択： "今後 OH&SMS に関する規格開発の提案がなされる場合は，ワークショップを開くことなく，ISO/IEC Directives に定められた通常の手続きに従って投票にかける".
1997 年 1 月	ISO/TMB は，この案件を時期尚早として正式に見送った．
1996 年 9 月	ISO アドホックグループはジュネーブで各国の関係者を集めたワークショップを開催した． 　―OH&SMS の ISO 規格化には賛否両論の意見 　―ワークショップ後のアンケート：賛成 33%，反対 43%
1995 年 1 月	ISO/TMB はカナダの提案を受けて，OHS アドホックグループを設置，OH&SMS の今後の方向について協議した．
1994 年〜	ISO で OH&SMS に関する国際標準化の議論を開始した．

1.3　規格要求事項の概要

　ISO 45001 は，共通テキスト（附属書 SL*）に準じて開発されたので ISO 9001（品質），ISO 14001（環境），ISO/IEC 27001（情報セキュリティ），ISO 22301（事業継続），ISO 39001（道路交通安全）など各種マネジメント

---

* 2012 年 5 月に ISO から発行された ISO/IEC Directives（専門業務用指針）の付録部分に，全てのマネジメントシステム規格が守らなければならない，①規格の構造，②タイトル，③定義，④文章の共通化が規定された（本書第 4 章 4.1 節を参照）．

第1章 ISO 45001:2018 の発行とその活用

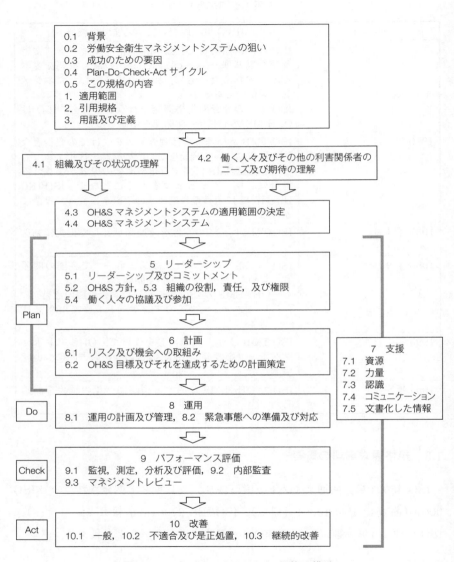

図 1.1 マネジメントシステム規格の構造

1.3 規格要求事項の概要　　　　　　　　29

システム規格と同様な図1.1のような構造をもっている．

　箇条ごとの逐条解説は第2章に記載するが，ISO 45001に重要と思われる項目について以下に説明する．

1.3.1 マネジメントシステムとプロセス

　ISO 45001の主対象である"マネジメントシステム"は，ISO 45001の箇条3.10に次のように定義されている．

　　"方針，目標及びその目標を達成するためのプロセスを確立するための，相互に関連する又は相互に作用する，組織の一連の要素．"

　ISO 45001箇条4.4には"労働安全衛生マネジメントシステムを確立し，実施し，維持し，かつ継続的に改善しなければならない"と規定されている．

　マネジメントシステムの定義と4.4の要求事項を併せると，"労働安全衛生方針，目標及びその目標を達成するためのプロセスを確立するための，相互に関連する又は相互に作用する，組織の一連の要素を確立し，実施し，維持し，かつ継続的に改善しなければならない"となる．

　整理すると"労働安全衛生目標を達成するためのプロセス及びその他の一連の要素を確立し，実施し，維持し，かつ継続的に改善しなければならない"ということになる．ここで"確立する"とは"計画する"ことを意味している．

1.3.2 意図した成果

　箇条0.2（労働安全衛生マネジメントシステムの狙い）の一節には次のようにある（下線は筆者による）．

―――― JIS Q 45001:2018 ――――

0.2 労働安全衛生マネジメントシステムの狙い

　（中略）

　労働安全衛生マネジメントシステムの狙い及び意図した成果は，働く人の労働に関係する負傷及び疾病を防止すること，及び安全で健康的な職場を提供することである．したがって，効果的な予防方策及び保護方策をと

ることによって危険源を除去し，労働安全衛生リスクを最小化することは，組織にとって非常に重要である．

（後略）

また，箇条1（適用範囲）には次のように説明されている．

JIS Q 45001:2018

1 適用範囲

（中略）

この規格は，組織が労働安全衛生マネジメントシステムの意図した成果を達成するために役立つ．労働安全衛生マネジメントシステムの意図した成果は，組織の労働安全衛生方針に整合して，次の事項を含む．

a) 労働安全衛生パフォーマンスの継続的な改善
b) 法的要求事項及びその他の要求事項を満たすこと
c) 労働安全衛生目標の達成

（後略）

これらa)～c)は，0.2に記述されている"働く人の負傷及び疾病を防止すること，及び安全で健康的な職場を提供すること"を達成するための手段，方策と受け止めるとよい．

ISO 45001箇条4.1には，"労働安全衛生マネジメントシステムの意図した成果を達成する組織の能力……"という記述がある．また，箇条5.1のトップマネジメントへの要求のf)には"労働安全衛生マネジメントシステムがその意図した成果を達成することを確実にする"という要求がある．

組織は箇条0.2（労働安全衛生マネジメントシステムの狙い）及び箇条1（適用範囲）に記載されていることを参考に，組織固有のOH&SMSの"意図する成果"を決めるとよい．

1.3.3 プロセスの確立（計画）

箇条 4.4（労働安全衛生マネジメントシステム）には次の要求がある．

"組織は，この規格の要求事項に従って，必要なプロセス及びそれらの相互作用を含む，労働安全衛生マネジメントシステムを確立し，実施し，維持し，かつ，継続的に改善しなければならない"．

また，プロセスの定義 3.25 には"インプットをアウトプットに変換する，相互に関連する又は相互に作用する一連の活動"と規定されている．このことから"プロセスを確立する（計画する）"ためには，プロセスへのインプットと，プロセスからのアウトプットを明確にしておかなければならない．

さらに，箇条 6.1.2.2（労働安全衛生リスク及び労働安全衛生マネジメントシステムに対するその他のリスクの評価）には次のように規定されている．

"組織の<u>労働安全衛生リスクの評価の方法及び基準</u>は，問題が起きてから対応するのではなく事前に，かつ，体系的な方法で行われることを確実にするため，労働安全衛生リスクの範囲，性質及び時期の観点から，決定しなければならない．この方法及び基準は，文書化した情報として維持し，保持しなければならない．"

この要求は，プロセスの確立の一つに"労働安全衛生リスクの評価方法及び基準"を決定しておかなければならないことが含まれることを意味している．

1.3.4 働く人（worker）

ISO 45001 の中には worker という用語が随所に出てくる．通常 worker は"労働者"と訳すのが常であるが，ISO 45001 箇条 3.3 の worker の定義は以下のようになっている．

───────────────────────────────── JIS Q 45001:2018 ─

3.3 働く人（worker）

組織（**3.1**）の管理下で労働する又は労働に関わる活動を行う者．

注記 1　労働又は労働に関わる活動は，正規又は一時的，断続的又は季節的，臨時又はパートタイムなど，有給又は無給で，様々

な取決めの下に行われる．
　注記2　働く人には，トップマネジメント（**3.12**），管理職及び非管理職が含まれる．
　注記3　組織の管理下で行われる労働又は労働に関わる活動は，組織が雇用する働く人が行っている場合，又は外部提供者，請負者，個人，派遣労働者，及び組織の状況によって，組織が労働又は労働に関わる活動の管理を分担するその他の人が行っている場合がある．

　注記2には，"働く人には，トップマネジメント（3.12），管理職及び非管理職が含まれる"とあり，組織に属する全員がworkerであると定義している．日本の労働安全衛生法では働く人を"労働者"と呼びトップマネジメント，管理職は入っておらず，日本はこの定義には反対を主張したが，働く人にはトップマネジメントも含まれる，又は含めるべきであるという意見が圧倒的に多く採用されなかった．

　その背景は，組織で働く人は全て労働安全衛生の傘の下に入るべきであり，トップマネジメント，管理職も業務の上では指示を出す存在であるが，安全というシステムのもとでは組織全員と全く同様な存在になる，あるいはなるべきであるという考えがあった．JIS国内委員会においてはこの用語をめぐって活発な議論が交わされたが，ISOの多数決の原則を尊重して容認せざるを得ない，あとはJISの翻訳上の工夫で対応すべきであるという結論になった．

　workerの和訳案としては次のようなものが検討された．

・働く人
・労働者等
・ワーカー
・経営層・ボランティアを含む労働者
・勤労者
・就労者

1.3 規格要求事項の概要

- 労働従事者
- 管理労働者／実務労働者

なお，このworkerの定義はILS（International Labour Standards：国際労働基準）と整合している．ILO 155号条約では，"worker"を"all employed"と定義して雇用関係のあるすべての者であると定めており，雇用されている"top management"も幹部も安全衛生の保護対象になると考えられ，このILO条約に鑑みてこうした定義が支持されたと考えられる．また，日本の"労働安全衛生法"も"労働基準法"の労働者の定義を引用しており，"事業又は事務所（以下'事業'という.）に使用される者で，賃金を支払われる者をいう"としており，広く"top management"も含み得るともいえる．

1.3.5　働く人の協議及び参加

ILOはILSで述べられている"働く人の協議及び参加"の規定をISO 45001箇条の随所に規定するように主張した．組織の労働安全衛生の諸活動に働く人が積極的に関与することは当然のことであり，OH&SMSを有効なものにするカギでもあり，ILOの主張は多くの参加国の賛同を得た．しかし，規格への記述の方法をめぐってはいろいろな見解が示された．ILOの主張どおりの記述にすると多くの箇条に"働く人の協議及び参加"の要求が現れることになり，規格ユーザーには煩雑な印象を与えることになる．それに対する解決策として，専用の箇条を新たに設けることになった．それが箇条5.4"働く人の協議及び参加"であり，附属書SL（共通テキスト）にはない箇条である．

JIS Q 45001:2018

5.4　働く人の協議及び参加

　組織は，労働安全衛生マネジメントシステムの開発，計画，実施，パフォーマンス評価及び改善のための処置について，適用可能な全ての階層及び部門の働く人及び働く人の代表（いる場合）との協議及び参加のためのプロセスを確立し，実施し，かつ，維持しなければならない．

　（後略）

ここで，協議と参加の意味について触れる．ISO 45001 では協議と参加を定義しているが，いずれも働く人が決定ステップにおいて協議に応じたり，参加したりすることを意味している．

JIS Q 45001:2018

3.5　協議（consultation）
　意思決定をする前に意見を求めること．
　　注記　協議には安全衛生に関する委員会及び働く人の代表（いる場合）を関与させることを含む．

JIS Q 45001:2018

3.4　参加（participation）
　意思決定への関与．
　　注記　参加には安全衛生に関する委員会及び働く人の代表（いる場合）を関与させることを含む．

1.3.6　2 種類のリスク，2 種類の機会
(1)　附属書 SL 共通テキストからの要求

ISO 45001 箇条 6.1.1 に
　"組織は，取り組む必要のある労働安全衛生マネジメントシステム並びにその意図した成果に対するリスク及び機会を決定するときには，次の事項を考慮に入れなければならない．（中略）
　　―労働安全衛生リスク及びその他のリスク
　　―労働安全衛生機会及びその他の機会"
と要求されており，2 種類のリスク，2 種類の機会を規定している．

PC 283 では総会のたびに"リスク及び機会"が一つの焦点として議論の対象になった．各国のコメントも集中し，日本からも積極的に提案を行った．その骨子は規格ユーザーにわかりやすいものにすべきであり，2 種類の"リスク及び機会"は"労働安全衛生リスク及び機会"の 1 種類に絞るべきであると

いうものであった．しかし，結局過半数を超える国の理解が得られず採用されなかった．日本の提案が通らなかった背景には"附属書 SL の共通テキストを順守するべきである"という ISO の主張がある．2012 年に ISO から発行された附属書 SL 共通テキスト箇条 3.9（リスク）の定義は次のとおりである．

附属書 SL　Appendix 2

3.9　リスク（risk）

不確かさの影響．

注記 1　影響とは，期待されていることから，好ましい方向又は好ましくない方向にかい（乖）離することをいう．

注記 2　不確かさとは，事象，その結果又はその起こりやすさに関する，情報，理解又は知識に，たとえ部分的にでも不備がある状態をいう．

注記 3　リスクは，起こり得る"事象"（**JIS Q 0073**:2010 の **3.5.1.3** の定義を参照）及び"結果"（**JIS Q 0073**:2010 の **3.6.1.3** の定義を参照），又はこれらの組合せについて述べることによって，その特徴を示すことが多い．

注記 4　リスクは，ある事象（その周辺状況の変化を含む．）の結果とその発生の"起こりやすさ"（**JIS Q 0073**:2010 の **3.6.1.1** の定義を参照）との組合せとして表現されることが多い．

日本からの提案は，分野固有の"労働安全衛生リスクと労働安全衛生機会"だけにし，"労働安全衛生マネジメントシステムに対するその他のリスクとその他の機会"を削除するというものであったが，上述のように，PC 283 ではその選択をしなかった．

その結果，ISO 45001 箇条 3.20（リスク）には，注記 5 が追加された．

"注記 5　この規格では，'リスクと機会' という用語を使用する場合は，労働安全衛生リスク，労働安全衛生機会，マネジメントシステムに対するその他のリスク及びその他の機会を意味する"．

この注記 5 には，2 種類のリスクと機会，すなわち "労働安全衛生リスク，労働安全衛生機会" ともう一つ "マネジメントシステムに対するその他のリスク及びその他の機会" が明記された．

(2) マネジメントシステムに対するその他のリスクとその他の機会

"マネジメントシステムに対するその他のリスク及びその他の機会" とは，ISO 45001 箇条 4.1，4.2 で特定した "組織の状況に関する課題" や "利害関係者のニーズ及び期待からの要求事項"，及び 4.3 で明確化した "組織の OH&SMS の適用範囲" を検討して，"リスクと機会" を意図している．箇条 6.1.1 には，経営的な観点から OH&SMS を計画する際に "何を考慮する必要があるか" が規定されている．"次の事項のために" として 3 項目を経営的観点として規定している．

　　a) 労働安全衛生マネジメントシステムが，その意図した成果を達成できるという確信を与える．
　　b) 望ましくない影響を防止又は低減する．
　　c) 継続的改善を達成する．

そして，6.1.1 で決定したリスクと機会は，6.1.4 で要求されている "取組みの計画策定" に基づき実行計画として具体化させなければならない．この実行計画は，箇条 8.1（運用の計画及び管理）において現場レベルの実施計画として展開され，マネジメントシステムのプロセスへ統合することで実施される．この "その他のリスク及びその他の機会" は "労働安全衛生リスク" 及び "労働安全衛生機会" とは異なり，経営の観点から見た OH&SMS のリスクと機会を意図している．例えば次のようなものを意図している．

【マネジメントシステムに対するその他のリスクの例】
　・労働安全衛生の不十分な状況分析
　・事業プロセスにおける不十分な労働安全衛生に関わる考慮
　・労働安全衛生への財源，人的資源の欠如
　・主要な役職における労働安全衛生の低レベルの引継ぎ

・低いトップマネジメントの労働安全衛生への関心
・評判を落とす低レベルな労働安全衛生パフォーマンス

【マネジメントシステムに対するその他の機会の例】
・トップマネジメントによるOH&SMSへの支援
・インシデント調査プロセスの改善
・働く人の協議と参加の改善
・労働安全衛生パフォーマンスの年度時系列分析
・全国安全衛生大会への参加

　ISO 45001は専門的，統計的，科学的な"リスク"分析は意図していない．"機会"は"リスク"の反対概念ではないことにも注意が必要である．"リスク"は定義されているが，"機会（opportunity）"の意味は『オックスフォード辞典』によるとされ，"リスク"と"機会"はセットで一つのフレーズのように使われている．この2用語は対立概念ではないにもかかわらず，"リスク及び機会"とセット表現しているのは，マイナスの影響を与えるものと，プラスの影響を与える可能性のあるものを対で広く思考してもらうためである．俗にいう，"ピンチ（リスク）のなかにチャンス（機会）あり"であり，また"奢れるもの（機会）久しからず（リスク）"に通じた概念である．リスクが決定されれば機会の多くはそれへの対応を考える中に見いだせる．

　リスクや機会の特定は，非公式なやり方でかまわないが，リスクと機会に対応する計画を立てる要求の意図は，組織の状況をふまえ可能な範囲の情報によって（完全に全てがわかることはないから，これを"不確かさ"と考える），あり得るシナリオとそれがもたらし得る結果を予想し，望ましくない影響が発生する前に対応策をとって予防することである．

　さらに，潜在的な便益や有益な成果をもたらす好ましい条件や状況を探し，そうした追求するべきものに積極的に対応することである．

　箇条6.1.4では，必要あるいは有益と考えられる活動をどのようにマネジメントシステムのプロセスに統合し，組織内に展開するのかの方法を考えることを要求している．この取組みの計画策定は"マネジメントシステムに対するそ

の他のリスク及びその他の機会"だけでなく，"労働安全衛生リスク"と"労働安全衛生機会"にも要求されている．

1.3.7　意図した成果を支援する文化

ISO 45001 には"文化（culture）"という言葉が以下の6か所に出てくる．

- 0.3（成功のための要因）：b）労働安全衛生マネジメントシステムの意図した成果を支援する文化をトップマネジメントが組織内で形成し，主導し，推進すること
- 0.3（成功のための要因）：組織の状況（例　働く人の人数，規模，立地，文化，法的要求事項及びその他の要求事項）
- 5.1（リーダーシップ及びコミットメント）：j）労働安全衛生マネジメントシステムの意図した成果を支援する文化を組織内で形成し，主導し，かつ，推進する．
- 6.1.2.1（危険源の特定）：a）作業の編成の仕方，社会的要因（作業負荷，作業時間，虐待，ハラスメント及びいじめを含む．），リーダーシップ及び組織の文化
- 7.4.1（一般）：組織は，コミュニケーションの必要性を検討するに当たって，多様性の側面（例えば，性別，言語，文化，識字，心身の障害）を考慮に入れなければならない．
- 10.3（継続的改善）：b）労働安全衛生マネジメントシステムを支援する文化を推進する．

文化についての深い議論はなかったが"安全文化"については IAEA (International Atomic Energy Agency：国際原子力機関）にきちんとした考えがあるのでそれを参照すればよい（IAEA-TECDOC-1329）．議論の結果，ISO 45001 では文化の焦点を"意図した成果"に合わせて"意図した成果を支える文化"とすることになった．

参考に IAEA-TECDOC-1329 の文化について引用するが，文化のレベルについて次の説明がある．文化には，はっきりと見えるものから，見えないも

まで種々のものが内包されている．図 1.2 は文化を構成する多様なものを説明している．

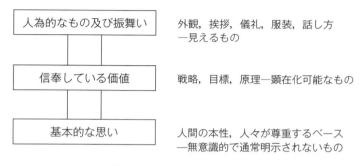

図 1.2　文化を構成するもの

1.4　認証制度の概要と動向

ISO 規格化が見送られる中で策定されたコンソーシアム規格 OHSAS 18001 を基準規格とする審査登録制度は，国際的に確立している ISO の既存マネジメントシステム（品質，環境）の審査登録制度を準用する形で整備された．

OHSAS 18001 を基準規格とする審査登録制度は，マネジメントシステムの認証制度として次の四つを基本にしているが，③，④が一部未整備の形で推進されてきた．

① 民間主導の任意の制度である．
② CASCO（適合性評価委員会：ISO の特別委員会）が定めている要求事項（ISO/IEC 17021-1）に準拠する．
③ 審査登録機関（認証機関）用，要員評価登録機関用，審査員研修機関用などの認定／承認基準がある．
④ 認定機関は関係する機関［審査登録（認証機関）機関，要員評価登録機関］の認定承認を実施している．

審査登録機関（認証機関）の認定については，JAS-ANZ（オーストラリ

ア・ニュージーランド共同認定システム) が1998年OH&SMS認証機関に対する認定を始めた．また，RvA (オランダの認定機関) も，2001年からOH&SMS認証機関に認定を開始した．JAB (日本適合性認定協会) も永らく，品質，環境の認定審査に限られOH&SMSの認定業務は行っていなかったが，2012年に，日本国内のOH&SMS認証機関の認定を開始した．

国内では，OHSAS 18001によるOH&SMSの審査登録が始まった当初，JABが認定業務を行わなかったことから，OHSAS 18001を審査基準として使用するも，認証機関の自主基準により審査を行っていることなど，認証機関独自の枠組みでの審査登録にとどまってきた．

我が国では2018年3月現在，約1,750の組織がOHSAS 18001に基づいて審査登録されている．

OHSAS 18001からISO 45001への移行 (migration) については，IAF (The International Accreditation Forum：国際認定機関フォーラム) からガイドが発表されている (本書に付録3として収録している)．

1.5 ISO 45001:2018 と OHSAS 18001:2007 との比較表

ISO 45001:2018 と OHSAS 18001:2007 との比較を表1.3に示す．

なお，p.305に表6.1.1としてOHSAS 18001を主とした比較表を掲載している．

表1.3 ISO 45001:2018 と OHSAS 18001:2007 との比較表

ISO 45001:2018	OHSAS 18001: 2007
序文 (表題のみ)	まえがき 序文
0.1 背景	
0.2 労働安全衛生マネジメントシステムの狙い	
0.3 成功のための要因	

1.5 ISO 45001:2018 と OHSAS 18001:2007 との比較表

表 1.3 （続き）

ISO 45001:2018	OHSAS 18001: 2007
0.4　Plan-Do-Check-Act サイクル	
0.5　この規格の内容	
1　適用範囲	1　適用範囲
2　引用規格	2　参考出版物
3　用語及び定義	3　用語及び定義
4　組織の状況（表題のみ） 4.1　組織及びその状況の理解	なし
4.2　働く人及びその他の利害関係者のニーズ及び期待の理解	なし
4.3　労働安全衛生マネジメントシステムの適用範囲の決定	4　OH&S マネジメントシステム要求事項（表題のみ） 4.1　一般要求事項（適用範囲の決定部分）
4.4　労働安全衛生マネジメントシステム	4.1　一般要求事項
5　リーダーシップ及び働く人の参加（表題のみ） 5.1　リーダーシップ及びコミットメント	4.4　実施及び運用（表題のみ） 4.4.1　資源，役割，実行責任，説明責任及び権限
5.2　労働安全衛生方針	4.2　OH&S 方針
5.3　組織の役割，責任及び権限	4.4.1　資源，役割，実行責任，説明責任及び権限
5.4　働く人の協議及び参加	4.4.3.2　参加及び協議
6　計画（表題のみ） 6.1　リスク及び機会への取組み（表題のみ） 6.1.1　一般	なし
6.1.2　危険源の特定並びにリスク及び機会の評価（表題のみ） 6.1.2.1　危険源の特定	4.3　計画（表題のみ） 4.3.1　危険源の特定, リスクアセスメント及び管理策の決定(危険源特定の部分)
6.1.2.2　労働安全衛生リスク及び労働安全衛生マネジメントシステムに対するその他のリスクの評価	4.3.1　危険源の特定，リスクアセスメント及び管理策の決定（リスクアセスメントの部分）

表 **1.3** （続き）

ISO 45001:2018	OHSAS 18001: 2007
6.1.2.3　労働安全衛生機会及び労働安全衛生マネジメントシステムに対するその他の機会の評価	なし
6.1.3　法的要求事項及びその他の要求事項の決定	4.3.2　法的及びその他の要求事項
6.1.4　取組みの計画策定	4.3.1　危険源の特定，リスクアセスメント及び管理策の決定（管理策の決定の部分）
	4.4.6　運用管理（システムへの統合の部分）
6.2　労働安全衛生目標及びそれを達成するための計画策定（表題のみ） 6.2.1　労働安全衛生目標	4.3.3　目標及び実施計画
6.2.2　労働安全衛生目標を達成するための計画策定	4.3.3　目標及び実施計画
7　支援（表題のみ） 7.1　資源	4.4.1　資源，役割，実行責任，説明責任及び権限
7.2　力量	4.4.2　力量，教育訓練及び自覚
7.3　認識	4.4.2　力量，教育訓練及び自覚
7.4　コミュニケーション（表題のみ） 7.4.1　一般 7.4.2　内部コミュニケーション 7.4.3　外部コミュニケーション	4.4.3　コミュニケーション，参加及び協議（表題のみ） 4.4.3.1　コミュニケーション
7.5　文書化した情報（表題のみ） 7.5.1　一般	4.4.4　文書類
7.5.2　作成及び更新	4.4.5　文書管理（更新，承認の部分）
7.5.3　文書化した情報の管理	4.4.5　文書管理
	4.5.4　記録の管理
8　運用（表題のみ） 8.1　運用の計画及び管理（表題のみ） 8.1.1　一般	4.4.6　運用管理（手順，基準の部分）
8.1.2　危険源の除去及び労働安全衛生リスクの低減	4.4.6　運用管理（管理策実施の部分）

1.5 ISO 45001:2018 と OHSAS 18001:2007 との比較表

表 1.3 （続き）

ISO 45001:2018	OHSAS 18001: 2007
8.1.3　変更の管理	4.3.1　危険源の特定，リスクアセスメント及び管理策の決定（変更の管理の部分）
	4.4.6　運用管理（変更のマネジメンの部分）
8.1.4　調達 8.1.4.1　一般	なし
8.1.4.2　請負者	なし
8.1.4.3　外部委託	なし
8.2　緊急事態への準備及び対応	4.4.7　緊急事態への準備及び対応
9　パフォーマンス評価（表題のみ） 9.1　モニタリング，測定，分析及びパフォーマンス評価（表題のみ） 9.1.1　一般	4.5　点検（表題のみ） 4.5.1　パフォーマンスの測定及び監視
9.1.2　順守評価	4.5.2　順守評価
9.2　内部監査（表題のみ） 9.2.1　一般	4.5.5　内部監査
9.2.2　内部監査プログラム	4.5.5　内部監査（監査プログラムの部分）
9.3　マネジメントレビュー	4.6　マネジメントレビュー
10　改善（表題のみ） 10.1　一般	なし
10.2　インシデント，不適合及び是正処置	4.5.3　発生事象の調査，不適合，是正処置及び予防処置（表題のみ） 4.5.3.1　発生事象の調査
	4.5.3.2　不適合並びに是正処置及び予防処置
10.3　継続的改善	4.1　一般要求事項
	4.6　マネジメントレビュー

第2章

ISO 45001:2018
要求事項の解説

箇条 1 適用範囲

――― JIS Q 45001:2018 ―――

1 適用範囲

この規格は,労働安全衛生(OH&S)マネジメントシステムの要求事項について規定する.また,労働安全衛生パフォーマンスを積極的に向上させ,労働に関連する負傷及び疾病を防止することによって,組織が安全で健康的な職場を提供できるようにするために,利用の手引を記載している.

この規格は,労働安全衛生マネジメントシステムを確立し,実施し,維持することで労働安全衛生を改善し,危険源を除去し,労働安全衛生リスク(システムの欠陥を含む.)を最小化し,労働安全衛生機会を活用し,その活動に付随する労働安全衛生マネジメントシステムの不適合に取り組むことを望む全ての組織に適用できる.

この規格は,組織が労働安全衛生マネジメントシステムの意図した成果を達成するために役立つ.労働安全衛生マネジメントシステムの意図した成果は,組織の労働安全衛生方針に整合して,次の事項を含む.

a) 労働安全衛生パフォーマンスの継続的な改善
b) 法的要求事項及びその他の要求事項を満たすこと
c) 労働安全衛生目標の達成

この規格は,規模,業種及び活動を問わず,どのような組織にも適用できる.この規格は,組織の活動が行われる状況,並びに組織で働く人及びその他の利害関係者のニーズ,期待などの要因を考慮に入れた上で,組織の管理下にある労働安全衛生リスクに適用できる.

この規格は,特定の労働安全衛生パフォーマンス基準を定めるものではなく,労働安全衛生マネジメントシステムの設計に関して規定するものでもない.

この規格は,組織がその労働安全衛生マネジメントシステムを通じて,

働く人の健康状態又は福利といった安全衛生の他の側面を統合することを可能にする．

この規格は，製品安全，物的損害，環境影響などの課題による働く人及びその他の関連する利害関係者へのリスクを超えてこれらの課題を取り扱うものではない．

この規格は，労働安全衛生マネジメントを体系的に改善するために，全体を又は部分的に用いることができる．しかし，この規格への適合の主張は，全ての要求事項が除外されることなく組織の労働安全衛生マネジメントシステムに組み込まれ，満たされていない限りは容認されない．

  注記 この規格の対応国際規格及びその対応の程度を表す記号を，次に示す．

    ISO 45001:2018, Occupational health and safety management systems—Requirements with guidance for use（IDT）

    なお，対応の程度を表す記号"IDT"は，**ISO/IEC Guide 21-1** に基づき，"一致している"ことを示す．

◀箇条1の意図▶

本箇条の意図は，労働安全衛生マネジメントシステム（以下，OH&SMSという）規格の主題及び取り扱う側面を簡潔に，かつ曖昧さがないように明確に定め，これによって，規格の全体又はその特定のパートの適用範囲を示すことであり，要求事項は含まれていない．

◀本文の解説▶

(1)　本箇条にはこの規格で規定をする OH&SMS の目的が，労働安全衛生パフォーマンスの向上と労働関連の負傷及び疾病の防止によって，組織が安全で健康的な職場を提供できるようにすることであると示されている．

(2)　この規格は，あらゆる規模，業種の組織に適用され，その組織が OH&SMS を構築し，実施するために求められる要求事項を規定する．

(3) "労働安全衛生マネジメントシステムの意図した成果"は，序文の0.2や定義（3.11）の注記に示されているように，"働く人の負傷及び疾病を防止すること"及び"安全で健康的な職場を提供すること"である．ここから，各組織に固有の"意図した成果"が導き出され，労働安全衛生方針，労働安全衛生目標へと展開されることになる．

(4) 組織は，労働安全衛生の取組みの全体的な方向性を労働安全衛生方針（5.2）に定めるが，その方針と整合する a)〜c) の実施は"労働安全衛生マネジメントシステムの意図した成果"に含まれる．

(5) ISO 45001の委員会原案（CD）段階では，"健康状態／福利（well-being/wellness）"については意図しないとする案であったが，規格原案（DIS）を検討する過程で，適用範囲では肯定的な表現をすることが望ましいとの意見が出され，"他の側面を統合することを可能にする"という表現で落ち着いた．

(6) 本規格が扱う労働安全衛生は，多くの国において法令が制定されているため，ISO規格は，各国の事情を考慮して，各国の法令と矛盾する内容が入らない国際規格となるよう意識して開発が行われた．

(7) 本規格を組織に適用するに際して，要求事項が記載されている箇条の順序に拘る必要はない．また，組織のOH&SMSがこの規格に適合していることを主張するためには，要求事項のすべてが組織のOH&SMSに組み込まれて，満たされていなければならない．

◀関連する法律・指針についての情報▶

(1) 我が国では，機械設備の大型化，建設工事の大規模化等に伴う重大災害の増加，新原材料・新生産方式等による職業病の急増等の社会状況を背景に，制度として労働災害の防止のための危害防止基準の確立，責任体制の明確化等を図るため，1972（昭和47）年に労働安全衛生法［1972（昭和47）年法律第57号］が制定された．

(2) 胆管がん事案の発生や，精神障害労災認定件数の増加などの労働災害の

動向等への対応として，労働災害を未然防止するための仕組みを充実させる必要性が高まり，化学物質のリスクアセスメントの義務化やストレスチェック制度の創設等を盛り込んだ法改正が2014（平成26）年に公布された．このように数年ごとに社会の実態に合わせて改正が続けられている．
(3) 労働安全衛生関連の法令については下のURLの厚生労働省のデータベースが参考になる．

　　https://www.mhlw.go.jp/hourei/

◀附属書A.1の要点▶

附属書A.1に記載されているように，ある箇条の要求事項と他の箇条の要求事項との間に相互関係があり得るので，要求事項は，包括的な観点から見る必要があり，他の箇条の要求事項と切り離して読まないほうがよい．

箇条 2　引 用 規 格

---　JIS Q 45001:2018

2　引用規格

　この規格には，引用規格はない．

箇条 3　用語及び定義

　ISO 45001 は"ISO/IEC 専門業務用指針第 1 部　統合版 ISO 総合指針 ISO 専門手順"の附属書 SL の Appendix 2"上位構造，共通の中核となるテキスト…"（通称"共通テキスト"としているので以降，それにならう）をベースとして作成されており，共通の中核となるテキスト，共通用語及び中核となる定義はそのまま ISO 45001 にも採用されている．ISO 45001 では 37 語の用語が定義されているが，そのうち 21 用語は附属書 SL の定義をそのまま用いている．すなわち，これらの 21 用語は ISO 9001 や ISO 14001 と同じ定義である．ISO 45001 で独自に定義した用語は，安全衛生の分野に特化した 16 語である．ISO 45001 では見知った用語であっても一般的な用法とは異なる意味で定義付けしており，ISO 45001 を適切に運用するために定義は必ず読んでいただきたい．また，"worker"や"incident"のように"ILO 労働安全衛生マネジメントシステムガイドライン"（ILO-OSH 2001）や OHSAS 18001 とは定義や和訳が異なっている用語もあるので，これらの OH&SMS 規格を運用されていた組織は注意されたい．

　ISO 45001 の作成当初，ISO/PC 283 では 10〜25 名で構成されるタスクグループ（TG）を七つ設置し，その中で各箇条の要求事項や用語の定義について検討を行った．用語の定義を作成した TG は 10 名程度の小さなグループで，リーダーは米国のコンサルタント会社社長が務めた．余談となるが，はじめの挨拶時に"英語を母語としない国々の参加を嬉しく思う．やさしい英語でゆっくり話すようにする"と言っていたが議論が熱くなるとなかなか履行されることはなかった．

　なお，用語の定義を検討する際には，以下の点に注意して行われた．
① 一つの単語を別の意味で使用しない．
② まわりくどい表現や冗長な表現は避ける．
③ ILO ガイドラインや他の ISO 規格の定義とできるだけ矛盾しないようにする．

3 用語及び定義

④ 辞書に掲載されている意味で使用する用語については定義しない．

なお，附属書 SL で定義された用語は ISO 9001 や ISO 14001 等の他の ISO マネジメントシステム規格の JIS と基本的に同じ和訳であるが，ISO 45001 の JIS では一部和訳が異なっている用語もある．これは，安全衛生の分野でより適切と考えられる和訳をあてたためである．

JIS Q 45001:2018

3.1 組織（organization）

自らの目的，目標（**3.16**）を達成するため，責任，権限及び相互関係を伴う独自の機能をもつ，個人又は人々の集まり．

注記 1　組織という概念には，法人か否か，公的か私的かを問わず，自営業者，会社，法人，事務所，企業，当局，共同経営会社，非営利団体若しくは協会，又はこれらの一部若しくは組合せが含まれる．ただし，これらに限定されるものではない．

注記 2　これは，ISO/IEC 専門業務用指針第 1 部の統合版 ISO 補足指針の**附属書 SL** に示された ISO マネジメントシステム規格に関する共通用語及び中核となる定義の一つである．

ISO 45001 の"組織"の捉え方には柔軟性がある．例えば，企業内の複数の工場で統一的な OH&SMS を運用している場合は，企業全体を組織と考えることができる．また，同一企業内の各工場が業務内容に見合った OH&SMS をそれぞれ運用している場合は，各工場を組織と考えることができる．注記 1 にある"これらの一部"とは，このような場合を表している．

JIS Q 45001:2018

3.2 利害関係者（interested party）（推奨用語）

　　　　ステークホルダー（stakeholder）（許容用語）

ある決定事項若しくは活動に影響を与え得るか，その影響を受け得るか，又はその影響を受けると認識している，個人又は組織（**3.1**）．

注記　これは，ISO/IEC 専門業務用指針第 1 部の統合版 ISO 補足指

> 針の**附属書 SL**に示された ISO マネジメントシステム規格に関する共通用語及び中核となる定義の一つである．

利害関係者の範囲は広く，ISO 45001 の附属書 A では行政機関，親会社，請負者，供給者，株主，来訪者，メディアまで含まれ得るとしている．ただし，これらの全てを利害関係者として OH&SMS を運用するのは現実的ではないので，どこまでを自社の OH&SMS の利害関係者とするかは組織が決定する．

利害関係者には"働く人（3.3）"が当然含まれるが，箇条 4.2 ではあえて"働く人及びその他の利害関係者"という表現を用いることで"働く人"を強調している．これは OH&SMS の意図した成果をまず享受するのは働く人であり，また働く人の協力なしで意図した成果は得られないことを意味しており，ISO 45001 の特徴である．

なお，"ステークホルダー"が許容用語として挙げられているが，この用語は巻末の附属書でのみ使用されており，ISO 45001 の要求事項には使用されていない．

―――― JIS Q 45001:2018 ――――

3.3 働く人（worker）

組織（**3.1**）の管理下で労働する又は労働に関わる活動を行う者．

注記 1　労働又は労働に関わる活動は，正規又は一時的，断続的又は季節的，臨時又はパートタイムなど，有給又は無給で，様々な取決めの下に行われる．

注記 2　働く人には，トップマネジメント（**3.12**），管理職及び非管理職が含まれる．

注記 3　組織の管理下で行われる労働又は労働に関わる活動は，組織が雇用する働く人が行っている場合，又は外部提供者，請負者，個人，派遣労働者，及び組織の状況によって，組織が労働又は労働に関わる活動の管理を分担するその他の人が行っている場合がある．

日本の労働基準法で定義されている"労働者"とは意味が異なり，ISO 45001の"働く人"にはトップマネジメントやボランティアも含まれる点で注意が必要である．日本のユーザーが国内法と混乱しないように，ISO/PC 283の国際会議で日本からはworkerの定義からトップマネジメントを削除するよう重ねて主張した．一方，スウェーデンからはworkerという用語はブルーカラーのイメージが強いのでトップマネジメントも含まれることを明記すべきという日本とは反対の意見があった．最終的にはトップマネジメントもOH&SMSで保護されるべきworkerであるという意見が多く，日本の主張は通らなかった．

　国際会議では，学生のインターンシップや見習い職人も"worker"に含まれるという見解であった．パート職員，臨時職員，派遣労働者のように雇用契約にある者はもちろん，ボランティアやインターンシップのように無給で働く人々も被災しないような配慮がISO 45001では求められている．

　また，国際会議において"働く人"にトップマネジメントが含まれるのであれば，トップマネジメントが"働く人の代表"にもなり得るので，ISO 45001の運用に支障をきたすのではないかという意見もあった．しかし，この議論は"働く人の代表"の選定方法の問題であり，workerの定義付けとは別次元の話という意見が多勢であった．ISO 45001の効果的な運用を考慮すればトップマネジメントが"働く人の代表"として選定されることはあり得ない，というカナダの意見でこの議論は終了している．

　"worker"の概念に合致する日本語がないことから，JIS Q 45001原案作成委員会では和訳の検討に時間を要した．和訳案として"労働者等"，"ワーカー"，"就業者"などが提案されたが，原意のニュアンスに最も近い"働く人"を最終的に採用した．

　ISO 45001の原文では単数形"worker"と複数形"workers"が使い分けられているが，日本では単数の"働く人"と複数の"働く人々"は明確に使い分けられておらず，"働く人"は単複同形で使用されているという意見から"働く人"で統一した．

なお，働く人の定義は，"組織の管理下で労働又は労働に関わる活動を行う者"であって，単に"組織の管理下にある者"ではないことに注意されたい．

JIS Q 45001:2018

3.4 参加（participation）

意思決定への関与．

　　注記　参加には安全衛生に関する委員会及び働く人の代表（いる場合）を関与させることを含む．

定義にあるように"参加"とは意思決定に関与することであり，単に会議などへの参加を求めているのではない．国際会議の場では，意思決定に関わらない参加もあり得るのではないかという意見もあったが，ISO 45001の参加とは意思決定の関与を求めている．

参加という用語は箇条5.4（働く人の協議及び参加）で使用されており，非管理職の意見をOH&SMSに関する組織の意思決定に関与させることを目的としている．非管理職のマネジメントシステムへの関与は他のISO規格にはないISO 45001の大きな特徴である．すなわち，OH&SMSを効果的に運用するには，現場で働く人の意見を重視することが不可欠であることを示している．安全衛生委員会が義務付けされている業種・規模の組織では，安全衛生委員会を活用することで働く人の協議と参加を実現することが可能である．また，労働組合がある組織では，組合を働く人の代表として安全衛生委員会に参加させるのも一つの方法である．

JIS Q 45001:2018

3.5 協議（consultation）

意思決定をする前に意見を求めること．

　　注記　協議には安全衛生に関する委員会及び働く人の代表（いる場合）を関与させることを含む．

前述の"参加"と同様に，箇条5.4（働く人の協議及び参加）で使用されて

おり，この用語も非管理職の意見を OH&SMS に関する組織の意思決定に反映させることを意図している．"参加"，"協議"は英語圏ではない国々のユーザーが，OH&SMS への非管理職の関与をより理解しやすいよう，ダブリン会議で新たなタスクグループを設置して定義付けした用語である．

───── JIS Q 45001:2018 ─────

3.6 職場（workplace）

組織（**3.1**）の管理下にある場所で，人が労働のためにいる場所，又は出向く場所．

　　注記　職場に対する労働安全衛生マネジメントシステム（**3.11**）に基づく組織の責任は，職場に対する管理の度合いによって異なる．

職場とは組織の敷地内だけに限らず，移動中，移動先，業務で行く顧客先等も含まれる．また，宅配便や引越・運送会社で働く人のように，行き先が毎日変わる場合もある．業務で出向かなければならない場所の例として次のものが考えられるが，これらの場所も職場とみなされる．

　　出張先，営業先，外勤先
　　機械設備等の設置やメンテナンス，警備，清掃等で行く顧客先
　　引越・運送会社で働く人が行く配達先

ISO/PC 283 の国際会議では "敷地の外で働く人々を OH&SMS で管理できるのか"，"工学的対策がとれない外勤先の安全にまで組織は責任を負うことはできない" という意見もあったが，"宇宙飛行士は地上での十二分な教育訓練により宇宙から安全に地球に帰還している．大気圏外で管理できることが地上で管理できないわけがない" という意見により，"出張先や外勤先であっても組織は働く人々の安全上の責任を負う必要がある" との結論に至った．

また，敷地外を workplace と区別し location という単語で定義しようとしたが，ILO ガイドラインで location が使用されていないことから ILO が強く反対し，結局 location は使用しないことになった．

> ─── JIS Q 45001:2018 ───
>
> **3.7 請負者**（contractor）
> 　合意された仕様及び契約条件に従い，組織にサービスを提供する外部の組織（**3.1**）．
> 　　注記　サービスにとりわけ建設に関する活動を含めてもよい．

　日本の労働安全衛生関係法令で"関係請負人"は"元方事業者の当該事業の仕事が数次の請負契約によって行われるときは，当該請負人の請負契約の後次の全ての請負契約の当事者である請負人を含む"と定義されている．一方，ISO 45001 では定義にあるように契約による 1 次請負を"請負者（contractor）"としており，2 次請負以降は"下請負者（subcontractor）"という用語で区別している（下請負者は附属書 A でのみ使用されている）．日本の組織においては下請負者までも含めて OH&SMS の適応範囲とすることもあり得ることから，OH&SMS の対象とする関係請負人の範囲は組織が実情に応じて決定することでよい．なお，請負者の例としては，製造請負会社，構内運搬会社，清掃会社，警備会社，メンテナンス会社などが考えられる．
　なお，注記はフランスの国内事情を反映させたものである．

> ─── JIS Q 45001:2018 ───
>
> **3.8 要求事項**（requirement）
> 　明示されている，通常暗黙のうちに了解されている又は義務として要求されている，ニーズ又は期待．
> 　　注記 1　"通常暗黙のうちに了解されている"とは，対象となるニーズ又は期待が暗黙のうちに了解されていることが，組織（**3.1**）及び利害関係者（**3.2**）にとって，慣習又は慣行であることを意味する．
> 　　注記 2　規定要求事項とは，例えば，文書化した情報（**3.24**）の中で明示されている要求事項をいう．
> 　　注記 3　これは，ISO/IEC 専門業務用指針第 1 部の統合版 ISO 補足

3　用語及び定義　　　　　　　　　　　57

> 指針の**附属書 SL** に示された ISO マネジメントシステム規格に関する共通用語及び中核となる定義の一つである．

　ISO 45001 の要求事項とは，ISO 45001 の意図した成果を得るために，マネジメントシステムの構築・運用に関して組織が実施する事項で，ISO 45001 では"〜しなければならない（shall 〜）"という表現で記載されている．それは ISO 45001 箇条 4.1〜10.3 に規定されている．この規定の中には，二つの"要求事項"という表現が出てくる．一つは，箇条 6.1.3 に出てくる"法的要求事項及びその他の要求事項"である．法的要求事項及びその他の要求事項については次項及び附属書の A 6.1.3 を参照のこと．もう一つは箇条 9.2.1 a)1) に出てくる"組織自体が規定した要求事項"である．

―― JIS Q 45001:2018 ――

3.9　法的要求事項及びその他の要求事項

　　　（legal requirements and other requirements）

　組織（**3.1**）が順守しなければならない法的要求事項，及び組織が順守しなければならない又は順守することを選んだその他の要求事項（**3.8**）．

　　注記 1　この規格の目的上，法的要求事項及びその他の要求事項とは，労働安全衛生マネジメントシステム（**3.11**）に関係する要求事項である．

　　注記 2　"法的要求事項及びその他の要求事項"には，労働協約の規定が含まれる．

　　注記 3　法的要求事項及びその他の要求事項には，法律，規則，労働協約及び慣行に基づき，働く人（**3.3**）の代表である者を決定する要求事項が含まれる．

　法的要求事項とは，労働安全衛生法や消防法などの関係法令で規定されている事項で，法的な義務である．その他の要求事項とは，例えば業界団体が作成した規程や社内規程のほか，雇用契約，利害関係者との契約など，組織が順守

すべき事項を表している．

ISO/PC 283 国際会議では，ISO 規格の採用は組織の任意であり，順守義務のある法的要求事項を ISO 45001 の要求事項として明記する必要はないとの意見もあった．しかし，途上国では法令順守が軽視されがちという意見もあり用語の定義に記載することとなった．ISO 45001 では ISO 14001 の"順守義務"の定義をそのまま流用している（注記は ISO 14001 とは異なる）．

国際会議では，"働く人の代表（workers' representatives）"を定義するか否か議論があった．"働く人の代表"の決定方法について関係法令が整備されている国とされていない国があることから，"働く人の代表"の定義は行わず，"法的要求事項及びその他の要求事項"に注記3として加筆することとなった．組織に労働組合が設置されていれば，"働く人の代表"は労働組合を活用すればよい．

---------- JIS Q 45001:2018 ----------

3.10 マネジメントシステム（management system）

方針（**3.14**），目標（**3.16**）及びその目標を達成するためのプロセス（**3.25**）を確立するための，相互に関連する又は相互に作用する，組織（**3.1**）の一連の要素．

注記 1　一つのマネジメントシステムは，単一又は複数の分野を取り扱うことができる．

注記 2　システムの要素には，組織の構造，役割及び責任，計画，運用，並びにパフォーマンスの評価及び向上が含まれる．

注記 3　マネジメントシステムの適用範囲としては，組織全体，組織内の固有で特定された機能，組織内の固有で特定された部門，複数の組織の集まりを横断する一つ又は複数の機能などがあり得る．

注記 4　これは，ISO/IEC 専門業務用指針第1部の統合版 ISO 補足指針の**附属書 SL** に示された ISO マネジメントシステム規格に関する共通用語及び中核となる定義の一つである．注記

> 2 は，マネジメントシステムのより広範な要素の幾つかを明確にするために修正した．

　組織が設定した方針・目標を達成し意図した成果を得るための一連の要素．ISO 規格のマネジメントシステムには，品質マネジメントシステム（ISO 9001），環境マネジメントシステム（ISO 14001），情報セキュリティマネジメントシステム（ISO/IEC 27001）等がある．

　注記1で，"一つのマネジメントシステムは複数の分野（品質，環境，情報セキュリティ等）を取り扱うことができる"とされている．これら複数の分野を事業経営という一つのマネジメントシステムが運用している組織にとってOH&SMS はやはり事業経営というマネジメントシステムの一部である．

―― JIS Q 45001:2018 ――

3.11 労働安全衛生マネジメントシステム
（occupational health and safety management system）
OH&S マネジメントシステム（OH&S management system）

労働安全衛生方針（**3.15**）を達成するために使用されるマネジメントシステム（**3.10**）又はマネジメントシステムの一部．

　注記1　労働安全衛生マネジメントシステムの意図した成果は，働く人（**3.3**）の負傷及び疾病（**3.18**）を防止すること，並びに安全で健康的な職場（**3.6**）を提供することである．

　注記2　"OH&S"と"OSH"の意味は同じである．

　"労働安全衛生マネジメントシステム"は"OSHMS"とも略称されているが，OHSAS 18001 では"OH&SMS"と略称されている．1999 年労働省（当時）が"労働安全衛生マネジメントシステムに関する指針"（以降，厚生労働省 OSHMS 指針という）を公表した当時は日本では OHSMS を使っていたが，2001 年に公表された ILO ガイドラインに合わせ，OSHMS と呼称するようになった．

国際会議においてISO 45001ではどちらの略語を使用するかが議論になり，多数決の結果から"OH&SMS"を使用することになった．ただし，多数決の結果が僅差であったことやILOの主張により，OH&SとOSHの意味が同じであることをあえて注記2に記載することとした．

JIS Q 45001:2018

3.12　トップマネジメント（top management）

最高位で組織（**3.1**）を指揮し，管理する個人又は人々の集まり．

注記1　労働安全衛生マネジメントシステム（**3.11**）に関する最終的な責任が保持される限り，トップマネジメントは，組織内で，権限を委譲し，資源を提供する力をもっている．

注記2　マネジメントシステム（**3.10**）の適用範囲が組織の一部だけの場合，トップマネジメントとは，組織内のその一部を指揮し，管理する人をいう．

注記3　これは，ISO/IEC専門業務用指針第1部の統合版ISO補足指針の**附属書SL**に示されたISOマネジメントシステム規格に関する共通用語及び中核となる定義の一つである．**注記1**は，労働安全衛生マネジメントシステムに関してトップマネジメントの責任を明確にするために修正した．

トップマネジメントとは，一般的には社長，副社長，役員会等，組織を指揮，管理する経営者あるいは経営者層を指す．しかし，ISO規格では組織の最高位をトップマネジメントとして定義していることから，OH&SMSの適用範囲によりトップマネジメントも異なる．すなわち，企業全体で運用しているOH&SMSのトップマネジメントは本社経営層であり，事業所や工場が運用しているOH&SMSは事業所長や工場長がトップマネジメントとしての責任を負うことになる．

3 用語及び定義

JIS Q 45001:2018

3.13 有効性（effectiveness）
計画した活動を実行し，計画した結果を達成した程度．
　　注記　これは，ISO/IEC 専門業務用指針第 1 部の統合版 ISO 補足指針の**附属書 SL** に示された ISO マネジメントシステム規格に関する共通用語及び中核となる定義の一つである．

ISO 45001 の附属書 A.9.3 では"有効（性）（effectiveness）とは，労働安全衛生マネジメントシステムが，意図した成果を達成しているかどうかを意味している"と解説されている．すなわち，OH&SMS の運用により，労働災害が防止できているか，安全で健康的な職場が提供されているかを意味している．

JIS Q 45001:2018

3.14 方針（policy）
トップマネジメント（**3.12**）によって正式に表明された組織（**3.1**）の意図及び方向付け．
　　注記　これは，ISO/IEC 専門業務用指針第 1 部の統合版 ISO 補足指針の**附属書 SL** に示された ISO マネジメントシステム規格に関する共通用語及び中核となる定義の一つである．

3.15 労働安全衛生方針（occupational health and safety policy）
　　　OH&S 方針（OH&S policy）
働く人（**3.3**）の労働に関係する負傷及び疾病（**3.18**）を防止し，安全で健康的な職場（**3.6**）を提供するための方針（**3.14**）．

労働安全衛生方針は，OH&SMS を運用する際の基本理念としてトップマネジメントが表明するものである．労働災害を防止し，安全で健康的な職場を形成するためには，トップマネジメントが強いリーダーシップを発揮し，関係者

全員が一丸となって安全衛生活動を実行していくことが不可欠である．また，安全衛生方針をCSR（corporate social responsibility：企業の社会的責任）への取組みとして自社のホームページに掲載している企業も多く，組織としての安全衛生に関する姿勢を組織内外に公表する性格ももっている．

JIS Q 45001:2018

3.16 目的，目標（objective）

達成する結果．

注記1 目的（又は目標）は，戦略的，戦術的又は運用的であり得る．

注記2 目的（又は目標）は，様々な領域［例えば，財務，安全衛生，環境の到達点（goal）］に関連し得るものであり，様々な階層［例えば，戦略的レベル，組織全体，プロジェクト単位，製品ごと，プロセス（**3.25**）ごと］で適用できる．

注記3 目的（又は目標）は，例えば，意図した成果，目的（purpose），運用基準など，別の形で表現することもできる．また，労働安全衛生目標（**3.17**）という表現，又は同じような意味をもつ別の言葉［**例** 狙い（aim），到達点（goal），目標（target）］で表すこともできる．

注記4 これは，ISO/IEC専門業務用指針第1部の統合版ISO補足指針の**附属書SL**に示されたISOマネジメントシステム規格に関する共通用語及び中核となる定義の一つである．**附属書SL**の当初の**注記4**は，"労働安全衛生目標"が**3.17**において別途定義されているので削除した．

3.17 労働安全衛生目標（occupational health and safety objective）
OH&S目標（OH&S objective）

労働安全衛生方針（**3.15**）に整合する特定の結果を達成するために組織（**3.1**）が定める目標（**3.16**）．

安全衛生目標とは，OH&SMS の運用により実現や達成を目指す安全衛生上の水準であり，OH&SMS を計画的に進めていくためには安全衛生目標を具体的に設定することが不可欠である．安全衛生目標を設定することにより，具体的な実施事項を盛り込んだ安全衛生計画の作成や，目標の達成度を評価することが可能になる．具体的には，リスクの評価及び低減措置，健康管理活動，日常的な安全衛生活動（危険予知活動，5S 活動等），安全衛生教育等のほか，夏季の熱中症対策や年末年始無災害運動など季節的な目標もある．また，安全衛生目標は"労働災害ゼロ"というスローガン的なものではなく，災害をゼロにするための具体的な実施目標を設定することが必要である．

厚生労働省 OSHMS 指針の解釈通達（平成 18 年 3 月 17 日付け基発第 0317007 号）では関係部署ごとの安全衛生目標も設定することが望ましいとされているが，ISO 45001 でも関連する部門及び階層において安全衛生目標を設定することが求められている（箇条 6.2.1）．

JIS Q 45001:2018

3.18 負傷及び疾病（injury and ill health）

人の身体，精神又は認知状態への悪影響．

注記 1　業務上の疾病，疾患及び死亡は，これらの悪影響に含まれる．

注記 2　"負傷及び疾病"という用語は，負傷又は疾病が単独又は一緒に存在することを意味する．

当初は定義されていなかった用語であるが，"オックスフォード英語辞典"に掲載されている"負傷"や"疾病"の定義が ISO 45001 で使用するには広すぎるため，労働災害を念頭に新たな定義付けを行った．なお，死亡災害は負傷や疾病に該当しないと考える人が多いとの意見から，注記で死亡を扱っている．

"認知"とは記憶，理解，問題解決に対する悪影響を指すが，安全衛生の分野では不明確な面もあり，ISO/PC 283 の国際会議において日本は削除するよう求めたが僅差で却下されている．

―― JIS Q 45001:2018 ――

3.19 危険源(hazard)

負傷及び疾病(**3.18**)を引き起こす可能性のある原因.

注記　危険源は,危害又は危険な状況を引き起こす可能性のある原因,並びに負傷及び疾病につながるばく露の可能性のある状況を含み得る.

　企業,事業場によってはハザード,危険有害性とも呼ばれており,これらは危険源と同義である.危険源の例としては,回転体,鋭利な刃物,高温の物体のように負傷の原因になるもの,化学物質,粉じん,騒音のように疾病の原因となるものがある.

　CD(委員会原案)の段階では"活動(act)"も"危険源"の定義に含まれていた.これは不安全行動を考慮したものであったが,"働く人が危険源である"という誤解につながるためILOが削除を主張し,各国もそれに賛同した.また,ISO/PC 283国際会議の場では,不安全行動は注記にある"危険な状況"に含まれるという意見で一致している.

　DIS(国際規格案)の段階では,"危険な状況"も"危険源"に含まれるとされていたが,両者を区別すべきとの意見から"危険な状況"は注記にすることとした."危険な状況"とは働く人が"危険源"と接触する可能性のある状況を指す.例として,有害物質の取扱い場所に局所排気装置が設置されていない,回転体にカバーが設置されていない等がある."危険な状況"とは,あくまでも"危険源"に接触する可能性があるか否かというだけで,現実に接触しているかとは別問題である.

―― JIS Q 45001:2018 ――

3.20 リスク(risk)

不確かさの影響.

注記1　影響とは,期待されていることから,好ましい方向又は好ましくない方向にかい(乖)離することをいう.

注記 2	不確かさとは,事象,その結果又はその起こりやすさに関する,情報,理解又は知識に,たとえ部分的にでも不備がある状態をいう.
注記 3	リスクは,起こり得る"事象"(**JIS Q 0073**:2010 の **3.5.1.3** の定義を参照)及び"結果"(**JIS Q 0073**:2010 の **3.6.1.3** の定義を参照),又はこれらの組合せについて述べることによって,その特徴を示すことが多い.
注記 4	リスクは,ある事象(その周辺状況の変化を含む.)の結果とその発生の"起こりやすさ"(**JIS Q 0073**:2010 の **3.6.1.1** の定義を参照)との組合せとして表現されることが多い.
注記 5	この規格では,"リスク及び機会"という用語を使用する場合は,労働安全衛生リスク(**3.21**),労働安全衛生機会(**3.22**),マネジメントシステムに対するその他のリスク及びその他の機会を意味する.
注記 6	これは,ISO/IEC 専門業務用指針第 1 部の統合版 ISO 補足指針の**附属書 SL** に示された ISO マネジメントシステム規格に関する共通用語及び中核となる定義の一つである.注記 5 は,"リスク及び機会"という用語をこの規格内で明確に用いるために追加した.

　ISO 45001 には"労働安全衛生リスク"及び"OH&SMS に対するその他のリスク"という 2 種類のリスクへの対応が求められている.この 2 種類のリスクは別々に評価することから,これらの違いをよく理解する必要がある.

　ISO 14001 と整合性をとり,ISO 45001 でも"リスク"と"機会"を併せて"リスク及び機会"を一つの用語として採用した.ISO/PC 283 国際会議では,誤解を招くことから 3.20 を削除すべきとの意見もあったが,附属書 SL の共通用語及び中核となる定義の一つであるため,削除せずに掲載している.

　ISO 14001 の"リスク及び機会"の定義はわかりにくいとの理由により

ISO 45001で新たな定義付けについても検討したが，ISO 14001と違う定義ではユーザーの混乱を招くことから結局定義は行わず注記5を入れることとした．

なお，ISO 45001の"リスク及び機会"には，"労働安全衛生リスク"（箇条3.21），"労働安全衛生機会"（箇条3.22），"OH&SMSに対するその他のリスク"，"OH& SMSに対するその他の機会"が含まれる．"機会"については3.22を参照のこと．

――――――――――――――――――――――――― JIS Q 45001:2018 ―

3.21 労働安全衛生リスク（occupational health and safety risk）
OH&Sリスク（OH&S risk）
　労働に関係する危険な事象又はばく露の起こりやすさと，その事象又はばく露によって生じ得る負傷及び疾病（3.18）の重大性との組合せ．

労働安全衛生リスクとは，労働安全衛生法第28条の2や厚生労働省の"危険性又は有害性等の調査等に関する指針"に基づき事業場で実施しているリスクアセスメントの"リスク"に相当する．

ISO 45001では"労働安全衛生リスク"とは別に"労働安全衛生マネジメントシステムに対するその他のリスクの評価"（箇条6.1.2.2）があるが，これはOH&SMSの実施や運用等に関係するリスクを表している．例えば，安全衛生予算の削減，安全衛生スタッフの人員減，安全衛生教育不足による働く人の安全衛生意識の低下などが考えられる．

ISO 45001の中に2種類のリスクが存在するのは混乱の元であり労働安全衛生リスクだけ管理すればよいとの意見もあったが，OH&SMSを適切に運用するためにはOH&SMSに対するその他のリスクへの取組みが不可欠であるという意見のほうが多かった．

> **JIS Q 45001:2018**
>
> **3.22 労働安全衛生機会**（occupational health and safety opportunity）
> **OH&S 機会**（OH&S opportunity）
> 労働安全衛生パフォーマンス（**3.28**）の向上につながり得る状況又は一連の状況.

ISO 規格では定義がない用語については，辞書で確認することとなっている．"機会（opportunity）"は ISO 45001 で定義されていないことから辞書に掲載されている意味で使用することとなる．"Oxford living dictionaries"には"opportunity"は"何かすることを可能にする時又は一連の状況（a time or set of circumstances that makes it possible to do something）"と定義されており，チャンス，好機と同義語である．

安全衛生機会の例として，KYT，5S 活動等の日常的な安全衛生活動や，腰痛防止のためのパワーアシストスーツの使用といった新技術の導入がある．

ISO 45001 では"労働安全衛生機会"とは別に"労働安全衛生マネジメントシステムに対するその他の機会"（箇条 6.1.2.3）があるが，これは OH&SMS の運用等が改善される機会を表している．例えば，トップマネジメントの安全意識改善，OH&SMS 運用の好事例の採用，働く人の協議と参加のプロセス改善などが考えられる．

> **JIS Q 45001:2018**
>
> **3.23 力量**（competence）
> 意図した結果を達成するために，知識及び技能を適用する能力．
> **注記** これは，ISO/IEC 専門業務用指針第 1 部の統合版 ISO 補足指針の**附属書 SL** に示された ISO マネジメントシステム規格に関する共通用語及び中核となる定義の一つである．

ISO 45001 の意図した成果を達成するためには，労働安全衛生関係法令により定められた資格の取得や教育の実施はいうまでもなく，リスクの評価，リ

スク低減対策，日常的な安全衛生活動，緊急事態への対応，内部監査等についても力量が必要である．なお，力量とは当該業務に関する資格や知識だけを指すものではなく，適切に実施できる能力も含まれる．

JIS Q 45001:2018

3.24 文書化した情報（documented information）

組織（**3.1**）が管理し，維持するよう要求されている情報，及びそれが含まれている媒体．

注記1 文書化した情報は，あらゆる形式及び媒体の形をとることができ，あらゆる情報源から得ることができる．

注記2 文書化した情報には，次に示すものがあり得る．
- a) 関連するプロセス（**3.25**）を含むマネジメントシステム（**3.10**）
- b) 組織の運用のために作成された情報（文書類）
- c) 達成された結果の証拠（記録）

注記3 これは，ISO/IEC 専門業務用指針第1部の統合版 ISO 補足指針の**附属書SL**に示された ISO マネジメントシステム規格に関する共通用語及び中核となる定義の一つである．

ISO 45001 では"文書類"と"記録"は書き分けられておらず，"文書化した情報"で統一されている．すなわち，"文書化した情報"とは"文書類"と"記録"の両方を指すので，文脈から，文書か記録かを判断する必要がある．

"……の証拠として文書化した情報を保持しなければならない"という表現は"記録"を意味している．また，"文書化した情報として維持しなければならない"という表現は手順書などの文書類を意味している．保持と維持の違いは，77ページを参照のこと．

注記1にあるように，文書化した情報は必ずしも紙媒体で作成する必要はなく，電子データや動画，音声でもよい．

> ─── JIS Q 45001:2018 ───
>
> **3.25 プロセス**（process）
>
> インプットをアウトプットに変換する，相互に関連する又は相互に作用する一連の活動．
>
> 　注記　これは，ISO/IEC 専門業務用指針第 1 部の統合版 ISO 補足指針の**附属書 SL** に示された ISO マネジメントシステム規格に関する共通用語及び中核となる定義の一つである．

　プロセスは手順書のことと誤解されている組織が少なくない．もちろん，プロセスには手順（3.26）が必要であるが，その手順を適切に実行する働く人の力量や機械設備が整ってなければプロセスが確立されたとはいえない．また，OH&SMS におけるインプットやアウトプットは，作業者の意見，安全衛生意識の向上といった有形ではないものもある．

　プロセスは価値を上げる一連の活動であり，価値を付加する対象である"インプット"と，価値が付加された対象である"アウトプット"を明確にしておく．

> ─── JIS Q 45001:2018 ───
>
> **3.26 手順**（procedure）
>
> 活動又はプロセス（**3.25**）を実行するための所定のやり方．
>
> 　注記　手順は文書化してもしなくてもよい．
>
> （出典：**JIS Q 9000**:2015 の **3.4.5** を修正．**注記**を修正した．）

　ISO 9000（品質マネジメントシステム―基本及び用語）の"手順"の定義をそのまま流用している．"手順"とは，ある活動やプロセスのやり方，実施方法を一つひとつ表したものである．例えば，文書管理について，管理の対象，文書の作成，更新，廃棄，保管場所，保管期間，担当部門等について 5W1H でわかりやすく規定したものが手順である．

> **JIS Q 45001:2018**
>
> **3.27 パフォーマンス**（performance）
>
> 測定可能な結果．
>
> 注記1　パフォーマンスは，定量的又は定性的な所見のいずれにも関連し得る．結果は，定性的又は定量的な方法で判断し，評価することができる．
>
> 注記2　パフォーマンスは，活動，プロセス（**3.25**），製品（サービスを含む．），システム又は組織（**3.1**）の運営管理に関連し得る．
>
> 注記3　これは，ISO/IEC 専門業務用指針第1部の統合版 ISO 補足指針の**附属書 SL** に示された ISO マネジメントシステム規格に関する共通用語及び中核となる定義の一つである．注記1は，結果を判断及び評価するために使われる可能性がある方法の種類を明確にするために修正された．
>
>
> **3.28 労働安全衛生パフォーマンス**
>
> 　　（occupational health and safety performance）
>
> 　　**OH&S パフォーマンス**（OH&S performance）
>
> 働く人（**3.3**）の負傷及び疾病（**3.18**）の防止の有効性（**3.13**），並びに安全で健康的な職場（**3.6**）の提供に関わるパフォーマンス（**3.27**）．

　3.27 のパフォーマンスと同様に，労働安全衛生パフォーマンスも定性的又は定量的な評価が可能である．

・定性的な測定の具体例

　　コミュニケーションが良くなった．

　　皆が安全上のルールを守るようになった．

　　安全パトロールで声をかけられるようになった．

　　日常的な安全衛生活動を積極的に実施するようになった．

安全衛生委員会の議論が活発になった．
・定量的な評価の具体例
　　災害発生数（率）が減少した．
　　健康診断の有所見者数（率）が減少した．
　　喫煙率が下がった．
　　ヒヤリ・ハット報告数が増えた．
　　危険源の抽出数が増えた．
　　リスクレベルⅣの作業の80％をレベルⅠに低減した．

JIS Q 45001:2018

3.29 外部委託する（outsource）（動詞）

ある組織（**3.1**）の機能又はプロセス（**3.25**）の一部を外部の組織（**3.1**）が実施するという取決めを行う．

　注記1　外部委託した機能又はプロセスはマネジメントシステム（**3.10**）の適用範囲内にあるが，外部の組織はマネジメントシステムの適用範囲の外にある．

　注記2　これは，ISO/IEC専門業務用指針第1部の統合版ISO補足指針の**附属書SL**に示されたISOマネジメントシステム規格に関する共通用語及び中核となる定義の一つである．

　外部委託の例として，外部講師による安全衛生教育の実施，外部機関への作業環境測定や健康診断の実施等が考えられる．また安全衛生に限らず，生産設備の設計の委託，構内運搬業務の委託等，事業プロセスの一部を委託することも含まれる．

　注記1について，例えばA社の社員の健康診断をB機関に外部委託したとする．健康診断に関するプロセスはA社のOH&SMSの範囲内にあるが，委託先であるB機関はA社のOH&SMSの適用範囲内に含めなくてよいことをいっている．

---- JIS Q 45001:2018 ----

3.30 モニタリング（monitoring）

システム，プロセス（**3.25**）又は活動の状況を明確にすること．

注記1 状況を明確にするために，点検，監督又は注意深い観察が必要な場合もある．

注記2 これは，ISO/IEC 専門業務用指針第1部の統合版 ISO 補足指針の**附属書 SL** に示された ISO マネジメントシステム規格に関する共通用語及び中核となる定義の一つである．

3.31 測定（measurement）

値を確定するプロセス（**3.25**）．

注記 これは，ISO/IEC 専門業務用指針第1部の統合版 ISO 補足指針の**附属書 SL** に示された ISO マネジメントシステム規格に関する共通用語及び中核となる定義の一つである．

モニタリング，測定ともに PDCA サイクルの C（チェック）に相当する．モニタリングには文書化した情報のレビューや働く人との面接のように定性的なものも含まれ，測定は健康診断や作業環境測定のように定量的であるという違いがある．

なお，"モニタリング（monitoring）"は ISO 9001 や ISO 14001 では"監視"と和訳されているが，JIS Q 45001 原案作成委員会における検討の際，"監視"は安全衛生の分野では作業や計器の見張りと誤解されるとの意見があったため"モニタリング"とした．

---- JIS Q 45001:2018 ----

3.32 監査（audit）

監査基準が満たされている程度を判定するために，監査証拠を収集し，それを客観的に評価するための，体系的で，独立し，文書化したプロセス（**3.25**）．

> 注記1　監査は，内部監査（第一者）又は外部監査（第二者又は第三者）のいずれでも，及び複合監査（複数の分野の組合せ）でもあり得る．
>
> 注記2　内部監査は，その組織（3.1）自体が行うか，又は組織の代理で外部関係者が行う．
>
> 注記3　"監査証拠"及び"監査基準"は，**JIS Q 19011**で定義されている．
>
> 注記4　これは，ISO/IEC 専門業務用指針第1部の統合版 ISO 補足指針の**附属書 SL**に示された ISO マネジメントシステム規格に関する共通用語及び中核となる定義の一つである．

ISO 45001 では OH&SMS の適用範囲や安全衛生方針等，幾つかの文書化が要求事項の中で求められているが，監査については定義の中で文書化することが求められており，必ず文書化する必要がある．

内部監査のアウトプットはマネジメントレビューのインプットになり，OH&SMS の継続的な改善につながるものであるため，安全衛生上の課題を指摘し，改善の助言ができる力量をもった者が内部監査を担当することが必要である．

― **JIS Q 45001:2018** ―

> **3.33　適合**（conformity）
>
> 要求事項（**3.8**）を満たしていること．
>
> > 注記　これは，ISO/IEC 専門業務用指針第1部の統合版 ISO 補足指針の**附属書 SL**に示された ISO マネジメントシステム規格に関する共通用語及び中核となる定義の一つである．
>
> **3.34　不適合**（nonconformity）
>
> 要求事項（**3.8**）を満たしていないこと．
>
> > 注記1　不適合は，この規格の要求事項，及び組織（**3.1**）が組織自

> 体のために定める追加的な労働安全衛生マネジメントシステム（**3.11**）の要求事項に関係する．
>
> 注記 2　これは，ISO/IEC 専門業務用指針第 1 部の統合版 ISO 補足指針の**附属書 SL** に示された ISO マネジメントシステム規格に関する共通用語及び中核となる定義の一つである．**注記 1** は，この規格の要求事項及び組織の労働安全衛生マネジメントシステムに関する組織自体の要求事項に対する不適合の関係を明確にするために追加した．

適合，不適合は法的要求事項はもちろん，法定外の教育や日常的な安全衛生活動等，組織が決めた OH&SMS に関する実施事項についても判定することが必要である．

なお継続的改善のためには，不適合ではなくても，OH&SMS のさらなる向上のために改善が望まれる事項についても対応することが必要である．

JIS Q 45001:2018

3.35　インシデント（incident）

結果として負傷及び疾病（**3.18**）を生じた又は生じ得た，労働に起因する又は労働の過程での出来事．

注記 1　負傷及び疾病が生じたインシデントを"事故（accident）"と呼ぶこともある．

注記 2　負傷及び疾病は発生していないが，発生する可能性があるインシデントは，"ニアミス（near-miss）"，"ヒヤリ・ハット（near-hit）"又は"危機一髪（close call）"と呼ぶこともある．

注記 3　一件のインシデントに関して一つ又は二つ以上の不適合（**3.34**）が存在することがあり得るが，インシデントは不適合がない場合でも発生することがあり得る．

OHSAS 18001 が 2007 年に改訂された際，ヒヤリ・ハットは偶然ケガに至らなかった事象であり，事故（accident）と同様にリスク低減の処置が必要であるという考えから，ヒヤリ・ハットと事故の両方の概念がインシデントに取り入れられた．ISO 45001 もこの流れをくみ，インシデントの概念にはヒヤリ・ハットと事故の両方が含まれている．ISO/PC 283 国際会議では，事故が発生した場合と発生しなかった事象（ヒヤリ・ハット）では対応が異なることから，インシデントと事故は別の定義にすべきとの意見もあったが，世界的にインシデントにはヒヤリ・ハットが含まれるという概念は定着しているとの理由で却下された．

また，言語学上"incident"は軽いので別の用語を使用したほうがよいとの意見もあったが，言語学の観点ではなく使いやすい用語を使用することとした．労働安全衛生規則第 97 条で規定されている"労働者死傷病報告"はもちろん，労働安全衛生規則第 96 条で規定されている"事故報告"のように働く人が負傷をしていない事故でも労働災害につながる可能性のあるものはインシデントに含まれる．

"インシデント（incident）"は『労働安全衛生マネジメントシステム OHSAS 18001:2007 日本語版と解説』（日本規格協会）では"発生事象"と和訳されている．JIS Q 45001 原案作成委員会において"発生事象"では定義のニュアンスがイメージしづらいという意見や，一部の業界では"インシデント"の使用が定着しているとの意見があり，"インシデント"の和訳をあてた．

──────── JIS Q 45001:2018 ────────

3.36 是正処置（corrective action）

不適合（**3.34**）又はインシデント（**3.35**）の原因を除去し，再発を防止するための処置．

注記　これは，ISO/IEC 専門業務用指針第 1 部の統合版 ISO 補足指針の**附属書 SL** に示された ISO マネジメントシステム規格に関する共通用語及び中核となる定義の一つである．この定義は，"インシデント"への言及を盛り込むために修正した．イ

> ンシデントは，労働安全衛生において極めて重要な要因であるが，解決のために必要な活動は不適合の場合と同じであり，是正処置を通じて行われる．

　労働災害は直接原因だけを是正しても再発防止にはならない．直接原因がなぜ，どのように起きたのか，不適合やインシデントの根本原因まで分析し是正する必要がある．3.35（インシデント）で解説したようにインシデントにはヒヤリ・ハットの概念も含まれることから，重大ヒヤリは当然ながら是正処置の対象となる．

――― JIS Q 45001:2018 ―――

3.37　継続的改善（continual improvement）

　パフォーマンス（**3.27**）を向上するために繰り返し行われる活動．

　　注記 1　パフォーマンスの向上は，労働安全衛生方針（**3.15**）及び労働安全衛生目標（**3.17**）に整合する全体的な労働安全衛生パフォーマンス（**3.28**）の向上を達成するために労働安全衛生マネジメントシステム（**3.11**）を使用することに関係している．

　　注記 2　継続的（continual）は，連続的（continuous）を意味しないため，活動を全ての分野で同時に行う必要はない．

　　注記 3　これは，ISO/IEC 専門業務用指針第 1 部の統合版 ISO 補足指針の**附属書 SL** に示された ISO マネジメントシステム規格に関する共通用語及び中核となる定義の一つである．**注記 1** は，労働安全衛生マネジメントシステムにおける"パフォーマンス"の意味を明確にするために追加し，**注記 2** は，"継続的"の意味を明確にするために追加した．

　継続的改善とは，単にパフォーマンス評価，内部監査，マネジメントレビュー，不適合の是正処置を実施しそれぞれを改善するのみならず，それらを組み

合わせて労働安全衛生パフォーマンスをよりいっそう向上させ，労働災害の防止や安全で健康的な職場を形成することにある．労働安全衛生パフォーマンスも常に右上がりで向上させる必要はなく，段階的な向上でもよい．

● **特に注意すべき用語**

(1) "考慮する(consider)"と"考慮に入れる(take into account)"の違い

"考慮する"と"考慮に入れる"は日本語で読む限り大きな違いはないように見えるが，英語の意味には大きな違いがある．"考慮する（consider）"とは，その事項について考える必要があるが，必ずしも採用しなくてもよい．"考慮に入れる（take into account）"の意味は，その事項について考える必要があり，さらに採用する必要もある．

JIS Q 45001 原案作成委員会では，両者を明確に区別できるような和訳を採用すべきとの意見もあったが，他の ISO 規格が"考慮する"と"考慮に入れる"と訳していることから，ユーザーの混乱を避けるためこの和訳を使用することとした．

(2) "責任（responsibility）"と"説明責任（accountability）"の違い

説明責任（accountability）は一般に説明責任と訳されるが，行為の結果に対する責任という意味もある．JIS Q 45001 で"説明責任"という用語は，説明をする責任はもちろん，結果についても責任を負うことを意味している．このため，JIS Q 45001 原案作成委員会では"説明責任"以外の和訳を使用すべきとの意見があったが，JIS Q 9001 や JIS Q 14001 で既に"説明責任"と訳されていることから整合性をとることになった．

責任（responsibility）は委任できるが，説明責任（accountability）は委任することができない．例えば，箇条 5.1 a) に関しては OH&SMS 運用上の責任は他の者に委任できるが，結果責任についてはトップマネジメントが負う．

(3) "維持する（maintain）"と"保持する（retain）"の違い

"維持する（maintain）"には"定期的に修理・訂正して良い状態を保つ"という意味があり，その名詞は"メンテナンス（maintenance）"である．"役

割,責任及び権限"に関する文書やプロセスのように,変更する可能性があるものは最新の状態にしておく必要があり,これを"維持"としている.一方,記録のように変更の可能性のないものは,保ち続ければよく,これを"保持(retain)"としている.

(4) "確立する（establish)"

"establish"はISO 9001やISO 14001など全てのISOマネジメント規格において"確立する"と和訳されている．establishは"set up or lay the groundwork for"（準備する,〜のために基礎を定める）という意味である．マネジメントシステムの基礎を定めるということは,システムを計画する,設計することである．さらにプロセスについて言及すれば,"プロセスを確立し,実施し,維持し,改善する"という要求事項は,プロセス（一連の活動）についてPDCAサイクルを回すことを意味する．

(5) "この要求に従って（in accordance with the requirement of this document)"

"accordance"は"一致,調和"の意味であり,箇条4.4に規定されている"組織は,この規格の要求事項に従って,必要なプロセス及びそれらの相互作用を含む労働安全衛生マネジメントシステムを確立し,実施し,維持し,かつ継続的に改善しなけらばならない"とは,ISO 45001の要求事項が今後とも実施され,維持されていくことを要求している．

(6) "統合を確実にする（ensuring the integration)"

"integration"は"統合する,一体にする"という意味であり,二つ以上のものを調和する,融合することである．

箇条5.1 c)では,事業プロセスとOH&SMSの要求事項を一体にすることを求めている．

(7) "確実にする（ensure)"

"ensure"の和訳は"確実にする"であるが,"請け負う,保証する"という意味もあり,英文のthat以下の事項を"確実に達成させる"ことを要求している．

箇条 4　組織の状況

　附属書 SL で規定された箇条である．ISO マネジメントシステムが形骸化し，組織に価値をもたらすことが従来少なかったことへの反省から，組織に固有な OH&SMS の置かれている現在の状況を明確にすることを要求している．

4.1　組織及びその状況の理解

---- JIS Q 45001:2018 ----

4.1　組織及びその状況の理解

　組織は，組織の目的に関連し，かつ，その労働安全衛生マネジメントシステムの意図した成果を達成する組織の能力に影響を与える，外部及び内部の課題を決定しなければならない．

◀箇条 4.1 の意図▶

"労働安全衛生マネジメントシステムの意図した成果"を明確にした上で，その意図した成果を達成する組織の能力を認識し，その能力が劣化しないよう外部内部の課題を決定しなければならないという意図である．

◀本文の解説▶

(1)　箇条 4.1 のキーワードは，"組織の目的"，"意図した成果"，"組織の能力"，"外部及び内部の課題"であるが，トップマネジメントはいずれのキーワードも自組織の具体的内容に置き換えることによって，組織全体に OH&SMS を確立（計画）し，実施し，維持し，改善することが求められる．

(2)　最初に記述されている"組織の目的"は，次の文脈で理解するとよい．"外部及び内部の課題"を決定する際には，組織の目的に関係したものになっているかどうかを確認する．

　"組織の目的"は登記している組織であれば組織の定款に書かれている．例えば，

・○○を開発する

・○○製品を製造する

・○○ソフトを製作する

などである．

　また，定款の内容を引用するまでもなく，多くの組織はホームページに組織の理念，ミッション，ビジョンなどを公表しているが，それらの多くは組織の目的につながるものである．組織の目的の明確化は，社会的な存在としてどのような社会の期待及びニーズに応えようとしているのか，あるいは社会のどのようなことに貢献しようとしているのか，などを分析することからも得られる．

(3) 組織は ISO 45001 に基づく OH&SMS 構築において，達成すべき目標を明確にしなければならないが，"労働安全衛生マネジメントシステムの意図した成果"は，組織によって異なる．序文 0.2 （労働安全衛生マネジメントシステムの狙い）の中に示されているように，"働く人の労働に関係する負傷及び疾病を防止すること，及び安全で健康的な職場を提供すること"が規格の意図するところである．

　また，箇条 1 （適用範囲）にも次のように記述されており，参考になる．

　"この規格は，組織が労働安全衛生マネジメントシステムの意図した成果を達成するために役立つ．労働安全衛生マネジメントシステムの意図した成果は，組織の労働安全衛生方針に整合して，次の事項を含む．

　a) 労働安全衛生パフォーマンスの継続的な改善

　b) 法的要求事項及びその他の要求事項を満たすこと

　c) 労働安全衛生目標の達成"

これら規格に書かれている基本を参考に，組織固有の"意図した成果"を決め，労働安全衛生方針，労働安全衛生目標に反映させるとよい．

(4) "組織の能力"も組織ごとに異なる．0.3 （成功のための要因）に "労働安全衛生マネジメントシステムの実施及び維持，並びにその有効性及び意図した成果を達成する能力" という表現がある．OH&SMS に関しての "組織

の能力"の例には次のようなものがある．
- ・労働安全衛生に高い意識をもつ人々
- ・安全対策の取られた機械設備
- ・リスクアセスメント実践ノウハウ　など

(5) "外部及び内部の課題"は組織に固有であり，かつ多種多様である．ここでの課題とはあくまでも OH&SMS に関する課題を指し，組織全体の課題を意味するものではない．組織は事業活動において様々な課題を抱えているが，ここでは，"組織の能力に影響を与える"課題を明確にすることが求められている．

【外部の課題の例】
- ・法規制に関すること
- ・競合他社に関すること
- ・外部資源の入手に関わること

【内部の課題の例】
- ・要員に関すること
- ・技術に関すること
- ・インフラなどに関わること

(6) 外部及び内部の課題は，時間の経過とともに変化していく．組織の経営環境によるが，新たな課題が出てきたり，逆にある課題は解決したと見てよいときがあるかもしれない．この"外部及び内部の課題の変化"は，9.3 b) のマネジメントレビューの考慮事項として規定されている．

◀附属書 A.4.1 の要点▶

(1) 外部の課題の例に次のようなものがある．
1) 国際，国内，地方又は近隣地域を問わず，文化，社会，政治，法律，金融，技術，経済及び自然の環境，並びに市場競争
2) 新たな競合企業，請負者，下請負者，供給者，提携先及び提供者の導入，新技術，新法，並びに新しい職業の登場

3) 製品についての新知識及びその安全衛生への影響
4) 組織への影響力をもつ産業又はセクターに関係するキードライバー及び傾向
5) 外部の利害関係者との関係，並びに外部の利害関係者の認識及び価値観
6) 上記のいずれかに関わる変化

(2) 内部の課題に次のようなものがある．
1) ガバナンス，組織構造，役割及び説明責任
2) 方針，目標及びそれらを達成するために定められる戦略
3) 資源，知識及び力量の観点から理解される能力（例えば，資金，時間，人的資源，プロセス，システム及び技術）
4) 情報システム，情報の流れ及び意思決定プロセス（公式及び非公式）
5) 新しい製品，素材，サービス，ツール，ソフトウェア，施設及び設備の導入
6) 働く人との関係，並びに働く人の認識及び価値観
7) 組織の文化
8) 組織が採用する標準，指針及びモデル
9) 例えば，外部委託した活動を含む，契約関係の形式及び範囲
10) 労働時間に関する取決め
11) 労働条件
12) 上記のいずれかに関わる変化

◀ OHSAS 18001:2007 との対応 ▶

箇条 4.1（組織及びその状況の理解）に対応する OHSAS 18001 の要求事項はない．

4.2 働く人及びその他の利害関係者のニーズ及び期待の理解

> ── JIS Q 45001:2018 ──
>
> **4.2 働く人及びその他の利害関係者のニーズ及び期待の理解**
>
> 組織は，次の事項を決定しなければならない．
>
> a) 働く人に加えて，労働安全衛生マネジメントシステムに関連するその他の利害関係者
>
> b) 働く人及びその他の利害関係者の，関連するニーズ及び期待（すなわち，要求事項）
>
> c) それらのニーズ及び期待のうち，いずれが法的要求事項及びその他の要求事項であり，又は要求事項になる可能性があるか．

◀箇条 4.2 の意図▶

組織は一人では生きていけない．いろいろな関係者との連携から社会に存在していける．a)"働く人に加えて，労働安全衛生マネジメントシステムに関係する他の利害関係者"を決め，その次に b)"働く人及びその他の利害関係者の，関連するニーズ及び期待（すなわち，要求事項）"を決めることを要求しているが，その意図は，社会に存在する関係者，すなわち利害関係者からの要求事項には配慮が必須であるということである．OH&SMS の場合，利害関係者の筆頭にくる者が"働く人"であることは論をまたないが，附属書 SL に規定されたタイトルに働く人を追加して，労働安全衛生の最重要な利害関係者は働く人であることを明確にしている．

◀本文の解説▶

(1) 本箇条は 4.1 と同様，箇条 6 で OH&SMS の計画を立案する前提となっており，リスク及び機会を決定するときの考慮事項として重要なものである．自分たちの利害関係者が誰であるかを考えることは，組織の事業推進にも大変に重要なことである．組織のポジションが全体のサプライチェーンのどこに位置するのか，競争相手はどこにいるのか，規制当局との関係はどう

なっているのか，供給者・請負者・外注先などの支援者との関係はどのようなものか，直接の顧客，次の顧客，最終消費者などを分析する中から，OH&SMS の構築，運用を推進するとよい．

(2) "働く人"の原文は"worker"であり worker は通常は"労働者"と訳されるが，箇条 3.3 の注記 2 に"…トップマネジメント，管理職及び非管理職が含まれる"とあるため，JIS においては"働く人"と訳された．

OH&SMS に関連する利害関係者は誰か，その利害関係者のニーズ，又は期待は何かを明確にしなければならない中で，労働安全衛生で最重要な利害関係者は"働く人"であるとしている．

(3) ここでの利害関係者は，組織の利害関係者ではなく，あくまでも OH&SMS に関係する利害関係者を意味している．事故を起こした場合に誰が被害を受けるか，誰に影響を与えるのか，誰とコミュニケーションをとらなければならないかの観点から組織の利害関係者を明確にするとよい．明確にされた利害関係者からのニーズ及び期待は，4.1 と一緒に 4.3（適用範囲の決定）の基盤となる．

(4) ニーズ及び期待の中には，例えば法令や規制などに強制的な項目になっているものがある．また，組織が自発的に合意又は採用しなければならないものもある（例えば，労働協約の締結，工業会の合意，自発的取組みなど）．

◀附属書 A.4.2 の要点▶

利害関係者には次の例が考えられる．

a) 規制当局（地方，地域，州／県，国又は国際）
b) 親組織
c) 供給業者，請負者及び下請負者
d) 働く人の代表
e) 働く人の組織（労働組合）及び雇用主の組織
f) 所有者，株主，得意先，来訪者，地域社会及び組織の近隣者，並びに一般市民

g) 顧客，医療及びその他の地域サービス，メディア，学術界，商業団体及び非政府機関（NGO）
h) 労働安全衛生機関及び労働安全衛生専門家

◀ OHSAS 18001:2007 との対応 ▶

箇条 4.2（働く人及びその他の利害関係者のニーズ及び期待の理解）に対応する OHSAS 18001 の要求事項はない．

4.3 労働安全衛生マネジメントシステムの適用範囲の決定

── JIS Q 45001:2018 ──

4.3 労働安全衛生マネジメントシステムの適用範囲の決定

組織は，労働安全衛生マネジメントシステムの適用範囲を定めるために，その境界及び適用可能性を決定しなければならない．

この適用範囲を決定するとき，組織は，次の事項を行わなければならない．

a) 4.1 に規定する外部及び内部の課題を考慮する．
b) 4.2 に規定する要求事項を考慮に入れる．
c) 労働に関連する，計画又は実行した活動を考慮に入れる．

労働安全衛生マネジメントシステムは，組織の管理下又は影響下にあり，組織の労働安全衛生パフォーマンスに影響を与え得る活動，製品及びサービスを含んでいなければならない．

労働安全衛生マネジメントシステムの適用範囲は，文書化した情報として利用可能な状態にしておかなければならない．

◀ 箇条 4.3 の意図 ▶

OH&SMS を組織のどの範囲にまで適用するのかを組織が自ら決めることを要求している．その意図は，トップマネジメントの管理下にある部署，製品は全て OH&SMS の範囲にするところにある．

◀本文の解説▶

(1) システムは，人間の体にたとえると，頭，手足，神経，血管，骨格，皮膚などの一式であり，それらがつながったものである．マネジメントシステムも同様で，経営層，本社，工場，営業所などが明確にされ，それらがつながってその目的を果たすことができる．トップマネジメントの下に存在する全ての部門，部署，工場は OH&SMS の傘の下に入るべきであると理解するとよい．ビジネス上での調達要件としての適用範囲（認証範囲）と，ここでいう組織の適用範囲とは内容が異なる．

(2) 適用範囲の原文は"scope"であるが，この scope には3種類があると ISO 解説文書で説明されている（JTCG N360 附属書 SL コンセプト文書"4.3 XXX マネジメントシステムの適用範囲の決定"を参照)*．

---- JTCG N 360 ----

適用範囲（scope）という用語は，次の三つの適用に関して用いられることに留意することが望ましい．
— ISO マネジメントシステム規格の適用範囲（箇条 1）
— 組織のマネジメントシステムの適用範囲（**4.3** で決められたもの）
— 組織の認証の"範囲"

(3) 組織は OH&SMS をどの範囲に適用するのかを決め，その内容を文書化することが要求されている．適用範囲を定めるために，境界及び適用可能性を決定することが要求されているが，境界とは"本社・支店・工場などの組織図における境界"がまず考えられる．

また，職場（workplace：定義 3.6 参照）などの物理的な境界も考えられる．職場の定義は"組織の管理下にある場所で，人が労働のためにいる場所，又は出向く場所"となっている．

---

* 附属書 SL コンセプト文書は日本規格協会（JSA）のウェブサイトからダウンロードできる．
https://www.jsa.or.jp/datas/media/10000/md_924.pdf

(4) 適用可能性とは，規格の要求事項を組織に適用できるのか，できないのかの可能性をいう．例えば，箇条8.1.4（調達）において，物品購入はしていても，一切外部に機能及びプロセスを委託していなければ，8.1.4.3（外部委託）は適用不可能であり，組織のOH&SMSの適用からは外れる．さらに，ある要求事項を組織の全部に一律適用しようとするのではなく，必要と思われるところへ適用することを分析するときにも"適用可能性"を検討するとよい．

例えば，箇条7.2（力量），7.3（認識），7.4（コミュニケーション）などの要求事項をどの部署，階層，グループなどに適用しようかと分析することも，適用可能性を決定する作業の一部をなすと考えるとよい．

(4) OH&SMSの適用範囲は組織が定めることであるが，受容できないリスクを有する部署や場所を意図的に適用から外すことは，規格の意図するところではない．

(5) 最後に，"文書化した情報"という用語が出てくる．"文書"及び"記録"などの用語は，全て"文書化した情報"に変更されている．その定義は，"組織が管理し，維持するよう要求されている情報，及びそれが含まれている媒体"3.24（文書化した情報）である．"文書化した情報"に関する解説は，箇条7.5に記述するが，組織は従来どおり"文書"，"記録"という用語を組織の規定類に使用することでよく，規格が用いている"文書化した情報"という用語を組織の文書の中に使用することは規格の意図ではない．

◀附属書A.4.3の要点▶

組織のOH&SMSの信ぴょう性は，どのようにOH&SMSの適用範囲の境界を選択するかによって決まる．適用範囲の設定を，組織の労働安全衛生パフォーマンスに影響を与え得る活動，製品又はサービスを除外するため，若しくは法的要求事項やその他の要求事項を逃れるために用いてはならない．適用範囲は，実態に基づくもので，OH&SMSの境界内に含まれる組織の運用を表した記述であり，その記述は利害関係者の誤解を招かないものでなければならない．

◀ OHSAS 18001:2007 との対応▶

箇条4.3（労働安全衛生マネジメントシステムの適用範囲の決定）は，OHSAS 18001箇条4.1（一般要求事項）に対応している．

―― OHSAS 18001:2007 ――

4.1　一般要求事項

（中略）

組織は，そのOH&Sマネジメントシステムの適用範囲を定め，文書化しなければならない．

4.4　労働安全衛生マネジメントシステム

―― JIS Q 45001:2018 ――

4.4　労働安全衛生マネジメントシステム

組織は，この規格の要求事項に従って，必要なプロセス及びそれらの相互作用を含む，労働安全衛生マネジメントシステムを確立し，実施し，維持し，かつ，継続的に改善しなければならない．

◀箇条4.4の意図▶

ISOマネジメントシステム規格は，当たり前であるが，組織に対して"マネジメントシステム"の構築（確立，実施，維持，改善をまとめてそう呼ぶ）を要求している．ISO 45001と同様，このことはISO 9001（品質）でもISO 14001（環境）でも同様である．ここでの意図は，マネジメントシステムの構築がISO 45001の根幹的な要求であることを明確にすることにある．

◀本文の解説▶

(1)　従来のISOマネジメントシステム規格は，この4.4のように"組織はXXXマネジメントシステムを確立し，実施し，維持し，かつ，継続的に改善しなければならない"から要求事項の記述は始まっていた．附属書SLの

規定で"組織の状況の理解（4.1）以下4.2, 4.3"が4.4の前に規定されるようになった．

(2) マネジメントシステムの定義は，箇条3.10に次のように書かれている．

"<u>方針，目標及びその目標を達成するためのプロセス</u>を確立するための，相互に関連する又は相互に作用する，<u>組織の一連の要素</u>．

　　注記2　システムの要素には，組織の構造，役割及び責任，計画，運用，パフォーマンスの評価及び向上が含まれる．"

マネジメントシステムの構成要素は，方針，目標，プロセス，組織構造，役割及び責任，計画及び運用，パフォーマンスの評価及び向上であるといえる．"方針，目標，プロセス"は上記マネジメントシステムの定義から抽出できるし，"組織構造，役割及び責任，計画及び運用，パフォーマンスの評価及び向上"は，注記2の記述からマネジメントシステムの構成要素といえる．

(3) 主要なマネジメントシステムの構成要素である方針，目標，プロセスは，"確立する（establish）"ことが要求されている．プロセスは本箇条で確立が要求されているが，方針も箇条5.2において"労働安全衛生方針"の確立が要求されているし，目標も箇条6.2において"労働安全衛生目標"の確立が要求されている．

(4) "確立する（establish）"とは，"オックスフォード英英辞典"によると，"長い間継続して存在するためにシステム（あるいは，組織，構造，いろいろな関係など）をセットアップする"という意味である．日本語でいう"確立する"とは完成した状態を意味する場合が多いが，ここでの意味は"セットアップする"，すなわち"準備をする"，"用意する"という段階での言葉であり，しっかり堅固に計画することを意味している．

(5) プロセスを計画（確立）する際には，次の事項を明確にすることが必要である．

① プロセスの要素であるインプット［定義3.25（プロセス）："インプットをアウトプットに変換する，相互に関連する又は相互に作用する一連の

活動"]
　②　プロセスの要素であるアウトプット
　③　プロセスに関する基準（箇条 8.1 の要求による）
　④　文書化（箇条 8.1 の要求による）
(6)　"組織は，この規格の要求事項に従って，必要なプロセス……を含む，労働安全衛生マネジメントシステムを確立し……"と要求しているが，ISO 45001 が具体的に要求しているプロセスは，以下の 14 箇条に現れる．

- 5.4（働く人の協議及び参加）："協議及び参加のためのプロセス"
- 6.1.2.1（危険源の特定）："現状において及び先取りして特定するためのプロセス"
- 6.1.2.2（労働安全衛生リスク及び労働安全衛生マネジメントシステムに対するその他のリスクの評価）："次の事項のためのプロセス"
- 6.1.2.3（労働安全衛生機会及び労働安全衛生マネジメントシステムに対するその他の機会の評価）："次の事項を評価するためのプロセス"
- 6.1.3（法的要求事項及びその他の要求事項の決定）："次の事項のためのプロセス"
- 7.4.1（一般）："内部及び外部のコミュニケーションに必要なプロセス"
- 8.1.1（一般）："労働安全衛生マネジメントシステム要求事項を満たすために必要なプロセス，及び箇条 6 で決定した取組みを実施するために必要なプロセス"
（英文では shall plan, implement, control and maintain the processes となっているが，ここでは plan と establish は同義であるとして規格が要求しているプロセスとして取り上げた）
- 8.1.2（危険源の除去及び労働安全衛生リスクの低減）："危険源の除去及び労働安全衛生リスクの低減をするためのプロセス"
- 8.1.3（変更の管理）："変更の実施並びに管理のためのプロセス"
- 8.1.4.1（一般）："調達を管理するプロセス"
- 8.2（緊急事態への準備及び対応）："準備及び対応のために必要なプロ

セス"
- 9.1.1（一般）："モニタリング，測定，分析及びパフォーマンス評価のためのプロセス"
- 9.1.2（順守評価）："順守を評価するためのプロセス"
- 10.2（インシデント，不適合及び是正処置）："インシデント及び不適合を決定し，管理するためのプロセス"

(7) プロセスは"……一連の活動"と定義されているが，プロセスに存在する一連の活動の大きさをどのくらいにするかを検討するときには，次の2項目の観点が重要である．

① 管理できること：プロセスをあまり大きく設定すると，活動が膨大なものになり管理することができなくなる．

② 価値が付くこと：プロセスをあまり小さく設定すると，初心者に手をとり，足をとるように詳細に活動を計画することになる．

(8) 前述の14のプロセスは，組織の事業プロセスに統合されなければならないことが規定されている［箇条5.1 c)を参照］．これらのプロセスは，組織の日常的な活動（すなわち事業プロセス）の中に統合されて実施されるべきものであり，そうでないと二重の仕組みになることによりOH&SMSが形骸化してしまう危険性が高まる．

◀関連する法律・指針についての情報▶

- 労働安全衛生マネジメントシステムに関する指針［1999（平成11）年労働省告示第53号，改正2006（平成18）年厚生労働省告示第113号］

◀附属書A.4.4の要点▶

組織は自身の考えで次の事項を実施することが望まれる．

① そのプロセスが管理され，計画どおりに実施され，OH&SMSの意図した成果を達成しているという確信をもつためにプロセスを確立する．

② 設計及び開発，調達，人事，販売，マーケティングなどの種々の事業

プロセスに，OH&SMS の要求事項を統合する．
③ 例えば労働安全衛生方針，教育，訓練及び力量プログラム，調達管理等のプロセスは，組織の既存のマネジメントシステム（事業推進プロセス）に入れて，本規格の要求事項を満たすプロセスとして用いることができる．

◀ OHSAS 18001:2007 との対応 ▶

箇条 4.4（労働安全衛生マネジメントシステム）は，OHSAS 18001 箇条 4.1（一般要求事項）に対応している．

OHSAS 18001:2007

4.1 一般要求事項

組織は，この OHSAS 規格の要求事項に従って，OH&S マネジメントシステムを確立し，文書化し，実施し，維持し，継続的に改善し，どのようにしてこれらの要求事項を満たすかを決定しなければならない．

（後略）

箇条 5　リーダーシップ及び働く人の参加

　箇条5のタイトルは附属書SLの"リーダーシップ"から変更されて"リーダーシップ及び働く人の参加"としている．これは，労働安全衛生における働く人の参加の重要性を反映した変更である．5.1から5.3の箇条は附属書SLどおりのタイトルで，"トップマネジメントは○○しなければならない"とする経営者に対する要求事項がまとめられており，5.4では附属書SLに追加して労働安全衛生分野に固有な協議と参加に関する要求事項を規定している．

5.1　リーダーシップ及びコミットメント

JIS Q 45001:2018

5.1　リーダーシップ及びコミットメント

　トップマネジメントは，次に示す事項によって，労働安全衛生マネジメントシステムに関するリーダーシップ及びコミットメントを実証しなければならない．

a) 労働に関係する負傷及び疾病を防止すること，及び安全で健康的な職場と活動を提供することに対する全体的な責任及び説明責任を負う．

b) 労働安全衛生方針及び関連する労働安全衛生目標を確立し，それらが組織の戦略的な方向性と両立することを確実にする．

c) 組織の事業プロセスへの労働安全衛生マネジメントシステム要求事項の統合を確実にする．

d) 労働安全衛生マネジメントシステムの確立，実施，維持及び改善に必要な資源が利用可能であることを確実にする．

e) 有効な労働安全衛生マネジメント及び労働安全衛生マネジメントシステム要求事項への適合の重要性を伝達する．

f) 労働安全衛生マネジメントシステムがその意図した成果を達成することを確実にする．

g) 労働安全衛生マネジメントシステムの有効性に寄与するよう人々を指

揮し，支援する．
- h) 継続的改善を確実にし，推進する．
- i) その他の関連する管理層がその責任の領域においてリーダーシップを実証するよう，管理層の役割を支援する．
- j) 労働安全衛生マネジメントシステムの意図した成果を支援する文化を組織内で形成し，主導し，かつ，推進する．
- k) 働く人がインシデント，危険源，リスク及び機会の報告をするときに報復から擁護する．
- l) 組織が働く人の協議及び参加のプロセスを確立し，実施することを確実にする（**5.4** 参照）．
- m) 安全衛生に関する委員会の設置及び委員会が機能することを支援する［**5.4 e) 1)** 参照］．

   注記 この規格で"事業"という場合は，組織の存在の目的の中核となる活動という広義の意味で解釈され得る．

◀箇条 5.1 の意図▶

リーダーシップ及びコミットメントに関するこの箇条の意図は，組織の中でトップマネジメント自身が関与し，指揮するための活動を特定することである．

◀本文の解説▶

(1) 組織の OH&SMS に関する最終的な責任はトップマネジメントが負う．a)～m) の事項による，リーダーシップとコミットメントの実証については，トップの関与が目に見える証拠で示される必要がある．a)～m) の 13 項目のうち，a), e), g), h), i), j), k), m) はトップマネジメントが自ら実行する必要がある．

(2) a) では，トップマネジメントに OH&SMS の意図した成果の達成に対する全体的な責任を負うことを求めている．トップマネジメントは何を計

画し，その結果がどうなっているのかの説明を求められる．そのため，OH&SMS の意図した成果の達成状況や未達のおそれがある場合の対応策などを把握している必要がある．b)〜i) の 8 項目は，附属書 SL どおりである．

(3) b) では，5.2 の労働安全衛生方針が，組織の目的及び状況，労働安全衛生に関係するリスク及び機会の性質に対して適切であるようにすること，及び，安全性と効率性の両方を考慮に入れて，OH&SMS の計画を組織の戦略的な方向性と両立させることを求めている．

(4) c) については，OH&SMS は，事業経営の中で活用されてこそ，取組みが持続され効果があるが，労働安全衛生は，既に本業の業務活動と一体となって運用されている場合が多いのが実態であろう．したがって，ISO 45001 を適用するに当たって，組織の安全衛生管理部門だけが ISO マネジメントシステムを推進するようにすることで活動が形骸化してしまわないように注意することが必要である．"事業プロセス"の例としては，製品・サービスを顧客に提供する主要プロセス（受注，計画，設計，調達，製造，技術，出荷など），それを支える支援プロセス（人事，総務，経理，IT 管理など），経営戦略及び方針などに責任をもつ経営管理プロセスなどが挙げられる．

(5) d) の"必要な資源"は，7.1 の規定に従って決定するが，長時間労働などの問題が起きないように 8.1.1 の規定により運営管理をする必要がある．計画に対して作業量増加が発生した場合は，不足の人数や装置を把握して，タイムリーに追加資源を提供する運用が必要となる場合がある．トップは 9.3 の"マネジメントレビュー"で有効な OH&SMS を維持するための資源の妥当性を考慮しなければならず，マネジメントレビューのアウトプットにはこの必要な資源に言及し，作業量に応じて必要な資源を利用可能にすることが求められている．

(6) e) では，二つの事項の重要性を，年頭訓示，安全衛生週間，安全衛生委員会などの機会を利用して，関連する利害関係者に伝えることを求めている．

(7) f) については，"労働安全衛生マネジメントシステムの意図した成果"の達成に向けた取組みの現状を把握し，もし達成できそうにない場合は，例えば箇条 6 の計画の修正を行い，箇条 8 の日々の安全衛生活動に具体化した計画の実施をトップが支援して，確実に達成するように対策をとることを求めている．

(8) h) は，トップとして，マネジメントレビューを有効に機能させ，OH&SMS 及び労働安全衛生パフォーマンスにおける継続的な改善を確実に推進することが求められる

(9) i) は，"関連する管理層が"リーダーシップを発揮することができるように，必要な権限を与え支援活動をすることをトップに求めている．

(10) j) は，組織の OH&SMS の"意図した成果"の達成に向けて積極的に活動することを支援するような文化を形成することをトップに求めている．

(11) k) は，働く人がインシデント，危険源，リスク及び機会の情報をタイムリーに報告することによって，労働安全衛生リスク低減の取組みが早期にできる．そのため，リスク及び機会の情報の報告を奨励すること，及び，報告した人が不利益な取扱いを受けないことを周知する必要がある．

(12) l) は，5.4 とも関連し，OH&SMS において働く人との協議及び参加のプロセスの確立・実施・維持が確実に行われるようにトップマネジメントが積極的に関与し，確認する責任を負う．

(13) m) は，5.4 の a) とも関連し，働く人との協議やその参加の場を設定するため安全衛生委員会等の設置を支援し，安全や衛生に関する事項について働く人の意見を聴くための機会を設けるようにすることをトップに求めている．

◀附属書 A.5.1 の要点▶

(1) 組織の OH&SMS の効果的な推進には，トップマネジメントによる目に見える形での支援や関与を含めたリーダーシップとコミットメントが必須である．

5 リーダーシップ及び働く人の参加

(2) トップの支援とコミットメントによって,雰囲気及び期待が生み出され,マネジメントシステムの取組みへの働く人の参加の動機付けができる.また,外部の関係者は有効なマネジメントシステムがあるという安心感をもつことができる.

(3) 組織のOH&SMSを支える文化は,トップマネジメントによっておおむね決定される.文化は,個人やグループの価値観,姿勢,管理の慣習,認識,力量及び活動パターンなどの産物であり,それはマネジメントシステムに対するコミットメントやマネジメントシステムのスタイル及び習熟度を決める.

◀ **OHSAS 18001:2007 との対応** ▶

箇条5.1(リーダーシップ及びコミットメント)は,OHSAS 18001 箇条4.4.1(資源,役割,実行責任,説明責任及び権限)に対応している.

OHSAS 18001:2007

4.4.1 資源,役割,実行責任,説明責任及び権限

トップマネジメントは,OH&Sについて及びOH&Sマネジメントシステムについて最終的な責任をもたなければならない.

トップマネジメントは,次の事項によって,自らのコミットメントを実証しなければならない.

a) OH&Sマネジメントシステムを確立し,実施し,維持し,改善するために不可欠な資源を確実に利用できるようにすること.

> **参考1** 資源には,人的資源及び専門的な技能,組織のインフラストラクチャー,技術,並びに資金を含む.

(中略)

経営管理責任を担うすべての者は,OH&Sパフォーマンスの継続的改善へのコミットメントを実証しなければならない.

組織は,職場の人が,組織の適用すべきOH&Sの要求事項への順守を含め,彼らが管理しているOH&Sの側面に関して責任をとることを確実にしなければならない.

5.2 労働安全衛生方針

――― JIS Q 45001:2018 ―――

5.2 労働安全衛生方針

　トップマネジメントは，次の事項を満たす労働安全衛生方針を確立し，実施し，維持しなければならない．

a) 労働に関係する負傷及び疾病を防止するために，安全で健康的な労働条件を提供するコミットメントを含み，組織の目的，規模及び状況に対して，また，労働安全衛生リスク及び労働安全衛生機会の固有の性質に対して適切である．

b) 労働安全衛生目標の設定のための枠組みを示す．

c) 法的要求事項及びその他の要求事項を満たすことへのコミットメントを含む．

d) 危険源を除去し，労働安全衛生リスクを低減するコミットメントを含む（**8.1.2** 参照）．

e) 労働安全衛生マネジメントシステムの継続的改善へのコミットメントを含む．

f) 働く人及び働く人の代表（いる場合）の協議及び参加へのコミットメントを含む．

　労働安全衛生方針は，次に示す事項を満たさなければならない．

— 文書化した情報として利用可能である．

— 組織内に伝達される．

— 必要に応じて，利害関係者が入手可能である．

— 妥当かつ適切である．

◀箇条 5.2 の意図▶

　この箇条は，組織の OH&SMS の目的，達成すべきこと，目指すべき方向などをトップマネジメントの意志としての方針で明確に示すことを意図している．その方針の内容が経営レベルのコミットメントとして規定されている．

5 リーダーシップ及び働く人の参加

◀本文の解説▶

(1) 本規格では，労働安全衛生方針に関係する要求事項は，7か所（5.1，5.2，5.4，6.2.1，7.3，9.2.1，9.3）に記載がある．6.2.1では方針と整合した労働安全衛生目標とすることが規定され，7.3では働く人に方針をよく認識させることが求められ，9.2.1では方針でコミットし目標として採用したことを含む要求事項に，適合しているかどうかを内部監査で確認することが要求されている．9.3では，方針及び目標の達成度をマネジメントレビューにおいてトップマネジメントが見直しすることが要求されている．

(2) 5.2の冒頭の文章で，労働安全衛生方針の確立，実施，維持についての責任は，トップマネジメントが負わなければならないことが明確に示されている．

労働安全衛生方針はa)～f)の6項目を満たす必要があり，b)，c)，e)は附属書SLによる規定である．

(3) a)については，OH&SMSの意図した成果に"安全で健康的な職場を提供する"とあるが，方針には，より具体的に"安全で健康的な労働条件を提供する"コミットメントを含むことが求められている．

(4) b)については，方針を達成する具体的なものの主なものがobjective（目標）であるので，確実な目標を立てる上でも，方針には枠組みになるような内容を示すとよい．方針の記述と目標との関係が一貫するように，方針の設定に工夫することが期待されている．

(5) c)では，方針には，法的要求事項及びその他の要求事項を満たすことへのコミットメントを含めなければならないことが規定されている．

(6) d)は労働安全衛生に固有の要求事項であり，8.1.2で示される労働安全衛生におけるリスクの低減の原則に従って，まず"危険源の除去"を検討し，除去できない場合に"労働安全衛生リスクの低減"や"代替"から検討し，それらの対策が実施できない場合には最後に"個人用保護具による保護方策をとる"という順番に従って行うというコミットメントを含むことが求められている．

(7)　e）では，OH&SMS 全体を，PDCA を回して改善し，労働安全衛生パフォーマンスを継続的に向上させることへのコミットメントを含むことが求められている．

(8)　f）では，働く人との協議及び参加に関する要求事項（5.4）を満たすことへのコミットメントを含むことが求められている．

(9)　本箇条の後半では，労働安全衛生方針の取扱いについて規定している．方針は成文化し，7.5 の要求事項に従って作成及び管理すること，7.4 の要求事項に従って組織内に伝達するとともに，必要に応じて，利害関係者にも入手可能な状態にしなければならない．9.3 では，外部及び内部の課題の変化を考慮してマネジメントシステムは，引き続き適切，妥当かつ有効であるかの判断が行われ，方針及び目標の達成度合いを考慮して変更の必要性があると決定されたら，労働安全衛生方針の見直しをすることが求められている．

◀関連する法律・指針についての情報▶

労働安全衛生法第 10 条及び労働安全衛生規則第 3 条の 2 に総括安全衛生管理者の職務として"安全衛生に関する方針の表明"が定められている．

厚生労働省 OSHMS 指針第 5 条には，安全衛生方針の表明に関して，事業場における安全衛生水準の向上を図るための安全衛生に関する基本的考え方を示すものと記されている．

◀附属書 A.5.2 の要点▶

労働安全衛生方針の意義は，組織の全体的な長期的方向性を公式に定め，トップマネジメントのコミットメント（組織が労働安全衛生の問題について責任を自覚し，その継続的改善を約束し，その達成に積極的に関与すること）を関係者に公表し，組織の各部門や階層とそこでの働く人が一体となって方針や目標の達成，法規制などの順守に努めることにある．トップマネジメントは，方針を関係者に周知徹底することにより，そのコミットメントを内外に示し，その説明責任を果たす必要がある．

5　リーダーシップ及び働く人の参加

◀ OHSAS 18001:2007 との対応 ▶

箇条 5.2（労働安全衛生方針）は，OHSAS 18001 箇条 4.2（OH&S 方針）に対応している．

OHSAS 18001:2007

4.2　OH&S 方針

トップマネジメントは，組織の OH&S 方針を定め，承認し，OH&S マネジメントシステムの定められた適用範囲の中で，OH&S 方針が次の事項を満たすことを確実にしなければならない．

a) 組織の OH&S リスクの性質及び規模に対して適切である．

b) 負傷及び疾病の予防，並びに OH&S マネジメントと OH&S パフォーマンスにおける継続的改善に関するコミットメントを含む．

c) 組織の OH&S 危険源に関係して，少なくとも，適用すべき法的要求事項及び組織が同意するその他の要求事項を順守するというコミットメントを含む．

d) OH&S 目的の設定及びレビューのための枠組みを与える．

e) 文書化され，実施され，維持される．

f) 組織の管理下で働くすべての人に，それぞれの OH&S の義務を自覚させる意図をもって，周知される．

g) 利害関係者が入手可能である．

h) 組織にとって妥当かつ適切であることが確実に続くように定期的にレビューされる．

5.3　組織の役割，責任及び権限

JIS Q 45001:2018

5.3　組織の役割，責任及び権限

トップマネジメントは，労働安全衛生マネジメントシステムの中の関連する役割に対して，責任及び権限が，組織内に全ての階層で割り当てら

れ，伝達され，文書化した情報として維持されることを確実にしなければならない．組織の各階層で働く人は，各自が管理する労働安全衛生マネジメントシステムの側面について責任を負わなければならない．

> **注記** 責任及び権限は割り当てし得るが，最終的には，トップマネジメントは労働安全衛生マネジメントシステムの機能に対して説明責任をもつ．

トップマネジメントは，次の事項に対して，責任及び権限を割り当てなければならない．

a) 労働安全衛生マネジメントシステムが，この規格の要求事項に適合することを確実にする．

b) 労働安全衛生マネジメントシステムのパフォーマンスをトップマネジメントに報告する．

◀箇条 5.3 の意図▶

本箇条では，OH&SMS の要求事項の実施に関する組織の関連する役割を遂行するそれぞれの人に対して，責任及び権限が割り当てられ，伝達され，文書化した情報として維持されることについて，トップマネジメントが責任をもつことを規定している．

◀本文の解説▶

(1) 組織に安全委員会や衛生委員会等が存在する場合には，構成等も含め明確にする．産業医や，労働安全衛生法で定められた各種管理者などもこれらの中に含めておくべきであろう．

(2) 責任及び権限は，7.4 の規定に従って伝達するが，責任や役割は，関連する要員がその割当てを理解してはじめてふさわしい行動をとることができるので，配付，掲示，教育など，適宜，効果的な方法を検討し，要員に周知することが必要であろう．

(3) また，文書化の方法は，組織ごとの文化に合わせ，日常的に使用してい

る関連文書（例：責任・権限・役割を定めた業務分掌や組織規定，組織図など）に，労働安全衛生上の責任・権限・役割を追加していくことでよい．

(4) 第2文の"各階層で働く人は……"の意図は，職場の安全衛生は管理者のみが関わればよいものではなく，各自が従事する業務の労働安全衛生に関わる要求事項を順守することを求めている．

(5) ISO 45001 では，OHSAS 18001 で要求されていた管理責任者の設定を求めてはいないが，組織の事業内容によって，管理責任者を置くことでOH&SMS が効果的に運用されるのであれば，そのまま継続して置くことは組織の判断による．

(6) a) の事項の役割は，個人，複数の人員，又はチームのいずれにも割り当てることができる．b) については，割り当てられた人たちは，OH&SMS の現状及びパフォーマンスについてトップマネジメントが常に知っておくことができるよう，トップマネジメントに十分報告・相談できなければならない．

◀関連する法律・指針についての情報▶

(1) 労働安全衛生法10条，第11条，第12条，第12条の2，第13条で，業種，規模等に応じて，総括安全衛生管理者，安全管理者，衛生管理者，安全衛生推進者（衛生推進者）及び産業医を事業場ごとに選任すること，また，建設業においては，同法第15条，第15条の2，第15条の3，第16条で，必要となる場合には統括安全衛生責任者，元方安全衛生管理者，店社安全衛生管理者，安全衛生責任者を選任することを義務付けている．

(2) 厚生労働省 OSHMS 指針第7条には体制整備について，システム各級管理者（事業の実施を統括管理する者及び生産・製造部門，安全衛生部門等における部・課・係長，職長等の管理・監督者で，OH&SMS を担当する者）の役割，責任及び権限を定めて周知させること，及び，システム各級管理者を指名することを事業者に求めている．

◀附属書 A.5.3 の要点▶

(1) 組織の OH&SMS に関与する人々は，労働安全衛生パフォーマンスの継続的な改善，法的要求事項及びその他の要求事項を満たすこと，労働安全衛生目標の達成に関して，自らの役割や責任と権限を明確に理解していることが望ましい．

(2) 職場の全ての人々は，自身の安全衛生だけでなく，他者の安全衛生にも配慮する必要がある．

(3) OH&SMS において，実施上の不備，不適正な実行，効果がない，又は目標未達の場合には，トップは説明責任を負わなければならない．すなわち，トップは求められた場合には，取締役会や，行政当局や，内外の利害関係者に対して判断や対応策等を説明する必要がある．

(4) 働く人は危険な状況を報告する権利を与えられ，処分を受けることを恐れる必要なしに，管轄当局に問題点の報告をできることが望ましい．

(5) 役割や責任は個人に割り当てることも，複数の人員で分担させることも，チームに割り当てることもできる．

◀ OHSAS 18001:2007 との対応▶

箇条 5.3（組織の役割，責任及び権限）は，OHSAS 18001 箇条 4.4.1（資源，役割，実行責任及び権限）に対応している（責任及び権限の部分）．

OHSAS 18001:2007

4.4.1 資源，役割，実行責任，説明責任及び権限

（中略）

b) 効果的な OH&S マネジメントを実施するために，役割を定め，実行責任及び説明責任を割り当て，権限を委任する．役割，実行責任，説明責任及び権限は，文書化し，かつ，周知しなければならない．

組織は，OH&S に関して，トップマネジメントの中から特定の管理責任者（複数も可）を任命し，その管理責任者は，次の事項に関する定められた役割及び権限を，他の責任にかかわりなくもたなければならない．

a) この OHSAS 規格に従って，OH&S マネジメントシステムが確立され，実施され，維持されることを確実にする．
b) OH&S マネジメントシステムのパフォーマンスに関する報告が，レビューのためにトップマネジメントに提出され，OH&S マネジメントシステムの改善の基礎として使用されることを確実にする．

> **参考 2** トップマネジメントの中から任命された者（例えば，大規模な組織においては，理事会又は執行役員会のメンバー）は，説明責任を保持しながら，その義務の一部を下位の管理責任者に委任してもよい．

誰がトップマネジメントの中から任命された人であるかを，組織の管理下で働くすべての人に周知しなければならない．

5.4　働く人の協議及び参加

―― JIS Q 45001:2018 ――

5.4　働く人の協議及び参加

組織は，労働安全衛生マネジメントシステムの開発，計画，実施，パフォーマンス評価及び改善のための処置について，適用可能な全ての階層及び部門の働く人及び働く人の代表（いる場合）との協議及び参加のためのプロセスを確立し，実施し，かつ，維持しなければならない．

組織は，次の事項を行わなければならない．

a) 協議及び参加のための仕組み，時間，教育訓練及び資源を提供する．
　　注記 1　働く人の代表制は，協議及び参加の仕組みになり得る．
b) 労働安全衛生マネジメントシステムに関する明確で理解しやすい，関連情報を適宜利用できるようにする．
c) 参加の障害又は障壁を決定して取り除き，取り除けない障害又は障壁を最小化する．
　　注記 2　障害及び障壁には，働く人の意見又は提案への対応の不備，

言語又は識字能力の障壁，報復又は報復の脅し，及び働く人の参加の妨げ又は不利になるような施策又は慣行が含まれ得る．

d) 次の事項に対する非管理職との協議に重点を置く．
   1) 利害関係者のニーズ及び期待を決定すること（**4.2** 参照）．
   2) 労働安全衛生方針を確立すること（**5.2** 参照）．
   3) 該当する場合は，組織上の役割，責任及び権限を，必ず，割り当てること（**5.3** 参照）．
   4) 法的要求事項及びその他の要求事項を満足する方法を決定すること（**6.1.3** 参照）．
   5) 労働安全衛生目標を確立し，かつ，その達成を計画すること（**6.2** 参照）．
   6) 外部委託，調達及び請負者に適用する管理を決定すること（**8.1.4** 参照）．
   7) モニタリング，測定及び評価を要する対象を決定すること（**9.1** 参照）．
   8) 監査プログラムを計画し，確立し，実施し，かつ，維持すること（**9.2.2** 参照）．
   9) 継続的改善を確実にすること（**10.3** 参照）．

e) 次の事項に対する非管理職の参加に重点を置く．
   1) 非管理職の協議及び参加のための仕組みを決定すること．
   2) 危険源の特定並びにリスク及び機会の評価をすること（**6.1.1** 及び **6.1.2** 参照）．
   3) 危険源を除去し労働安全衛生リスクを低減するための取組みを決定すること（**6.1.4** 参照）．
   4) 力量の要求事項，教育訓練のニーズ及び教育訓練を決定し，教育訓練の評価をすること（**7.2** 参照）．
   5) コミュニケーションの必要がある情報及び方法の決定をすること

(**7.4** 参照)．
6) 管理方法及びそれらの効果的な実施及び活用を決定すること（**8.1**，**8.1.3** 及び **8.2** 参照）．
7) インシデント及び不適合を調査し，是正処置を決定すること（**10.2** 参照）．

 注記 3 非管理職への協議及び参加に重点を置く意図は，労働活動を実施する人を関与させることであって，例えば，労働活動又は組織の他の要因で影響を受ける管理職の関与を除くことは意図していない．

 注記 4 働く人に教育訓練を無償提供すること，可能な場合，就労時間内で教育訓練を提供することは，働く人の参加への大きな障害を除き得ることが認識されている．

◀ 箇条 5.4 の意図 ▶

 箇条 5.4 には労働安全衛生に固有の"働く人との協議と参加"の要求事項をまとめている．職場の安全衛生を確保するために，経営者側が一方的に安全衛生上の措置を講ずるだけでは不十分であり，安全衛生に関する諸課題への取組みに働く人の意見を十分に反映させることが必要である．働く人との協議と参加に関する要求事項は，ISO 45001 の国際規格案（DIS）段階から，規格全体で統一して箇条 5.4 にまとめることとなった．

◀ 本文の解説 ▶

(1) 箇条 5.4 で求められる，"協議及び参加のためのプロセスを確立し，実施し，かつ，維持しなければならない"との要求を満たすために，"手順"などとともに，資源，実施されたことを確認する方法とその判断基準，プロセスの責任者などの事項を決める必要がある．組織は，安全衛生委員会等を設置し，働く人の中から安全や衛生に関する経験を有する適切な人を委員に指名し，働く人の意見を反映するための手順を作成することに加えて，a) か

ら e) の5項目を実施することが求められる．

(2) a) では，働く人の意見を聴く仕組みについては，常時使用する労働者数や業種によって，安全委員会や衛生委員会の設置義務があり，両方の委員会の設置に代えて，安全衛生委員会を設置することもできる．また安全委員会や衛生委員会の設置義務がない場合でも，安全又は衛生に関する事項について働く人の意見を聴くための機会を設ける義務がある．委員会への参加に必要な教育訓練については，箇条7.2の規定に従って提供しなければならない．

(3) 注記1の働く人の代表については，安全委員会や衛生委員会の構成員を組織が指名するに当たっては，労働組合（過半数で組織する労働組合がない場合は働く人の過半数を代表する者）の推薦に基づいて指名することが労働安全衛生法で求められている．

(4) b) では"労働安全衛生マネジメントシステムの関連情報"を適宜利用できるようにすることが求められる．文書化した情報については，箇条7.5の規定に従って，必要に応じて利用できるように管理する．組織の規模や働く人の力量等の理由によって文書化は必要ないと組織が決定した情報の提供をする場合は，組織の習慣・文化に合わせて，大きい組織では委員会等で，また小規模の組織では集会等で周知を行うなど，情報提供の手段を検討するとよい．関連情報としては，以下のものが考えられる．

- 組織のOH&SMSの意図した成果を達成する能力に影響を与える，外部及び内部の課題
- OH&SMSの適用範囲の境界
- 労働安全衛生方針及び労働安全衛生目標と主要なコミットメント
- OH&SMSの中の役割・責任・権限と担当者
- 働く人の代表の決定の仕方と誰であるか
- インシデント，危険源，リスク及び機会の報告や改善提案をする手順
- 順守すべき法的要求事項及びその他の要求事項
- リスクアセスメントで実施すべき事項とその実施の手順
- 危険源の除去及び労働安全衛生リスクの低減を対策する具体的な手順

- 労働安全衛生パフォーマンスに影響を与える,必要な力量
- 必要な力量を身に付けるための教育訓練や指導の提供の段取り
- 労働安全衛生に関わる外部コミュニケーションの平常時,緊急時の手順
- 変更の管理の具体的な手順
- 外部委託,調達及び請負者に適用される管理で実施すべき事項と実施の手順
- 緊急事態への対応計画,役割・責任とその割り当てられている担当者
- 労働安全衛生パフォーマンスをモニタリング及び測定する具体的な対象
- モニタリング及び測定する頻度と最新の評価結果の状況
  (例:感染性疾病による休業者,残業時間の傾向,労働災害の発生件数等)
- 法的要求事項及びその他の要求事項の順守評価結果はどうなっているか
  (例:ストレスチェック制度や化学物質リスクアセスメント対応の状況)
- 関連する内部監査の結果
- インシデント,危険源,リスク及び機会に関しての調査結果と決定内容,及び,とった処置と結果
  (例:労働災害の原因や対策,疾病休業者の状況や注意事項の審議結果)
- 組織が継続的改善のために行う取組みの内容及びその影響又は結果

(5) c)に関連して注記2に障害及び障壁の例が示されているが,高齢者や,母語が日本語でない人が混在して働く職場では,労働安全衛生に関わる掲示等について,明確に意図が理解できず不安全な行動をとるリスクを低減するため,危険や注意を色で識別できるようにしたり,職場の人が理解できるような言語での記載を併記したりする等の配慮が必要である.

(6) d)では,非管理職の意見を吸い上げるために協議に重点を置くべき事項が9項目規定されている.

1)は現場で実際に働く人が気づいたニーズ及び期待を要求事項の検討(4.2)に反映することを意図している.

2)は箇条5.2と対応し,労働安全衛生目標の設定の枠組みを示す方針策

定にも関与させることを意図している．

　3）は労働安全衛生マネジメントの役割，責任及び権限を割り当てするときに非管理職の意見を考慮することを意図している．

　4）では，"法的要求事項及びその他の要求事項"について，適用される要求事項を決定し，どのように組織に適用するか決定し，要求事項に取り組む処置を計画するが，取組みを計画するときに，非管理職の意見を考慮することを意図している．

　5）は，箇条6.2.1と対応し，労働安全衛生目標の設定やその達成の計画に職場の非管理職を関与させることを意図している．

　6）は，外部委託したプロセスの管理，調達を管理するプロセスや請負者に組織のOH&SMSの要求事項を順守させるプロセスの管理を決定するときに，非管理職の意見を考慮することを意図している．

　7）は，箇条9.1.1 a）と対応し，モニタリング及び測定が必要な対象を決定するときに，非管理職の意見を考慮することを意図している．また，"何を評価する必要があるか"についても，意見を聴くことを求めている．

　8）は，箇条9.2.2 a）と対応し，監査プログラムを計画し，確立し，実施し，かつ，維持するときに，非管理職の意見を考慮することを意図している．

　9）は，箇条10.3に対応し，システムの適切性，妥当性及び有効性を継続的に改善する取組みに当たり，非管理職の意見を考慮することを意図している．

(7) e）では，非管理職を意思決定に関与させるために参加に重点を置くべき事項が7項目示されている．

　1）は，例えば安全衛生委員会等の構成員となる非管理職の指名に当たっては安全や衛生に関し一定の経験を有する者を労働組合から推薦を受けて指名することが求められる．また，小規模な組織で安全衛生に関する事項について働く人の意見聴取の機会を設けるに当たり，例えば関係する働く人が参加しやすい時間帯等について非管理職の意見を考慮することを意図している．

2) は，例えば危険源を調査（リスクアセスメントを実施）するに当たって，作業内容を詳しく把握している非管理職（いる場合）を参加させることが望ましい．働く人が日常不安を感じている作業，操作が複雑な機械設備等の操作を調査対象に含めるためには，安全衛生委員会等で調査審議をする際に，作業を日常行っている非管理職の意見を反映させることが有効であろう．

3) は，例えば法令や事業場安全衛生規程等に基づいて必要な実施事項を決めたり，危険源の調査（リスクアセスメントの実施）結果に基づいて実施する措置を決めたりするに当たって，安全衛生委員会等で審議をする際に，非管理職の意見を反映させることが求められる．

4) は，新しい作業に就く場合や使用する装置機械や材料が変更された場合に，労働安全衛生リスクを低減するために機械の操作方法や緊急時の停止方法・再稼働時の確認手順など働く人に必要な知識や技能を決める際に，また教育訓練が十分で有効なカリキュラムとなっているか評価をする際に，非管理職の意見を反映させることが求められる．

5) は，c) の規定とも関連して，作業に従事する働く人が情報内容をきちんと理解し，結果として安全衛生リスクが低減されるために，労働安全衛生に関するコミュニケーションの方法を決めるに当たって，非管理職の意見を反映させることが求められる．

6) については，箇条 8.1.1 d) で働く人に合わせた作業の調整の実施を組織に求めている．また，8.1.3（変更の管理）では，各種の変更を実施し管理するためのプロセスを確立するよう組織に求めている．さらに，8.2（緊急事態への準備及び対応）では，緊急事態への準備と対応のために必要なプロセスを確立するよう組織に求めている．これらの要求事項を満たすために，非管理職の意見を反映させることが求められる．

7) は，ヒヤリ・ハットや労働安全衛生上の事故が起きたり，組織自体が規定した要求事項やこの規格の要求事項が満たせていないとみなされる状況が発生したりした場合，調査や是正処置を決定する際には非管理職の意見を

(8) 注記3については，5.4のd）とe）で非管理職の協議と参加に重点を置くという表現を採用したことで，管理職は関与をさせないという誤解を生じるのではないかとの懸念が出された背景があり，そのような意図はないことを補足的に明確に説明するために記載されている．

(9) 注記4については，"教育・訓練は，可能な場合は，全ての参加者に対して費用を求めることなく行われ，また，就業時間中に行われること"を記載すべきとの，リエゾン参加しているILOからの意見を受けて記載された経緯がある．

◀関連する法律・指針についての情報▶

(1) 労働安全衛生法第17条，第18条，第19条に安全委員会，衛生委員会及び安全衛生委員会の設置等について定められている．

(2) 厚生労働省OSHMS指針第6条では，安全衛生目標の設定並びに安全衛生計画の作成，実施，評価及び改善に当たり，安全衛生委員会等（安全衛生委員会，安全委員会又は衛生委員会をいう）の活用等労働者の意見を反映する手順を定め，この手順に基づき，労働者の意見を反映するものとすると規定している．

◀附属書A.5.4の要点▶

(1) 協議は意思決定をする前に意見を求めるためのプロセスであり，働く人に必要な情報を意思決定の前に提供し，その情報に基づいて働く人から組織が意思決定の前に考慮をするためにフィードバックを得る，という対話とやりとりを含む双方向のコミュニケーションを意味している．

(2) 参加は労働安全衛生パフォーマンス対策及び変更案に関する意思決定プロセスに寄与することを目的とした，協力のプロセスである．

5　リーダーシップ及び働く人の参加

◀ OHSAS 18001:2007 との対応 ▶

箇条5.4（働く人々の協議及び参加）は，OHSAS 18001 箇条 4.4.3.2（参加及び協議）に対応している．

OHSAS 18001:2007

4.4.3.2　参加及び協議

　組織は，次の事項にかかわる手順を確立し，実施し，維持しなければならない．

a） 次の事項による労働者の参加
— 危険源の特定，リスクアセスメント及び管理策の決定への適切な関与
— 発生事象の調査への適切な関与
— OH&S 方針及び目標の策定及びレビューへの関与
— その OH&S に影響する何らかの変化が生じた場合の協議
— OH&S 問題に関する代表者の選出

　労働者には，OH&S 問題に関して誰が代表であるかを含め，参加の取決めについて情報提供がなされなければならない．

b） OH&S に影響する変化が生じた場合の請負者との協議

　組織は，関連する OH&S 問題について，適切な場合は，関連する外部の利害関係者と協議することを確実にしなければならない．

箇条 6 計　画

箇条 4.4 には"労働安全衛生マネジメントシステムを確立し，実施し，維持し，かつ，継続的に改善しなければならない"とあるが，箇条 6.1.1 にある"労働安全衛生マネジメントシステムの計画を策定する"とは，箇条 4.4 の要求に連動するものである．すなわち，"労働安全衛生マネジメントシステムの計画を策定する"ことは，"労働安全衛生マネジメントシステムを確立する"ことの大部分を占め，その計画を策定する際の活動をここでは要求している．

6.1　リスク及び機会への取組み

JIS Q 45001:2018

6.1　リスク及び機会への取組み

6.1.1　一般

　労働安全衛生マネジメントシステムの計画を策定するとき，組織は，4.1（状況）に規定する課題，4.2（利害関係者）に規定する要求事項及び 4.3（労働安全衛生マネジメントシステムの適用範囲）を考慮し，次の事項のために取り組む必要があるリスク及び機会を決定しなければならない．

a) 労働安全衛生マネジメントシステムが，その意図した成果を達成できるという確信を与える．

b) 望ましくない影響を防止又は低減する．

c) 継続的改善を達成する．

　組織は，取り組む必要のある労働安全衛生マネジメントシステム並びにその意図した成果に対するリスク及び機会を決定するときには，次の事項を考慮に入れなければならない．

— 危険源（**6.1.2.1** 参照）

— 労働安全衛生リスク及びその他のリスク（**6.1.2.2** 参照）

— 労働安全衛生機会及びその他の機会（**6.1.2.3** 参照）

― 法的要求事項及びその他の要求事項（**6.1.3** 参照）

　組織は，計画プロセスにおいて，組織，組織のプロセス又は労働安全衛生マネジメントシステムの変更に付随して，労働安全衛生マネジメントシステムの意図した成果に関わるリスク及び機会を決定し，評価しなければならない．永続的か暫定的かを問わず，計画的な変更の場合は，変更を実施する前にこの評価を行わなければならない（**8.1.3** 参照）．

　組織は，次の事項に関する文書化した情報を維持しなければならない．
― リスク及び機会
― 計画どおりに実施されたことの確信を得るために必要な範囲でリスク及び機会（**6.1.2〜6.1.4** 参照）を決定し，対処するために必要なプロセス及び取組み

◀**箇条 6.1.1 の意図**▶

　本箇条では，OH&SMS 計画を策定する（OH&SMS を確立する）ときに，4.1, 4.2, 4.3 の要求事項を考慮し，かつ"リスク及び機会"を検討し決定することを要求しているが，この要求事項を実践するに当たって組織の実施すべき事項を明確に規定することが意図である．

◀**本文の解説**▶

(1)　この箇条では，"リスク及び機会"がキーワードとなっている．計画を立てるときに，その後，管理を十分に行っても計画が立案どおりに進んでいくかは誰にも確実視できない（これを"不確かさ"と表現する）．OH&SMS 計画を作るときに，この確実視できないことによる影響（リスク）を明確にし，事前に何らかの処置を講じておくことにより，計画達成の可能性を高めることを要求している．

(2)　不確かさは，計画した目標値からの"かい離（deviation）"として捉えることとし，かい離の影響度合いが大きいと労働安全衛生パフォーマンス達成に害をもたらす．ただ，"かい離"は目標値の上であったり，下であった

りすると考えられるので一概にかい離したから害をもたらすとはならない．規格は箇条3.20で，この概念"不確かさの影響"を"リスク"と定義している．

(3) 一方，"機会"には定義がない．その場合は辞書に拠ることになるが，"オックスフォード英英辞典"には，"a time when a particular situation makes it possible to do or achieve something"とあり，"何かをするよいとき"の意味であり一般的にいうチャンスである．したがって，機会は組織が何もしなければ何も起こらない．リスクは何もしなくても何かが起こることに留意するとよい．

(4) 組織は，取り組むべき"リスク及び機会"を決定しなければならないが，定義3.20（リスク）の注記5にあるように"リスク及び機会"には4項目がある．

　　"注記5　この規格では，"リスク及び機会"という用語を使用する場合は，労働安全衛生リスク，労働安全衛生機会，マネジメントシステムに対するその他のリスク及びその他の機会を意味する．"

すなわち，取り組むべき対象は，下記4項目の"リスク及び機会"ということになり，取組みの計画も4項目になる（6.1.4参照）．

　　・労働安全衛生リスク
　　・労働安全衛生機会
　　・OH&SMSに対するその他のリスク
　　・OH&SMSに対するその他の機会

(5) 取り組む必要があるリスク及び機会の決定は，次のことのために要求されている．

　a) "労働安全衛生マネジメントシステムの意図した成果"という言葉が出てくるが，これは箇条4.1で明確にした組織の"労働安全衛生マネジメントシステムの意図した成果"のことである．意図した成果が"不確かさからの影響（リスク）"によって達成できない，ということがないようにする．一方，機会については"労働安全衛生マネジメントシステムの意図し

た成果"すなわち労働安全衛生パフォーマンス向上への事項に取り組む．
- b) 望ましくないことが起きないようにリスクに取り組む，また望ましくない影響を防止する機会に取り組む．
- c) 不確かさからの影響（リスク）によって改善が未達成にならないようにする，一方機会については改善が達成されるような事項に取り組む．

(6) リスクの定義 3.20 注記1には"影響とは，期待されていることから，好ましい方向又は好ましくない方向にかい（乖）離することをいう"とあり，今までリスクは好ましくないことと思っていた多くの人には理解しにくいかもしれない．"リスク"という用語は，使われる分野によっていろいろな定義が存在している．附属書 SL における"リスク"の定義は，ISO 31000（リスクマネジメント―原則及び指針）に規定されている定義が一部修正されて採用されている．"不確かさ"は，未来のことであるから現状から＋（プラス）又は－（マイナス）のどちらに変化するかは不明である．これは世の中の全てのことに言い得て，例えば，為替が円安，円高のどちらに振れるか不確かであり，そこからの影響もプラスであったり，マイナスであったりする．

(7) 一方，労働安全衛生リスクは，"労働に関係する危険な事象又はばく露の起こりやすさと，その事象又はばく露によって生じ得る負傷及び疾病の重大性との組合せ"（3.21 参照）と定義されている．

OHSAS 18001:2007 でも，リスクは"危険な事象又は暴露の発生の可能性と，事象又は暴露によって引き起こされる負傷又は疾病のひどさの組合せ"と同様な定義がされていた．

(8) また，労働安全衛生機会の定義は，"労働安全衛生パフォーマンスの向上につながり得る状況又は一連の状況"である（3.22 参照）．

上述したように，組織が機会に対して何かをしなければ，これらの状況を具体化することはできないので，取組みのための計画が重要である（6.1.4 参照）．

(9) 組織は，組織変更，プロセス変更又は OH&SMS 変更においては，それ

れに対応してのリスク及び機会を決定し，評価しなければならない．これらの変更が計画的な変更の場合は，変更を実施する前にリスク及び機会の評価を行わなければならないとされている．詳細は，箇条 8.1.3 の中で"変更の実施並びに管理のためのプロセスを確立しなければならない"という要求の中に規定されているので参照にするとよい．

(10) 本文の最後にはリスクと機会に関する文書化の要求がある．
① リスク及び機会（4種類）を文書にする．
② リスク及び機会に取り組むプロセス及び処置を文書にする．

◀関連する法律・指針についての情報▶

労働安全衛生リスクに関しては，箇条 6.1.2.1 の◀関連する法律・指針についての情報▶を参照のこと．

◀附属書 A.6.1.1 の要点▶

労働安全衛生機会の例には次のようなものがある．
- a) 検査及び機能の監査
- b) 作業危険源分析（作業安全性分析）及び職務関連評価
- c) 単調な労働，又は潜在的に危険な規定の作業量による労働を軽減することによる労働安全衛生パフォーマンスの向上
- d) 作業の許可，並びにその他の承認及び管理方法
- e) インシデント又は不適合の調査，及び是正処置
- f) 人間工学的及びその他の負傷防止関連評価

労働安全衛生マネジメントシステムに対するその他の機会の例には次のようなものがある．
— 施設移転，プロセス再設計，又は機械及びプラントの交換に向けて，施設，設備又はプロセス計画のライフサイクルの早期の段階で，労働安全衛生の要求事項を統合する．
— 施設移転，プロセス再設計，又は機械及びプラントの交換の計画の早期

の段階で，労働安全衛生の要求事項を統合する．
―新技術を使用して労働安全衛生パフォーマンスを向上させる．
―要求事項を超えて労働安全衛生に関わる力量を広げること，又は働く人がインシデントを遅滞なく報告するよう奨励することなどによって，労働安全衛生文化を改善する．
―トップマネジメントによる労働安全衛生マネジメントシステムへの支援の可視性を高める．
―インシデント調査プロセスを改善する．
―働く人の協議及び参加のプロセスを改善する．
―組織自体の過去のパフォーマンス及び他の組織の過去のパフォーマンスの両方を考慮することを含めてベンチマークを行う．
―労働安全衛生を取り扱うテーマに重点を置くフォーラムにおいて協働する．

◀ OHSAS 18001:2007 との対応 ▶

箇条 6.1.1（一般）に対応する OHSAS 18001 の要求事項はない．

6.1.2　危険源の特定並びにリスク及び機会の評価

―――― JIS Q 45001:2018 ――――

6.1.2　危険源の特定並びにリスク及び機会の評価
6.1.2.1　危険源の特定

組織は，危険源を現状において及び先取りして特定するためのプロセスを確立し，実施し，かつ，維持しなければならない．プロセスは，次の事項を考慮に入れなければならないが，考慮に入れなければならないのはこれらの事項だけに限らない．

a) 作業の編成の仕方，社会的要因（作業負荷，作業時間，虐待，ハラスメント及びいじめを含む．），リーダーシップ及び組織の文化
b) 次から生じる危険源を含めた，定常的及び非定常的な活動及び状況

1) 職場のインフラストラクチャ，設備，材料，物質及び物理的条件
2) 製品及びサービスの設計，研究，開発，試験，生産，組立，建設，サービス提供，保守及び廃棄
3) 人的要因
4) 作業の実施方法

c) 緊急事態を含めた，組織の内部及び外部で過去に起きた関連のあるインシデント及びその原因

d) 起こり得る緊急事態

e) 次の事項を含めた人々
1) 働く人，請負者，来訪者，その他の人々を含めた，職場に出入りする人々及びそれらの人々の活動
2) 組織の活動によって影響を受け得る職場の周辺の人々
3) 組織が直接管理していない場所にいる働く人

f) 次の事項を含めたその他の課題
1) 関係する働く人のニーズ及び能力に合わせることへの配慮を含めた，作業領域，プロセス，据付，機械・機器，作業手順及び作業組織の設計
2) 組織の管理下での労働に関連する活動に起因して生じる，職場周辺の状況
3) 職場の人々に負傷及び疾病を生じさせ得る，職場周辺で発生する，組織の管理下にない状況

g) 組織，運営，プロセス，活動及び労働安全衛生マネジメントシステムの実際の変更又は変更案（**8.1.3** 参照）

h) 危険源に関する知識及び情報の変更

◀**箇条 6.1.2.1 の意図**▶

労働安全衛生リスクの定義（3.21）には"危険な事象又はばく露"という表現が出てくるが，それはこの箇条で対象としている"危険源"のことである．

6　計　　画　　　　　　　　　　　　　121

　　この危険源の特定が不十分であると思わぬ事故が起き，事後に"想定していなかった事故が起きた"という反省の言葉が出てくるが，本当に想定できなかったのかはこの危険源特定の検討をどこまで深掘りしたかによる．組織に対して，できる限り多くの可能性ある危険源を特定するように，考えられる全ての種類を掲げている．組織に存在するであろう危険源を，この規定の項目ごとに評価，特定してもらうことを意図している．

◀本文の解説▶
(1)　我々の日常生活においても危険な事象は身の周りにたくさん存在する．一歩家を出れば，自動車に気をつけなければならないし，歩いている頭上から重量物が落ちてくる可能性もある．家の中にいてもちょっとした段差につまずき思わぬケガをすることもある．ましてや，回転・切削・レーザー加工機械などが稼働し，化学物質が反応し，クレーンが重量物を運搬し，フォークリフトが動き回るような工場，作業所，化学プラントの中には多くの危険源が存在する．組織には，可燃物の保管，高所の作業，高圧電気の導通など，製造工場，建築現場，溶接・めっき職場などの特徴に応じた多種多様な危険源がある．
(2)　箇条 6.1.2 は，6.1.2.1（危険源の特定），6.1.2.2（労働安全衛生リスク及び労働安全衛生マネジメントシステムに対するその他のリスクの評価），6.1.2.3（労働安全衛生機会及び労働安全衛生マネジメントシステムに対するその他の機会の評価）の三つの箇条に分かれているが，6.1.2 の記述の量は他の箇条と比べて多く，"危険源の特定及びリスクと機会の評価"は ISO 45001 の中で重要な規定となっている．
(3)　本箇条では，"……危険源を現状において及び先取りして特定するためのプロセスを確立し……"として，プロセスの確立（計画）を要求している．プロセスを計画する際には，プロセスへのインプット及びプロセスからのアウトプット，プロセスに関する基準（箇条 8.1 における要求），その文書化の要求（同じ）に応えなければならない．

(4) a)～f) は，危険源を特定する際の考慮事項を掲げている．a) は組織に存在する風土が危険源になる得ると理解するとよい．具体的には，過重な労働，各種差別やハラスメント，弱いリーダーシップ，安全を軽視する組織文化などである．

(5) b) はハードな機械，設備からはじまって組織業務全般，ソフト的な作業方法，人的要因までもが危険源になり得ると理解する．これらを定常的な観点と，非定常すなわち時々にしか行われない観点の両方から分析することがよい．

(6) c), d) は非常時，緊急事態を想定しての危険源を考える．例えば，火災，爆発，天災（大雨，洪水，地震，雷など）の場合を想定するとよい．

(7) e) は人々に関しての規定である．組織が影響を与えるであろう働く人，請負事業者，訪問者，近隣の人々を考慮して危険源を考える．例えば，訪問者が組織の安全に関する立札表示を見て誤解してしまうという危険源もあり得る．組織内人材には当然と思える警告などが，外部の人に適切に理解されず，かえって事故に遭ってしまうということがあり得る．また，組織が物理的に管理できない，例えば営業マン，輸送運転手などは思わぬ危険源に遭遇することがあり得るので，移動先の状況分析も必要になるであろう．

(8) f) はその他の考慮事項が記述されているが，上述のものとオーバーラップしている部分がある．1) 働く人のニーズ及び能力に合わせることは b) の作業法とオーバーラップする部分があるかもしれない．2) 組織の管理下での業務に関しての職場周辺への考慮はやはり b) の職場のインフラストラクチャとオーバーラップする部分がある．3) の職場管理外の状況は e)3) と重なる部分があるであろう．

(9) g) は変更についてである．組織変更，運営の変更，プロセス変更，活動の変更及び OH&SMS の変更などにおいて事故が起こりやすいことに留意すべきである（8.1.3 参照）．

(10) h) は組織の能力，ノウハウ，経営環境などについて記述している．有能な人が退社したりして知識，ノウハウが継承されなかったり，取り巻く環境

が変化したりして思わぬ危険源の抜けがあることなどに留意すべきである．

◀関連する法律・指針についての情報▶

　危険源の特定，リスクの見積り評価，リスク低減（この一連をリスクアセスメントと呼ぶ）に関しては，以下の法令がある．

　　労働安全衛生法第 28 条の 2 第 1 項，第 57 条の 3 第 1 項

　また，第 28 条の 2 第 2 項及び第 57 条の 3 第 3 項の規定に基づく次の 3 指針がある．

- 危険性又は有害性等の調査等に関する指針（平成 18 年 3 月 10 日　危険性又は有害性等の調査等に関する指針公示第 1 号）
- 化学物質等による危険性又は有害性等の調査等に関する指針（平成 27 年 9 月 18 日　危険性又は有害性等の調査等に関する指針公示第 3 号）
- 機械の包括的な安全基準に関する指針（平成 19 年 7 月 31 日　基発第 0731001 号）

◀附属書 A.6.1.2.1 の要点▶

(1)　危険源の特定は，継続的に見直しを行うことがよい．組織経営の変化，すなわち新しい職場，施設，製品などの場合において見直しをする．

(2)　この規格は製品の安全性（PL：製造物責任，最終使用者への安全性）には触れていないが，製造，建設，組立又は試験中から生じる製品からの働く人への危険源は考慮しなければならない．

(3)　危険源の特定は，組織がリスクを評価（アセスメント）する最初に実施する．労働安全衛生リスクの評価，処置の優先順位決定，危険源除去あるいは労働安全衛生リスクを低減するプロセスなどは，その後に続いて行われる．

(4)　危険源は，物理的，化学的，生物学的，心理社会的，機械的，電気的であり得て，特にそれらのエネルギーに強く関連する．

(5)　箇条 6.1.2.1 に挙げられた危険源のリストは例であり，全てを網羅しているわけではない．以下のように区分して考えることもよい．

a) 定常的及び非定常的な活動及び状況における危険源
   ① 定常的な活動及び状況：日々の業務及び通常の作業活動の危険源
   ② 非定常的な活動及び状況：偶発的又は予期せず発生する危険源
   ③ 短期的又は長期的な活動：異なる危険源
b) 人的要因に関する危険源
   ① 人間の能力，限界及びその他の特性に関すること
   ② 道具，機械，システム，活動及び環境に適用される情報
   ③ 活動，働く人と組織，労働安全衛生への作用
c) 変化することからの危険源
   ① 慣れ
   ② 状況変化
   ③ 作業プロセスの変更
   ④ 適応の変化
   ⑤ 進化など
d) 起こり得る緊急事態における危険源
   ① 機械の発火
   ② 自然災害等（職場，若しくは営業，移動など別の場所を含む）
   ③ 暴動等（職場，若しくは営業，移動など別の場所を含む）
e) 人に関する危険源
   ① 通行人，請負者又は近隣からの危険源，あるいは通行人，請負者又は近隣への危険源
   ② 組織の直接管理下にない場所にいる働く人（移動する人，例えば郵便配達員，バス運転手，顧客のもとで働くサービス要員，在宅勤務者など）の危険源
f) 危険源に関する知識及び情報の変更

　危険源は，作業の現場観察，働く人との議論からなお深掘りすることができる．また，危険源に関する知識，及び情報は次のようなことから得られる．

① 出版物
② 研究論文，文献
③ 働く人からのフィードバック
④ 組織自体の運用経験のレビュー

◀ **OHSAS 18001:2007 との対応** ▶

箇条 6.1.2.1（危険源の特定）は，OHSAS 18001 箇条 4.3.1（危険源の特定，リスクアセスメント及び管理策の決定）に対応している（危険源の特定の部分）．

OHSAS 18001:2007

4.3.1 危険源の特定，リスクアセスメント及び管理策の決定

組織は，危険源の継続的特定，リスクアセスメント及び必要な管理策の決定の手順を確立し，実施し，維持しなければならない．

危険源の特定及びリスクアセスメントの手順は，次の事項を考慮に入れなければならない．

a) 定常活動及び非定常活動
b) 職場に出入りするすべての人の活動（請負者及び来訪者を含む）
c) 人間の行動，能力及びその他の人的要因
d) 職場内において組織の管理下にある人の安全衛生に有害な影響を及ぼす可能性がある，職場外で起因し特定される危険源
e) 組織の管理下にある作業に関連する活動によって職場近辺に生じる危険源

　参考 1 そのような危険源は，環境問題として評価することがより適切な場合がある．

f) 組織又は他者から提供されている，職場のインフラストラクチャー，設備，及び原材料
g) 組織，その活動，又は原材料に関する変更又は変更提案
h) 一時的変更を含む，OH&S マネジメントシステムに対する修正，並

びにその修正の運用，プロセス及び活動に対する影響
i) リスクアセスメント及び必要な管理策の実施に関連している，適用すべき法的義務（**3.12** の参考も参照）
j) 人間の能力への適応を含む，作業領域，プロセス，施設，機械設備／機器，操作手順及び勤務・作業体制，の設計

6.1.2.2 労働安全衛生リスク及び労働安全衛生マネジメントシステムに対するその他のリスクの評価

―― JIS Q 45001:2018 ――

6.1.2.2 労働安全衛生リスク及び労働安全衛生マネジメントシステムに対するその他のリスクの評価

組織は，次の事項のためのプロセスを確立し，実施し，かつ，維持しなければならない．

a) 既存の管理策の有効性を考慮に入れた上で，特定された危険源から生じる労働安全衛生リスクを評価する．

b) 労働安全衛生マネジメントシステムの確立，実施，運用及び維持に関係するその他のリスクを決定し，評価する．

組織の労働安全衛生リスクの評価の方法及び基準は，問題が起きてから対応するのではなく事前に，かつ，体系的な方法で行われることを確実にするため，労働安全衛生リスクの範囲，性質及び時期の観点から，決定しなければならない．この方法及び基準は，文書化した情報として維持し，保持しなければならない．

◀ **箇条 6.1.2.2 の意図** ▶

本箇条には2種類のリスクの評価が規定されている，すなわち，"労働安全衛生リスク"の評価と，"労働安全衛生マネジメントシステムに対するその他のリスク"の評価である．前者は一般にリスクアセスメントと呼ばれる

もので，日本の多くの組織で行われている．しかし，ISO 45001 にはリスクアセスメント（risk assessment）という言葉は出てこず，"リスクを評価"（assessment of risk）するという表現になっている．リスクアセスメントという表現だと，特定の手法を要求していると誤解され，中小企業に重たい要求になるとの配慮からである．したがって，リスクを評価する方法は組織に委ねるという意図ではあるが，本書ではリスクアセスメントについて解説をする．

◀本文の解説▶

(1) リスクアセスメントの基本の流れは以下のとおりである．
 手順1 危険源を特定にする．
 手順2 危険源から発生するリスクの大きさを見積もる．
 手順3 リスクを評価し，低減対策をとる優先順位を決定する．
 手順4 リスクを低減する手段を決め，実施する．
 手順5 許容可能なリスクにまで低減できたか判断する．
(2) 本箇条ではプロセスの確立（計画）を要求しているが，"組織の労働安全衛生リスクの評価の方法及び基準……決定しなければならない"，"この方法及び基準は，文書化した情報として維持し，保持しなければならない"と規定されているので，プロセスを計画する際には，インプット，アウトプットに加えてリスク評価方法，リスク評価基準も計画しておかなければならない．
 ① 労働安全衛生リスクの評価方法及び基準
  上述(1)手順3のリスク評価方法及び基準を決め文書にすることが必要である．ここには"労働安全衛生マネジメントシステムに対するその他のリスクの評価"は含まれていないことに留意するとよい．
 ② 方法（methodology）と基準（criteria）は異なるので，それぞれについて決定したものを文書にする必要がある．
 ③ "文書化した情報を維持し（maintain），保持（retain）しなければならない"とあるのは，維持するは規定文書を意味し，保持するは記録を意

味している．

(3)　許容可能なリスクにまで低減できていない残留リスクについては，更なるリスクの低減を実施することが望ましいが，それができない場合は管理的対策や個人用保護具の着用により労働災害の防止を図ることになる．ISO 45001 ではリスク評価の手順には触れていないが，箇条 8.1.2（危険源の除去及び労働安全衛生リスク）の要求と照らしてみると上述の 5 ステップは規格の意図するところである．

　　許容可能なリスクにまで低減することについては，箇条 A.8.1.1 で ALARP（As Low As Reasonably Practicable）についての考え方が紹介されており，"リスクを合理的に実現可能な程度に低いレベルまで低減する"との記述がある．

(4)　"労働安全衛生マネジメントシステムに対するその他のリスク"の評価は特に決められた方法はないので，組織が挙げたその他のリスクを，ブレーンストーミングのような組織のしかるべき人々の議論の深まりによって，対応すべき優先順位を決めればよい．

◀関連する法律・指針についての情報▶

　　労働安全衛生リスクに関しては，箇条 6.1.2.1 の◀関連する法律・指針についての情報▶を参照のこと．

◀附属書 A.6.1.2.2 の要点▶

(1)　評価の方法と複雑さは，組織の規模ではなく，組織の活動に付随する危険源に依存する．OH&SMS に対するその他のリスクも，適切な方法を使って評価することが必要である．

(2)　OH&SMS に対するその他のリスクには，例として，次のようなものがあり得る．
　　① 経済変化のような外部課題からくる OH&SMS のリスク
　　② 日々の運用及び判断からくる（例えば作業フローのピーク，構造改革）

OH&SMS のリスク

(3) OH&SMS のリスクの評価の方法には次の観点がある．
① 日々の活動により影響を受ける働く人との継続的な協議
③ 新しい法的要求事項及びその他の要求事項のモニタリング
④ 概存及び変化に対応する資源があるかどうかの確認

◀ OHSAS 18001:2007 との対応 ▶

箇条 6.1.2.2（労働安全衛生リスク及び労働安全衛生マネジメントシステムに対するその他のリスクの評価）は，OHSAS 18001 箇条 4.3.1（危険源の特定，リスクアセスメント及び管理策の決定）に対応している（リスクアセスメントの部分）．

OHSAS 18001:2007

4.3.1 危険源の特定，リスクアセスメント及び管理策の決定

組織は，危険源の継続的特定，リスクアセスメント及び必要な管理策の決定の手順を確立し，実施し，維持しなければならない．

危険源の特定及びリスクアセスメントの手順は，次の事項を考慮に入れなければならない．

（中略）

i) リスクアセスメント及び必要な管理策の実施に関連している，適用すべき法的義務（**3.12** の参考も参照）

（中略）

組織による危険源の特定とリスクアセスメントの方法は次のとおりでなければならない．

a) 事後的でなく予防的であることが確実なように，その適用範囲，性質，タイミングについて定められている．

b) 適宜，リスクの特定，優先度及び文書化，並びに管理策の適用について含まれている．

（後略）

6.1.2.3 労働安全衛生機会及び労働安全衛生マネジメントシステムに対するその他の機会の評価

JIS Q 45001:2018

6.1.2.3 労働安全衛生機会及び労働安全衛生マネジメントシステムに対するその他の機会の評価

組織は，次の事項を評価するためのプロセスを確立し，実施し，かつ，維持しなければならない．

a) 組織，組織の方針，そのプロセス又は組織の活動の計画的変更を考慮に入れた労働安全衛生パフォーマンス向上の労働安全衛生機会及び，
　1) 作業，作業組織及び作業環境を働く人に合わせて調整する機会
　2) 危険源を除去し，労働安全衛生リスクを低減する機会
b) 労働安全衛生マネジメントシステムを改善するその他の機会
　　注記　労働安全衛生リスク及び労働安全衛生機会は，組織にとってのその他のリスク及びその他の機会となることがあり得る．

◀箇条 6.1.2.3 の意図▶

"労働安全衛生機会"と"労働安全衛生マネジメントシステムに対するその他の機会"の2種類について，評価するプロセスを確立（計画）し，実施し，維持することを要求しており，組織に機会を正しく理解してもらうことを意図している．

◀本文の解説▶

(1) 機会については ISO 45001 に定義はなく，ISO の慣行に基づき『オックスフォード英英辞典』からの"好ましい状況，時"と理解するとよい（箇条 6.1.1 の◀本文の解説▶参照）．労働安全衛生機会については 3.22 に定義があり，労働安全衛生パフォーマンスに好ましい状況と理解することができる．
(2) 機会は ISO 45001/PC 283 の議論では，DIS までは"機会を特定する（identify）"となっていたが，DIS 2 から"機会を評価する（assess）"に変

更された．

その背景は，機会にも効果から見て優先順位があり，しかも単に機会を特定しても実行しなければ成果に結び付かない，という考えが主流を占めたからである．

(3) 機会を評価する方法は，組織が決めればよいが次のような方法があり得る．
・働く人が議論して採用するか，しないかを評価する．
・関係者がブレーンストーミングにより実施する優先順位を評価する．

◀附属書 A.6.1.2.3 の要点▶

特になし．

◀ OHSAS 18001:2007 との対応 ▶

箇条 6.1.2.3（労働安全衛生機会及びその他の機会の評価）に対応する OHSAS 18001 の要求事項はない．

6.1.3 法的要求事項及びその他の要求事項の決定

―― JIS Q 45001:2018 ――

6.1.3 法的要求事項及びその他の要求事項の決定

組織は，次の事項のためのプロセスを確立し，実施し，かつ，維持しなければならない．

a) 組織の危険源，労働安全衛生リスク及び労働安全衛生マネジメントシステムに適用される最新の法的要求事項及びその他の要求事項を決定し，入手する．

b) これらの法的要求事項及びその他の要求事項の組織への適用方法，並びにコミュニケーションする必要があるものを決定する．

c) 組織の労働安全衛生マネジメントシステムを確立し，実施し，維持し，継続的に改善するときに，これらの法的要求事項及びその他の要

求事項を考慮に入れる．

組織は，法的要求事項及びその他の要求事項に関する文書化した情報を維持し，保持し，全ての変更を反映して最新の状態にしておくことを確実にしなければならない．

注記 法的要求事項及びその他の要求事項は，組織へのリスク及び機会となり得る．

◀箇条 6.1.3 の意図▶

ISO マネジメントシステム規格には必ず出てくる要求事項である．各種マネジメントシステムの運用において法的要求事項の順守は当然のことであり，例えば ISO 9001 だと顧客からの要求事項の中，あるいは設計・開発の要求事項の中に現れてくる．

OH&SMS の構築，運用においては，その性格上，法的順守は根源的な極めて重要な課題として扱うべきであり，その他の箇条に含められる課題ではなく，（附属書 SL にはないが）独立した箇条として"法的要求事項及びその他の要求事項の決定"を 6.1.3 に位置付けた．

◀本文の解説▶

(1) ILO は何回か，ILS に規定されている条約を順守することを ISO 45001 の中に要求事項として規定すべきであると主張したが，この 6.1.3 の中で読み取れるという理由で，格別 ILS 順守ということは規格の中に規定されなかった．

(2) ここで焦点を当てなければならないことは，適用される法律の名前や条文を確定することではなく法律の中に規定されている要求事項を確定することである．法的要求事項及びその他の要求事項については，組織の"リスク及び機会"と関係が深い．OH&SMS に関するその他のリスク及び機会は，組織の活動領域に関係する法律などに照らして分析することが推奨される．将来，自分たちの業界にどんな規制がかかってくるのか，あるいは規制が

緩和されるのかは組織にとって大きなリスクであったり，機会であったりする．

(3) プロセスの確立が要求されているが，次の事項のためのプロセスとしての計画でなければならない．

a) 法的要求事項及びその他の要求事項を確定し入手する．
b) 伝達の必要性を確定する．
c) 継続的改善するときの考慮事項にする．

(4) 法的要求事項及びその他の要求事項に関しての文書化した情報の維持と保持が要求されているが，プロセスを確立する際には可視化が必要となるので，可視化の一環として文書化の要求を理解すればよい．

(5) 日本の労働安全衛生に関係する法律には，◀関連する法律・指針についての情報▶に掲載のものがあるが，その法律の中から自分たちが守らなければならない事項を決定することが要求されている．

◀関連する法律・指針についての情報▶

"法的要求事項及びその他の要求事項" として，規格では◀附属書 A.6.1.3 の要点▶に記載のものを例に挙げているが，国内での主な法律には次のようなものがある．しかし労働安全関係法令には政省令など多岐にわたるので，組織自身が該当する法令を当たることを勧める．

《労働安全衛生に関係する法令の例》
・労働安全衛生法
・作業環境測定法
・じん肺法
・労働者派遣事業の適正な運営の確保及び派遣労働者の保護等に関する法律
・建設工事従事者の安全及び健康の確保の推進に関する法律
・過労死等防止対策推進法
・労働基準法　など

◀ 附属書 A.6.1.3 の要点 ▶

法的要求事項及びその他の要求事項には次の要求事項が含まれ得る．

a) 次のような法的要求事項
1) 法律及び規則を含む（国の，地域の又は国際的な）法令
2) 政令及び指令
3) 監督機関が発令する命令
4) 認可，免許又はその他の形の許可
5) 裁判所又は行政審判所の判決
6) 条約，協定，議定書
7) 包括的労働協約

b) 次のようなその他の要求事項
1) 組織の要求事項
2) 契約条件
3) 雇用契約
4) 利害関係者との合意
5) 衛生当局との取決め
6) 強制ではない標準，コンセンサス標準及び指針
7) 任意の原則，行動規準，技術仕様書，宣言書
8) 組織又はその親組織の公的なコミットメント

◀ OHSAS 18001:2007 との対応 ▶

箇条 6.1.3（法的要求事項及びその他の要求事項の確定）は，OHSAS 18001 箇条 4.3.2（法的及びその他の要求事項）に対応している．

---------- OHSAS 18001:2007

4.3.2 法的及びその他の要求事項

組織は，適用可能な法的及びその他の OH&S 要求事項を特定かつ参照する手順を確立し，実施し，維持しなければならない．

組織は，その OH&S マネジメントシステムを確立し，実施し，維持す

るうえで，これらの適用すべき法的要求事項及び組織が同意するその他の要求事項を確実に考慮に入れなければならない．

　組織は，この情報を常に最新のものにしておかなければならない．

　組織は，法的及びその他の要求事項に関する関連情報を，組織の管理下で働く人及びその他の適切な利害関係者に周知しなければならない．

6.1.4　取組みの計画策定

――― JIS Q 45001:2018 ―――

6.1.4　取組みの計画策定

　組織は，次の事項を計画しなければならない．

a)　次の事項を実行するための取組み
1)　決定したリスク及び機会に対処する（**6.1.2.2** 及び **6.1.2.3** 参照）．
2)　法的要求事項及びその他の要求事項に対処する（**6.1.3** 参照）．
3)　緊急事態への準備をし，対応する（**8.2** 参照）．

b)　次の事項を行う方法
1)　その取組みの労働安全衛生マネジメントシステムのプロセス，又はその他の事業プロセスへの統合及び実施
2)　その取組みの有効性の評価

　組織は，取組みの実施を計画する際に，管理策の優先順位（**8.1.2** 参照）及び労働安全衛生マネジメントシステムからのアウトプットを考慮に入れなければならない．

　取組みを計画するとき，組織は，成功事例，技術上の選択肢，並びに財務上，運用上及び事業上の要求事項を考慮しなければならない．

◀**箇条 6.1.4 の意図**▶

　6.1.1 の要求に従って決定した 2 種類のリスクと 2 種類の機会の対応計画のほか，法的要求事項への対応計画，緊急事態への対応計画の作成を要求してい

る．後者の2項目（法的要求事項への対応，緊急事態への対応）も，リスク及び機会と同様に組織の労働安全衛生に影響を与える要素であり，この2種類の対応から作成される計画は，リスク及び機会から作成される計画とオーバーラップする部分がある．こうして作成された計画は，日常の活動である事業プロセスに組み込まれた形で実行されることが求められるが，その実行の方法が求められている．さらに実行された結果をどのように有効性評価するのか（有効性評価の方法）も決めなければならない．

◀本文の解説▶

(1)　a)では，箇条6.1.2.2，6.1.2.3で評価した以下四つのリスク及び機会について，それらをどのように取り扱い，処置をとるのかなどの計画を作成しなければならない．
- 労働安全衛生リスクの取組み計画
- 労働安全衛生機会の取組み計画
- OH&SMSに対するその他のリスクの取組み計画
- OH&SMSに対するその他の機会の取組み計画

(2)　次に，6.1.3で決定した法的要求事項及びその他の要求事項の決定に関係するプロセスの計画を策定しなければならない．特定された法的要求事項及びその他の要求事項を順守する活動が求められている（6.1.3参照）．

(3)　さらに，6.1.2.1 c), d)で考慮した緊急事態について，起こったときを想定しての対応準備の計画を策定することが求められている（8.2参照）．

(4)　b)では次の事項を行う方法を計画することを要求している．
　　1)　本箇条で規定されていることをOH&SMSのプロセスに統合する．
　　2)　取り組んだ結果の有効性を評価する．
　　これらの事項を行う方法の計画には，手段，実施・責任者，スケジュールなどが含まれていることが望ましい．

(5)　取組みの計画は，管理策の優先順位（箇条8.1.2参照），OH&SMSからの成果を考慮しなければならない．

(6) また，計画するに際しては，成功事例（ベストプラクティス），技術上の選択肢，並びに財務上，運用上及び事業上の要求事項を考慮することが要求されている．もし，予測される成果と比較して経費がかかりすぎると判断されたときには，計画を見直すことがよい．理想的な対応計画ではなく，現実を踏まえた実現可能な対応計画の作成を求めている．

◀ 関連する法律・指針についての情報 ▶

OH&Sリスクへの取組みに関しては，箇条6.1.2.1の◀関連する法律・指針についての情報▶を参照のこと．

◀ 附属書 A.6.1.4 の要点 ▶

(1) 計画した取組みは，事業プロセス（環境，品質，事業継続，リスク，財務，人事等を含む）と統合されて行われることが要求されている．労働安全衛生リスクの評価により管理の必要性が明らかになった場合には，運用計画を策定する（箇条8を参照）．
(2) 運用計画においては，管理を作業指示に組み込むか，又は力量を高める処置に組み込むかを決める．
(3) その他の管理として，測定又はモニタリング（箇条9参照）の形をとることも必要である．
(4) 意図せぬ結果が生じないことを確実にするため，リスクと機会に対して行う取組みは，変更の管理（8.1.3参照）のもとで考慮するとよい．

◀ OHSAS 18001:2007 との対応 ▶

箇条6.1.4（取組みの計画策定）は，OHSAS 18001 箇条4.3.1（危険源の特定，リスクアセスメント及び管理策の決定）に対応している（管理策の決定の部分）．また，箇条4.4.6（運用管理）にも一部対応している（システムへの統合の部分）．

---- OHSAS 18001:2007 ----

4.3.1　危険源の特定，リスクアセスメント及び管理策の決定

（中略）

　組織は，管理策を決定するときは，これらの評価の結果を確実に考慮しなければならない．管理策を決定するとき，又は既存の管理策に対する変更を検討するときは，次の優先順位に従ってリスクを低減するように考慮しなければならない．

- **a)**　除去
- **b)**　代替
- **c)**　工学的な管理策
- **d)**　標識／警告及び／又は管理的な対策
- **e)**　個人用保護具

---- OHSAS 18001:2007 ----

4.4.6　運用管理

（中略）

　それらの運用及び活動のために，組織は，次の事項を実施し，維持しなければならない．

- **a)**　組織及び活動に適用可能な運用管理策．組織は，これらの運用管理策を全体的なOH&Sマネジメントシステムに統合しなければならない．

（後略）

6.2　労働安全衛生目標及びそれを達成するための計画策定

---- JIS Q 45001:2018 ----

6.2　労働安全衛生目標及びそれを達成するための計画策定

6.2.1　労働安全衛生目標

　組織は，労働安全衛生マネジメントシステム及び労働安全衛生パフォー

マンスを維持及び継続的に改善するために，関連する部門及び階層において労働安全衛生目標を確立しなければならない（**10.3**参照）．

労働安全衛生目標は，次の事項を満たさなければならない．

a) 労働安全衛生方針と整合している．

b) 測定可能（実行可能な場合）である，又はパフォーマンス評価が可能である．

c) 次を考慮に入れている．

  1) 適用される要求事項

  2) リスク及び機会の評価結果（**6.1.2.2**及び**6.1.2.3**参照）

  3) 働く人及び働く人の代表（いる場合）との協議（**5.4**参照）の結果

d) モニタリングする．

e) 伝達する．

f) 必要に応じて，更新する．

◀**箇条 6.2.1 の意図**▶

労働安全衛生方針は，その実行に関係する部門，部署に展開されることが意図であり，目標管理はマネジメントシステムの運用に重要な要素であることを示している．マネジメントシステムの定義"方針，目標及びその目標を達成するためのプロセスを確立するための，相互に関連する又は相互に作用する，組織の一連の要素"（3.10 参照）の中にも，"目標を達成する"というフレーズが現れ，目標の達成がマネジメントシステムの要点となっている．

◀**本文の解説**▶

(1) 目標は手の届く範囲のレベルが望ましく，理想的なスローガンはよくない．例えばリスクゼロというような現実的でない目標設定は好ましくない．その意味では，組織は自身の現在の状態を的確に把握していないと目標の設定ができない．目標の設定はまだ絵に描いた餅にすぎないので，次の箇条 6.2.2 の要求が大切になる（実行計画の作成の要求）．

(2) c) の考慮すべき事項の最初にある，"適用される要求事項"には，この規格の要求事項，法令規制要求事項，その他組織が順守すると決めた要求事項などが該当するが，これらの要求事項を満足させるための活動を目標に掲げるとよい．

(3) c) の2番目の"リスク及び機会の評価結果"からは，労働安全衛生リスクあるいはその他のリスクを低減させる観点からの目標があり得る．また，機会も労働安全衛生機会及びその他の機会の評価において優先度の高い事項への取組みを目標に挙げるとよい．

(4) c) の3番目の"働く人及び働く人の代表（いる場合）との協議の結果"は，箇条5.4の活動の中で取り上げられた事柄を目標として挙げることが考えられる．組織が目標を決める際に，働く人に意見を求めなければならない．労働安全衛生目標の決定及び協議に参加してもらうことで，組織の目標の取組みがより有効なものになる．人々は，自分が参加し意見を言ったことに対しては積極的に前に向けて推進するものである．

(5) d) については，目標に挙げた項目が計画どおりに実行されたかどうかを，監視する対象を決め箇条9.1.1 a)3) に基づいてモニタリング（監視）しなければならない．

(6) e) は，目標を関係する人，部署，利害関係者などに伝達しなければならないが，目標達成への助力を依頼することも考えられる．しかし，達成への主力となるのは目標を与えられた（あるいは自分で設定した）部署であることは論をまたない．

(7) d) については，目標は決めた後にモニタリング結果などの状況を見て，更新することが要求されている．

◀附属書A.6.2.1の要点▶

(1) 測定は定性的に行うことも定量的に行うこともできる．定性的測定は，調査，面接及び観察から得られる結果のように大まかなものがあり得る．

(2) 組織は，決定又は特定したリスク及び機会の各々について労働安全衛生

目標を確立する必要はない．
(3) 目標は戦略的目標，戦術的目標，業務上（運用上）目標に分けるとよい．
　a) 戦略的目標は，例えば，騒音ばく露をなくすように，OH&SMSの全体的なパフォーマンスを向上させるために設定する．
　b) 戦術的目標は，例えば，発生源における騒音低減のように，施設，プロジェクト又はプロセスレベルで設定する．
　c) 運用上の目標は，例えば，騒音低減のための各機器の囲いのように活動レベルで設定する．

◀ OHSAS 18001:2007 との対応 ▶

箇条6.2.1（労働安全衛生目標）は，OHSAS 18001箇条4.3.3（目標及び実施計画）に対応している（目標の部分）．

---- OHSAS 18001:2007 ----

4.3.3 目標及び実施計画

　組織は，組織内の関連する部門及び階層で，文書化されたOH&S目標を設置し，実施し，維持しなければならない．

　目標は，実施できる場合には測定可能でなければならない．そして，負傷及び疾病の予防，適用すべき法的要求事項及び組織が同意するその他の要求事項の順守並びに継続的改善に関するコミットメントを含めて，OH&S方針に整合していなければならない．

　その目標を設定しレビューするにあたって，組織は，法的要求事項及び組織が同意するその他の要求事項並びにOH&Sリスクを考慮に入れなければならない．また，技術上の選択肢，財産上，運用上及び事業上の要求事項，並びに利害関係者の見解も考慮しなければならない．

6.2.2 労働安全衛生目標を達成するための計画策定

JIS Q 45001:2018

6.2.2 労働安全衛生目標を達成するための計画策定

組織は,労働安全衛生目標をどのように達成するかについて計画するとき,次の事項を決定しなければならない.

a) 実施事項
b) 必要な資源
c) 責任者
d) 達成期限
e) これには,モニタリングするための指標を含む,結果の評価方法
f) 労働安全衛生目標を達成するための取組みを組織の事業プロセスに統合する方法

組織は,労働安全衛生目標及びそれらを達成するための計画に関する文書化した情報を維持し,保持しなければならない.

◀箇条 6.2.2 の意図▶

この箇条タイトルは,"労働安全衛生目標を達成するための計画策定"と長いが"実行計画の作成"を意図している.目標を達成するためには"何をすることで目標に近づけることができるのか"を明確にすることが最も重要なことである.

◀本文の解説▶

(1) 6.2.2 は目標を達成するための実行計画を作成する要求事項である.附属書 SL によって全てのマネジメントシステムに導入され,a)〜e) が共通であるが,それに加え,ISO 45001 に特有なものとして f) が追加されている.

(2) a) 実施事項は重要である.計画された目標をどんな手段で達成させるかを考えなければならない.実施事項を詳細化していくと,働く人,機械,

設備，安全装置，資金など必要な資源が抽出されてくるが，これが b) である．この時点で経費がかかりすぎて期待する効果と見合わないと結論付ける場合もあり得る．費用と効果のバランスがとれないようであれば，再度 a) の実施事項の検討をしなければならない．
(3) c), d) は実行計画を策定するときに，必ず決めておかなければならない事項である．
(4) e) 結果の評価方法は，計画段階において決めておかなければならない．
(5) f) では実行計画を日常の業務に"統合する方法"を決めることを要求している．これは箇条 5.1 c) 項"組織の事業プロセスへの労働安全衛生マネジメントシステムの要求事項の統合を確実にする"に連係するものである．

　労働安全衛生目標を達成するための取組みを事業プロセスに統合するには，組織の業務推進規程類，業務手順書などに労働安全衛生目標の取組みを規定化するとか，組織の年度事業計画の部署ごと目標の中に労働安全衛生目標を入れ込むことなどが考えられる．

　したがって，労働安全衛生目標の取組みを事業プロセスに統合するには，事業プロセスそのものを明確にすることが求められる．すなわち，どんな業務推進規程類，業務手順書が組織に存在しているかが明確になっていないと統合できない．その結果は，文書，記録にするとよい．

◀関連する法律・指針についての情報▶

　労働安全衛生法第 10 条第 1 項及び労働安全衛生規則第 3 条の 2 に，総括安全衛生管理者の職務として安全衛生に関する計画の作成が定められている．

◀附属書 A.6.2.2 の要点▶

　組織は，a) 実施事項について，目標一つずつに実施項目を決めることも，必要な場合には複数の目標について一つの実施項目を決めることもできる．何を実施して目標を達成するのかの実施項目の検討は重要である．実施項目が決まれば，目標を達成するために必要な資源（財源，人的資源，設備，インフラ

ストラクチャ）が決まってくる．

◀ OHSAS 18001:2007 との対応 ▶

箇条6.2.2（労働安全衛生目標を達成するための計画策定）は，OHSAS 18001 箇条4.3.3（目標及び実施計画）に対応している（実施計画の部分）．

OHSAS 18001:2007

4.3.3 目標及び実施計画

組織は，その目標を達成するための実施計画を策定し，実施し，維持しなければならない．実施計画には，最小限，次の事項を含まなければならない．

a) 組織の関連する部門及び階層における，目標を達成するための責任及び権限の明示

b) 目標達成のための手段及び日程

実施計画は，目標を確実に達成するために，定期的に，かつ，計画された間隔でレビューし，また必要に応じて調整しなければならない．

箇条 7 支　援

箇条7(支援)の構成は附属書 SL のとおりであり，ISO 9001:2015 及び ISO 14001:2015 と同じように，"資源"，"力量"，"認識"，"コミュニケーション"，"文書化した情報" の五つの箇条からなる．支援は，運用とともに "計画どおりにプロセスを実施する" ために必要な要素として位置付けられる．

7.1 資　源

JIS Q 45001:2018

7.1 資源

組織は，労働安全衛生マネジメントシステムの確立，実施，維持及び継続的改善に必要な資源を決定し，提供しなければならない．

◀箇条 7.1 の意図▶

箇条 7.1 の意図は，OH&SMS の構築及び実施（その運用及び管理も含む）に必要な資源，並びにマネジメントシステムの継続的な維持及び改善に必要な資源を予測し，決定し，配分することである．

◀本文の解説▶

規格全体通しての資源に関連する要求事項としては，5.1 d) で資源が利用可能であることを確実にすること，9.3 e) で有効な OH&SMS を維持するための資源の妥当性をマネジメントレビューで考慮すること，及びレビューのアウトプットとして必要な資源に関して決定することをトップに求めており，5.4 a) で働く人との協議及び参加に必要な資源の提供を，また，6.2.2 で目標を達成するための計画を作成するとき必要な資源の決定を組織に求めている．

◀附属書 A.7.1 の要点▶

資源には，人的資源，天然資源，インフラストラクチャ，技術及び資金等が

含まれる．インフラストラクチャには，組織の建物，プラント，設備，公共設備，情報技術及び通信システム，緊急時封じ込めシステム等が含まれる．

◀ OHSAS 18001:2007 との対応 ▶

箇条 7.1（資源）は，OHSAS 18001 箇条 4.4.1（資源，役割，実行責任及び権限）に対応している（資源の部分）．

---- OHSAS 18001:2007 ----

4.4.1 資源，役割，実行責任，説明責任及び権限

トップマネジメントは，OH&S について及び OH&S マネジメントシステムについて最終的な責任をもたなければならない．

トップマネジメントは，次の事項によって，自らのコミットメントを実証しなければならない．

a) OH&S マネジメントシステムを確立し，実施し，維持し，改善するために不可欠な資源を確実に利用できるようにすること．

参考1 資源には，人的資源及び専門的な技能，組織のインフラストラクチャー，技術，並びに資金を含む．

（後略）

7.2 力　量

---- JIS Q 45001:2018 ----

7.2 力量

組織は，次の事項を行わなければならない．

a) 組織の労働安全衛生パフォーマンスに影響を与える，又は与え得る働く人に必要な力量を決定する．

b) 適切な教育，訓練又は経験に基づいて，働く人が（危険源を特定する能力を含めた）力量を備えていることを確実にする．

c) 該当する場合には，必ず，必要な力量を身に付け，維持するための処

7 支　援

　　置をとり，とった処置の有効性を評価する．
　d) 力量の証拠として，適切な文書化した情報を保持する．
　　注記　適用する処置には，例えば，現在雇用している人々に対する，教育訓練の提供，指導の実施，配置転換の実施などがあり，また，力量を備えた人々の雇用，そうした人々との契約締結などもあり得る．

◀箇条 7.2 の意図▶

　"意図した結果を達成するために，知識及び技能を適用する能力"（3.23 参照）と定義された"力量"に関する要求事項の基本的な構成は，附属書 SL に沿って次の 4 段階になっている．

　（a）　必要な力量を決定し
　（b）　適切な教育，訓練又は経験により確実に力量を保有させ
　（c）　必要な力量を身に付け維持するための処置をとりその有効性評価を行い
　（d）　力量をもつ証拠を文書化した情報として保持する．

◀本文の解説▶

（1）　a）では，"組織の労働安全衛生パフォーマンスに影響を与える，又は与え得る働く人"に必要な力量の決定が求められており，業務遂行のため，力量の要素（資格，免許，技術，知識，素養，経験等）のそれぞれを，どの階層で働く人まで満たすことが必要かを決定しなければならない．

（2）　b）では，"働く人"全員を対象に力量を備えていることを求めている．必要な力量を備える対象として"働く人"を明示的に示すべきとの意見が多かったが，広い対象の表現となった．ただし，ISO 45001 での用語"働く人"は，労働基準法に定義された"労働者"より幅広い概念であり，ボランティア，従業員に加えて組織の管理下で労働又は労働に関わる活動を行う請負者も，また，役職としては非管理職，管理職，トップマネジメントも含まれる．

"働く人"には，その作業及び職場に付随する危険源を特定する能力を含めた知識及び技能を備えさせるよう求めている．

(3) c) で該当する場合の教育訓練に関しては，雇い入れ時や担当作業変更時に安全衛生教育を実施することが法令で義務付けられており，教育項目が定められているが，本規格では，業務に関する安全衛生の確保のために必要な事項として，職場で危険源を特定する能力を含めた力量をもたせることを求めている．このため，働く人の作業に付随する危険源及びリスクに関して，十分な訓練を働く人に提供することが重要である．

また，働く人の中から，緊急事態に対応したり，内部監査を実施したり，法的要求事項及びその他の要求事項を満たす方法の検討に働く人の代表として参画したりすることが必要となる場合があるため，非管理職であっても，本規格の箇条 5.4 d) 及び e) に規定された事項について効果的に協議や参画ができるよう必要な訓練を計画的に受けさせ，職場での安全衛生活動の実践を通して必要な力量を備えていることを確認する必要がある．

(4) d) については，組織の管理下で労働又は労働に関わる活動を行う請負者の要員も対象となるが，契約や法律の関係で，組織自ら直接教育訓練を行うことができない場合には，資格の保有を示す証拠のコピーを求めることや，教育訓練の実施を請負者に対して要請しその訓練を受けた記録の提出を要求することなどの方法を通して必要な管理を行い，力量が確実に保有されていることを確認する必要がある．

(5) 安全衛生の教育の有効性を高めるためには，一般に働く人は，作業能力や安全意識・衛生意識に個人差があり，また教わったことを身に付けて実際に適用できる力量が改善されるまでにかかる時間や経験量にも個人差があることを考慮する必要がある．安全衛生の教育の目的は，"知識"，"技能"の力を付けることであり，業務の種類や法的要求事項及びその他の要求事項を明確にして"知識"はできるだけ災害発生の原理・原則を理解させること，"技能"はやってみて，やらせて基礎となる技能・技術の習得と応用力向上を図ることが必要であろう．

(6) 注記に記載されている適用される処置は，力量を確保するための手段の例を示しており，例えば外部での研修の受講，補完するための力量をもった別要員の追加やアウトソースの活用なども考えられるであろう．

◀関連する法律・指針についての情報▶

労働安全衛生法では労働災害を防ぐために，以下のとおり，作業をする労働者の安全衛生教育の実施等を義務付けている．

　雇い入れ時の教育（第59条第1項）
　作業内容変更時の教育（第59条第2項）
　特別の教育（第59条第3項）
　職長等の教育（第60条）
　危険又は有害な作業に現に就いている者に対する安全又は衛生のための教育（第60条の2第1項）
　安全管理者等に対する能力向上教育（第19条の2第1項）
　就業制限（第61条）

◀附属書A.7.2の要点▶

(1) 必要な力量を決める際には，次の事項を考慮することが望ましい．
　a) その役割を引き受けるために必要な教育，訓練，資格及び経験，並びに力量を維持するために必要な再訓練
　b) 働く人の作業環境
　c) リスク評価プロセスの結果としてとられる予防処置及び管理処置
　d) 労働安全衛生マネジメントシステムに適用される要求事項
　e) 法的要求事項及びその他の要求事項
　f) 労働安全衛生方針
　g) 働く人の安全衛生への影響を含めた，順守及び不順守の考えられる結果
　h) その知識及びスキルに基づく労働安全衛生マネジメントシステムへの働く人の参加の価値

i) 役割に付随する義務及び責任
j) 経験，語学力，識字能力及び多様性を含む個人の能力
k) 状況又は業務の変化によって必要となった力量の適切な更新
(2) 働く人は，役割に必要な力量を組織が決定をする支援ができる．
(3) 働く人に訓練を無償提供することは，多くの国で法的要求事項となっている．

◀ OHSAS 18001:2007 との対応 ▶

箇条 7.2（力量）は，OHSAS 18001 箇条 4.4.2（力量，教育訓練及び自覚）に対応している（力量，教育訓練の部分）．

―――― OHSAS 18001:2007 ――――

4.4.2 力量，教育訓練及び自覚

組織は，OH&S に影響を及ぼす可能性のある作業を行う組織の管理下にあるすべての人が，適切な教育，訓練又は経験に基づく力量をもつことを確実にしなければならない．また，これに伴う記録を保持しなければならない．

組織は，その OH&S リスク及び OH&S マネジメントシステムに伴う教育訓練のニーズを明確にしなければならない．組織は，そのようなニーズを満たすために，教育訓練を提供するか，又はその他の処置を実行し，教育訓練又は実行された処置の有効性を評価し，これに伴う記録を保持しなければならない．

（中略）

教育訓練の手順は，次のようなレベルの違いを考慮に入れなければならない．
a) 責任，素養，言語能力及び識字力
b) リスク

7.3 認　　識

> ―― JIS Q 45001:2018 ――
>
> **7.3　認識**
>
> 働く人に，次の事項に関する認識をさせなければならない．
>
> **a)** 労働安全衛生方針及び労働安全衛生目標
> **b)** 労働安全衛生パフォーマンスの向上によって得られる便益を含む，労働安全衛生マネジメントシステムの有効性に対する自らの貢献
> **c)** 労働安全衛生マネジメントシステム要求事項に適合しないことの意味及び起こり得る結果
> **d)** 働く人に関連するインシデント及びその調査結果
> **e)** 働く人に関連する危険源，労働安全衛生リスク及び決定した取組み
> **f)** 働く人が生命又は健康に切迫して重大な危険があると考える労働状況から，働く人が自ら逃れることができること及びそのような行動をとったことによる不当な結果から保護されるための取決め

◀箇条 7.3 の意図▶

　この箇条では，働く人に，認識をもたせるべき事項について規定し，それらを働く人に認識させることを要求している．

◀本文の解説▶

(1)　第1文の，"働く人"に認識をもたせるのは組織の責任である．
(2)　a)の方針や目標の認識とは，例えば方針や目標を単に教え込んだり暗記したりといったことではなく，方針における主要なコミットメントの内容を理解し，それを達成するために働く人自身が行うべきこと，あるいは行ってはいけないことなどを理解し，自らの業務・活動に反映することができることが重要である．
(3)　b)の"有効性に対する自らの貢献"を認識させるための一つの方法として，"危険予知（KY）活動"を実施することは有効な方法であろう．箇条

5.3で組織の各階層の働く人は"各自が管理する労働安全衛生マネジメントシステムの側面について責任を"負うことを求められているが，働く人が安全衛生に関する能力・感受性を自ら高める活動を自主的に行うことを，管理職が主導し，働く人の弱点を把握しその強化の取組みを支援することが，管理職に期待される．

(4) c)の"implication"は，"暗示する，ほのめかす"という意味の英語"imply"の名詞形で，"〔物事から〕推測［予期・予想］されること［結果］，引き起こされるであろう結果［影響］"のニュアンスがある．例えば厚生労働省による『労働災害原因要素の分析（平成22年）』によれば，労働災害発生原因全体のうち9割以上が，不安全行動によるといわれている．不適合の状態から引き起こされるであろう結果をよく理解していないことが，このような行動をとってしまう要因の一つとして考えられる．職場の安全衛生の向上の取組みでは，不安全行動を起こさないように危険に対する感受性を高めるいわゆる"危険予知（KY）活動"が本項目を認識させるための一つの方法といえる．

(5) d)は，ヒヤリ・ハットや事故の事例とその調査結果を組織内で情報共有し，再発防止の観点から働く人に関係する労働災害の事例をよく理解させることを求めている．

(6) e)は，働く人の行う作業に伴う危険源，労働安全衛生リスク，リスク低減の処置をよく理解させることを求めている．これは例えば，化学薬品を扱う非定常作業などで，働く人がマスクや手袋，保護メガネを着けることの必要性を理解して必ず装着するようになることが重要である．

(7) f)の要求事項は，二つのことが求められている．一つは，"生命又は健康に切迫して重大な危険があると考える労働状況"を特定したときは退避をしてよいことを理解させることを求めている．もう一つは，このような退避行動をとったことによって不当な扱いを受けることがないように保護される仕組みがあることを理解させることを求めている．

(8) これらの要求は，働く人自身に危険源を特定する能力を含めた力量を付

けさせること，及び KY 訓練等を通して潜在的な危険状況を感知する能力を高めることにより，緊急事態発生時に働く人の避難を確実にする助けとなると考えられる．

(9) 箇条 5.1 の k) では，"働く人がインシデント，危険源，リスク及び機会の報告をするときに報復から擁護" することをトップマネジメントに求めているが，本箇条ではさらに働く人の安全衛生の確保の観点から，切迫して重大な危険があると考える労働状況から退避をするときに不当な結果から保護する取決めを働く人に理解させることを組織に求めている．

◀ 関連する法律・指針についての情報 ▶

労働安全衛生法第 26 条では，労働者の危険又は健康障害を防止するための措置について，労働者の順守義務が規定されている．

◀ 附属書 A.7.3 の要点 ▶

働く人，特に一時的に働く人，請負者，来訪者などあらゆる人が，自分がさらされる労働安全衛生リスクを認識すべきである．

◀ OHSAS 18001:2007 との対応 ▶

箇条 7.3（認識）は，OHSAS 18001 箇条 4.4.2（力量，教育訓練及び自覚）に対応している（自覚の部分）．

OHSAS 18001:2007

4.4.2 力量，教育訓練及び自覚

（中略）

組織は，組織の管理下で働く人々に次の事項を自覚させるための手順を確立し，実施し，維持しなければならない．

a) 作業活動及び行動による顕在又は潜在の OH&S の結果，及び各人のパフォーマンスが改善された場合の OH&S 上の利点
b) OH&S 方針及び手順，並びに緊急事態への準備及び対応（**4.4.7 参**

照)の要求事項を含む OH&S マネジメントシステムの要求事項への適合性を達成するための役割及び責任並びに重要性
c) 規定された運用手順からの逸脱の際に予想される結果
(後略)

7.4 コミュニケーション

―― JIS Q 45001:2018 ――

7.4 コミュニケーション
7.4.1 一般
　組織は,次の事項の決定を含む,労働安全衛生マネジメントシステムに関連する内部及び外部のコミュニケーションに必要なプロセスを確立し,実施し,維持しなければならない.
a) コミュニケーションの内容
b) コミュニケーションの実施時期
c) コミュニケーションの対象者
　1) 組織内部の様々な階層及び部門に対して
　2) 請負者及び職場の来訪者に対して
　3) 他の利害関係者に対して
d) コミュニケーションの方法
　組織は,コミュニケーションの必要性を検討するに当たって,多様性の側面(例えば,性別,言語,文化,識字,心身の障害)を考慮に入れなければならない.
　組織は,コミュニケーションのプロセスを確立するに当たって,関係する外部の利害関係者の見解が確実に考慮されるようにしなければならない.
　コミュニケーションのプロセスを確立するとき,組織は,次の事項を行わなければならない.

― 法的要求事項及びその他の要求事項を考慮に入れる．
― コミュニケーションする労働安全衛生情報が，労働安全衛生マネジメントシステムにおいて作成する情報と整合し，信頼性があることを確実にする．

組織は，労働安全衛生マネジメントシステムについて関連するコミュニケーションに対応しなければならない．

組織は，必要に応じて，コミュニケーションの証拠として，文書化した情報を保持しなければならない．

◀箇条 7.4.1 の意図▶

コミュニケーションに関する共通の一般要求事項の意図は，コミュニケーションのプロセスを確立し，実施し，維持することを組織に要求するところにある．その上で，コミュニケーションに関して決定すべき事項を説明している．

◀本文の解説▶

(1) コミュニケーションのためのプロセスを確立するには，インプット，アウトプットのほかに，何を（内容），いつ（実施時期），誰に（対象者），どのように（方法）を明確に決めておかなければならない．また，コミュニケーションは，口頭又は書面，一方向又は双方向，内部又は外部，のいずれでもあり得る．

(2) c) では，コミュニケーションを行う対象の人を明確にすることを求めている．c) の 2) の"請負者"に対しては，インシデントの発生時における連絡窓口などコミュニケーション手段を併せて規定しておくことが必要であろう．"来訪者"に対しては，労働安全衛生リスクに対する認識が不足していると考えられるため，入構時教育を実施するとともに，応対者が監視を強化し，危険表示の掲示物や歩行時の安全経路に注意を喚起したり，ある程度の期間滞在する場合には関連する安全教育を実施したりすることが必要であろう．

(3) d) については，コミュニケーションで，働く人及び利害関係者が関連する情報を与えられ，受け取り，理解することを確実にすることが望ましい．例えば，外国人労働者の多い事業所などでは，複数の言語で方針・手順書・掲示物を作成したり，手順書にイラストや写真を使用したりする工夫が必要であろう．

(4) "コミュニケーションのプロセスを確立するに当たって，関係する外部の利害関係者の見解が確実に考慮される"ことが要求されているが，例えば，労働環境の状況等について行政機関からの問合せ等が発生する場合，回答の必要性，組織内での対応の必要性など，適切な判断が行える要員に役割・責任・権限を与えておくことが望ましい．

(5) 後段のプロセスに関する要求は，ISO 14001とほぼ同じ規定内容である．

法的要求事項及びその他の要求事項に基づくコミュニケーションの要求事項は内部及び外部コミュニケーションのプロセスに反映する必要がある．

内部コミュニケーションでは，作業主任者等の"氏名を作業場の見やすい箇所に掲示する等により関係労働者に周知する"という法令義務があり，OH&SMSで各管理者の役割，責任及び権限を定めて働く人及び請負人その他の関係者に周知させること等も該当する．外部コミュニケーションでは，法令で定められている各種の届け出義務がある．

(6) 働く人及びその他の利害関係者に伝達される情報については，OH&SMSで作成・管理されて，報告した情報に頼る人に誤解を与えない，信頼できるものであることが求められている．

例えば，ISO 14001:2015 附属書 A.7.4 で，コミュニケーションが満たすべき原則として挙げられている，次の6項目は参考にするとよい．

―透明である．報告した内容の入手経路を公開．
―適切である．利害関係者が参加可能で，利害関係者のニーズを満たす．
―偽りなく，報告した情報に頼る人々に誤解を与えない．
―事実に基づき，正確であり，信頼できる．
―関連する情報を除外していない．

―利害関係者にとって理解可能である．

(7) 外部の多様な利害関係者から届いた情報に対するコミュニケーションについては，その情報の内容によって様々な対応が必要になると思われる．緊急事態の発生時などを想定し，マスコミ等を含む外部利害関係者への対応・情報公開の手順，責任・権限を明確にしておくことは企業の社会的責任を考える上で有用と思われる．環境マネジメントシステムとOH&SMSの規格要求事項を事業プロセスに統合して運用している組織においては，外部コミュニケーションのプロセスで環境関連の情報と労働安全衛生関連の情報の両方の管理を考慮することが望ましい．

(8) "証拠として，文書化した情報を保持"という表現は，"記録"の作成・管理を求めているが，"必要に応じて"と限定されているので，記録を残す対象範囲については組織で重要性を考慮して判断するとよい．

(9) コミュニケーションに関する要求事項は，表2.1に示すように，箇条7以外で規定されるものがあり，これらについてもプロセスに含める必要がある．

表2.1 本規格で規定されているコミュニケーションに関する要求事項

箇　条	コミュニケーションに関する要求事項
5.1 リーダーシップ及びコミットメント	e) 有効な労働安全衛生マネジメント及び労働安全衛生マネジメントシステム要求事項への適合の重要性を伝達する．
5.2 労働安全衛生方針	労働安全衛生方針を，組織内に伝達する．
5.3 組織の役割，責任及び権限	・組織内の役割，責任及び権限を伝達する． ・マネジメントシステムのパフォーマンスをトップマネジメントに報告する．
5.4 働く人の協議及び参加	コミュニケーションの必要がある情報及びその方法の決定に対し非管理職の参加を強化する．
6.1.3 法的要求事項及びその他の要求事項の決定	法的要求事項及びその他の要求事項でコミュニケーションする必要があるものを決定するプロセスを確立し，実施し，維持する．
6.2.1 労働安全衛生目標	e) 労働安全衛生目標を働く人に伝達する．

表 2.1 （続き）

箇　条	コミュニケーションに関する要求事項
7.3 認識	d) インシデント及びその調査結果 e) 危険源，労働安全衛生リスクと決定した取組み f) 生命又は健康に切迫して重大な危険があると考える労働状況から退避できること，及び退避したことによる不当な結果から保護される取決めを認識させる．
8.2 緊急事態への準備及び対応	e) 全ての働く人に，義務及び責任に関わる情報を伝達し提供する． f) 請負者，訪問者，緊急時対応サービス，政府機関，及び必要に応じて地域社会に対し，関連情報を伝達する．
9.1 モニタリング，測定，分析及びパフォーマンス評価 9.1.1 一般	e) モニタリング及び測定の結果の，分析，評価及びコミュニケーションの時期を決定する．
9.3 マネジメントレビュー	・利害関係者との関連するコミュニケーションを考慮する． ・f) 関連するアウトプットを，働く人及び働く人の代表（いる場合）にコミュニケーションする．
10.2 インシデント，不適合及び是正処置	インシデント又は不適合の性質，処置，処置の有効性を含めた全ての対策及び是正処置の結果の証拠として，文書化した情報を保持し，関係する働く人及び働く人の代表（いる場合），並びに関係する利害関係者に伝達する．
10.3 継続的改善	d) 継続的改善の関連する結果を，働く人及び働く人の代表（いる場合）に伝達する．

◀附属書 A.7.4 の要点▶

　組織が確立したコミュニケーションプロセスは，情報の収集，更新，及び周知に対応し，関係する働く人及び利害関係者の全てが，関連する情報を与えられ，受け取り，理解できることを確実にすることが望ましい．

7.4.2 内部コミュニケーション

JIS Q 45001:2018

7.4.2 内部コミュニケーション

組織は,次の事項を行わなければならない.

a) 必要に応じて,労働安全衛生マネジメントシステムの変更を含め,労働安全衛生マネジメントシステムに関連する情報について,組織の様々な階層間及び機能間で内部コミュニケーションを行う.

b) コミュニケーションプロセスが,継続的改善への働く人の寄与を可能にすることを確実にする.

◀箇条 7.4.2 の意図▶

この箇条と次の 7.4.3 は,附属書 SL にはないが,ISO 14001:2015 に追加された箇条と基本的に同じものを採用した.本箇条では労働安全衛生固有の要求事項として,組織内の様々な階層及び機能間で OH&SMS に関連する情報のコミュニケーションを行う場合の考慮事項,達成する目的の明確化を意図している.

◀本文の解説▶

(1) a) では"マネジメントシステムの変更を含め"と明記をして"変更のマネジメント"の重要性を強調している.特に,労働条件,設備,作業の構成等の変更,法的要求事項及びその他の要求事項の変更,危険源や労働安全衛生リスクの知識や情報の変化を含めて変更を実施するに当たっては,タイムリーに関連情報を組織の様々な階層及び機能間で関係する働く人に内部コミュニケーションを行うことが重要である.

(2) b) は,箇条 5.4 e)5) の非管理職の参加に重点を置く項目とも対応しており,例えば安全衛生委員会等への参加によって働く人が OH&SMS のパフォーマンスを改善する活動に寄与できるようにすることを求めている.

7.4.3　外部コミュニケーション

> ──── JIS Q 45001:2018 ────
>
> **7.4.3　外部コミュニケーション**
>
> 　組織は，コミュニケーションプロセスによって確立したとおりに，かつ，法的要求事項及びその他の要求事項を考慮に入れ，労働安全衛生マネジメントシステムに関連する情報について外部コミュニケーションを行わなければならない．

◀ 箇条 7.4.3 の意図 ▶

　本箇条は外部の利害関係者とのコミュニケーションを行う場合の考慮事項の明確化を意図している．

◀ 本文の解説 ▶

　組織の外部の利害関係者とのコミュニケーション（情報の提供・入手の双方向）の必要性を決めるに当たっては，定常の業務と緊急事態の両方を考慮することが望ましい．外部とのコミュニケーションプロセスには，指定された連絡窓口担当者や連絡先の電話番号の特定がしばしば含まれる．これにより，一貫性をもって適切な情報を伝達することができる．定期的な更新が要求され，幅広い質問に答える必要がある緊急事態においては，この点が特に重要となる．

◀ 関連する法律・指針についての情報 ▶

　労働安全衛生法第 88 条（計画の届出等）などで，必要な情報を行政に報告することが定められている．

◀ OHSAS 18001:2007 との対応 ▶

　箇条 7.4.1，7.4.2，及び 7.4.3 は，OHSAS 18001 箇条 4.4.3.1（コミュニケーション）に対応している．

> OHSAS 18001:2007

4.4.3.1 コミュニケーション

組織は，OH&S危険源及びOH&Sマネジメントシステムに関して次の事項にかかわる手順を確立し，実施し，維持しなければならない．

a) 組織の種々の階層及び部門間での内部コミュニケーション
b) 請負者及び職場への来訪者とのコミュニケーション
c) 外部の利害関係者からの関連するコミュニケーションについて受け付け，文書化し，対応する．

7.5 文書化した情報

> JIS Q 45001:2018

7.5 文書化した情報

7.5.1 一般

組織の労働安全衛生マネジメントシステムは，次の事項を含まなければならない．

a) この規格が要求する文書化した情報
b) 労働安全衛生マネジメントシステムの有効性のために必要であると組織が決定した，文書化した情報

　　注記　労働安全衛生マネジメントシステムのための文書化した情報の程度は，次のような理由によって，それぞれの組織で異なる場合がある．

　　　　— 組織の規模，並びに活動，プロセス，製品及びサービスの種類
　　　　— 法的要求事項及びその他の要求事項を満たしていることを実証する必要性
　　　　— プロセス及びその相互作用の複雑さ
　　　　— 働く人の力量

◀ 箇条 7.5.1 の意図 ▶

　文書化した情報に関する共通の一般要求事項の意図は，マネジメントシステムにおいて作成し，管理し，維持しなければならない情報について包括的に規定することである．

　共通テキストでは "文書類（documentation）" や "記録（record）" という用語ではなく，"文書化した情報（documented information）" という用語を導入した．"文書化した情報" とは，当該マネジメントシステムにおいて，あらゆる形式又は媒体（7.5.2 参照）で，管理・維持する必要があると決定した情報をいう．この用語には，文書類，文書，文書化した手順及び記録等の従来の概念が含まれている．"文書化した情報" には，紙媒体はもとより電子媒体であっても，成文化されたもの（書類）にとどまらず，音声や画像，動画などの様々な形式（フォーマット）を意図している．

◀ 本文の解説 ▶

(1)　これは 2012 年共通テキスト発行の当初，ISO の JTCG（Joint technical Coordination Group：合同技術調整グループ，共通テキストを作成した専門委員会）の中で "文書" の管理から "情報" の管理へとシフトする議論から生まれた．昨今の情報技術の普及と進展に鑑みれば，データ，文書類，記録等は，今や電子的に処理されることが多い．本箇条では，7.5.1 の a)，b) の規定に該当する情報を組織で明確にしていること，7.5.2 の規定に従って "作成・更新（create and update）" されていること，7.5.3 の規定に従って "管理する（control）" ことが求められている．

(2)　a) について，この規格の中で作成し，管理し，維持又は保持することが要求されている文書化した情報を表 2.2 に示す．維持は文書，保持は記録となるが，組織により文書，記録の区分は異なることがあり得るので，あくまでも自組織のシステムの有効性のために必要な "文書化した情報" を主体的に決めるとよい．プロセスに関する文書化した情報の要求（6.1.1, 8.1.1）については，プロセス自体に文書，記録の両方が含まれるため，両方があり

7 支援

表 2.2 本規格で要求されている文書化した情報

箇　条	文書化した情報に関する要求事項
4.3 労働安全衛生マネジメントシステムの適用範囲の決定	適用範囲を，文書化した情報として利用可能な状態にしておく．
5.2 労働安全衛生方針	方針を，文書化した情報として利用可能な状態にしておく．
5.3 組織の役割，責任及び権限	組織内の全ての階層で役割，責任及び権限が割り当てられ，文書化した情報として維持する．
6.1 リスク及び機会への取組み 6.1.1 一般	労働安全衛生リスク及び労働安全衛生機会，マネジメントシステムに対するその他のリスク及びその他の機会を決定し対処するために必要なプロセス及び取組みに関する，文書化した情報を維持する．
6.1.2.2 労働安全衛生リスク及び労働安全衛生マネジメントシステムに対するその他のリスクの評価	労働安全衛生リスクの評価の方法及び基準を決定し，文書化した情報として維持し，保持する．
6.1.3 法的要求事項及びその他の要求事項の決定	法的要求事項及びその他の要求事項に関する文書化した情報を維持し，保持する．変更が反映されるように情報を最新の状態にしておく．
6.2.2 労働安全衛生目標を達成するための計画策定	労働安全衛生目標及びそれらを達成するための計画に関する文書化した情報を維持し，保持する．
7.2 力量	d) 力量の証拠として，適切な文書化した情報を保持する．
7.4 コミュニケーション 7.4.1 一般	必要に応じて，コミュニケーションの証拠として，文書化した情報を保持する．
7.5 文書化した情報 7.5.1 一般	・この規格が要求するもの ・労働安全衛生マネジメントシステムの有効性のために必要であると組織が決定したもの．
8.1 運用の計画及び管理 8.1.1 一般	プロセスが計画どおりに実施されたという確信をもつために必要な程度の，文書化した情報の維持及び保持をする．
8.2 緊急事態への準備及び対応	緊急事態に対応するためのプロセス及び計画に関する文書化した情報を維持し，保持する．
9.1 モニタリング，測定，分析及びパフォーマンス評価 9.1.1 一般	モニタリング，測定，分析及びパフォーマンス評価の結果の証拠として，並びに，測定機器の保守，校正又は測定の検証の記録として，適切な文書化した情報を保持する．

表 2.2 （続き）

箇　条	文書化した情報に関する要求事項
9.1.2 順守評価	d) 順守評価の結果に関する文書化した情報を保持する．
9.2.2 内部監査プログラム	f) 監査プログラムの実施及び監査結果の証拠として保持する．
9.3 マネジメントレビュー	マネジメントレビューの結果の証拠として保持する．
10.2 インシデント，不適合及び是正処置	・インシデント又は不適合の性質及びとった処置の証拠 ・とった処置の有効性を含めた全ての対策及び是正処置の結果の証拠
10.3 継続的改善	継続的改善の結果の証拠として，維持し，保持する．

得ると考えるとよい．

(3) b) について，この規格で要求されているもの以外に，どのような文書化した情報が必要かを判断するのは，組織の裁量であり責任である．それぞれの組織によって必要な程度は異なるため，注記に列挙されている要因が参考になるが，一般的には，組織規模が大きい場合，活動の種類が多い場合，プロセス及びその相互作用が複雑な場合には文書化の要求が高くなるであろう．組織で必要な文書化した情報の例としては，安全衛生委員会規程，リスクアセスメント手順等多くのものが考えられる．

また，もともと当該マネジメントシステム以外の目的で作成された，既存の文書化した情報を利用してもよい．

◀関連する法律・指針についての情報▶

厚生労働省 OSHMS 指針第 8 条に，次の 5 項目の明文化と，文書の管理手順を定めて管理することを要求している．

1. 安全衛生方針
2. システム各級管理者の役割，責任及び権限

3. 安全衛生目標
4. 安全衛生計画
5. 次の九つの手順
    - 労働者の意見を反映する手順
    - 文書を管理する手順
    - 指針に従って危険性又は有害性等を調査(リスクアセスメント)する手順
    - 法令や事業場安全衛生規程等に基づき実施すべき事項及び前項の調査の結果に基づき労働者の危険又は疾病防止に必要な措置を決定する手順
    - 安全衛生計画を実施する手順
    - 安全衛生計画を実施するために必要な事項を関係者に周知させる手順
    - 安全衛生計画の実施状況等の日常的な点検及び改善を実施する手順
    - 労働災害,事故等発生時の原因調査,問題点の把握及び改善を実施する手順
    - システム監査を実施する手順

また,指針第9条では記録について次の事項を要求している.
    - 安全衛生計画の実施状況
    - システム監査の結果,リスクアセスメントの結果,教育の実施状況,労働災害等の発生状況など,OH&SMSに従って行う措置の実施に関し必要な事項
    - 記録の保管

◀附属書 A.7.5 の要点▶

(1) 有効性,効率性及び平易性を確保するために,文書化した情報はできるだけ簡潔にすることが重要である.

(2) 法的要求事項及びその他の要求事項への取組み計画,及びこれらの処置の有効性の評価に関する文書化した情報を含めることが望ましい.

◀ OHSAS 18001:2007 との対応 ▶

箇条 7.5.1（一般）は，OHSAS 18001 箇条 4.4.4（文書類）に対応している．

OHSAS 18001:2007

4.4.4　文書類

　OH&S マネジメントシステム文書には，次の事項を含めなければならない．
- **a)** OH&S 方針及び目標
- **b)** OH&S マネジメントシステムの適用範囲の記述
- **c)** OH&S マネジメントシステムの主要な要素，それらの相互作用の記述，並びに関係する文書の参照
- **d)** この OHSAS 規格が要求する，記録を含む文書
- **e)** 組織の OH&S リスクの運営管理に関係するプロセスの効果的な計画，運用及び管理を確実に実施するために，組織が必要と決定した，記録を含む文書

　　参考　文書類は，関係する複雑さ，危険源及びリスクのレベルに釣り合ったもので，また有効性及び効率性のために必要最小限にとどめることが重要である．

7.5.2　作成及び更新

JIS Q 45001:2018

7.5.2　作成及び更新

　文書化した情報を作成及び更新する際，組織は，次の事項を確実にしなければならない．
- **a)** 適切な識別及び記述（例えば，タイトル，日付，作成者，参照番号）
- **b)** 適切な形式（例えば，言語，ソフトウェアの版，図表）及び媒体（例えば，紙，電子媒体）
- **c)** 適切性及び妥当性に関する，適切なレビュー及び承認

7 支　援

◀箇条 7.5.2 の意図▶

　文書化した情報の作成及び更新に関するこの箇条の意図は，情報を一意に識別し，それを維持する形式及び媒体を決定し，並びにそれを承認及び見直し（レビュー）することに関する要求事項を規定することである．

◀本文の解説▶

(1)　この箇条は ISO 14001 と同様に附属書 SL のとおりで，労働安全衛生固有の追加要求事項はない．

(2)　情報は紙にこだわる必要はなく，例えば，働く人に関連するインシデント及びその調査結果を労働災害事例やヒヤリ・ハット事例の情報として電子データを作成し，適切なレビュー及び承認を受け，7.5.3 の規定に従ってデータベース等としてアクセスできるように管理することもできるであろう．労働災害やヒヤリ・ハット事例は，関連する職場に掲示したり，定期的な教育等で活用したりして，職場の文化に合わせた方法で情報共有を促進する助けとなるであろう．

(3)　c) では，作成及び更新する際に承認が要求されているが，適切性及び妥当性に関するレビューと承認が要求される対象範囲が ISO 45001 では記録を含めた文書化した情報に広がったことに注意し，重要な記録に対してレビュー，承認の手順を整備することが必要である．

◀ OHSAS 18001:2007 との対応▶

　箇条 7.5.2（作成及び更新）は，OHSAS 18001 箇条 4.4.5（文書管理）に対応している（更新，承認の部分）．

OHSAS 18001:2007

4.4.5　文書管理

　（中略）

　組織は，次の事項にかかわる手順を確立し，実施し，維持しなければならない．

a) 発行前に，適切かどうかの観点から文書を承認する．
b) 文書をレビューする．また，必要に応じて更新し，再承認する．
（後略）

7.5.3　文書化した情報の管理

───── JIS Q 45001:2018 ─────

7.5.3　文書化した情報の管理

　労働安全衛生マネジメントシステム及びこの規格で要求している文書化した情報は，次の事項を確実にするために，管理しなければならない．
a) 文書化した情報が，必要なときに，必要なところで，入手可能，かつ，利用に適した状態である．
b) 文書化した情報が十分に保護されている（例えば，機密性の喪失，不適切な使用及び完全性の喪失からの保護）．

　文書化した情報の管理に当たって，組織は，該当する場合には，必ず，次の活動に取り組まなければならない．
― 配付，アクセス，検索及び利用
― 読みやすさが保たれることを含む，保管及び保存
― 変更の管理（例えば，版の管理）
― 保持及び廃棄

　労働安全衛生マネジメントシステムの計画及び運用のために組織が必要と決定した外部からの文書化した情報は，必要に応じて識別し，管理しなければならない．

　　注記1　アクセスとは，文書化した情報の閲覧だけの許可に関する決定，又は文書化した情報の閲覧及び変更の許可並びに権限に関する決定を意味し得る．

　　注記2　関連する文書化した情報のアクセスには，働く人及び働く人の代表（いる場合）によるアクセスが含まれる．

7 支援

◀箇条 7.5.3 の意図▶

　この箇条の意図は，文書化が要求される情報に関して，考慮し，実施することが必要な管理について規定することである．

◀本文の解説▶

(1) ほぼ附属書 SL の共通要求であり，組織内に既存の品質や環境のマネジメントシステムで情報マネジメントや文書管理システムがある場合は統合することがよい．

(2) 文書化した情報の管理に当たって，"該当する場合には，必ず"という文言は，管理方法が列挙されているうち，ある種類の文書化した情報に管理方法が適用可能な場合は，必ずそのような管理をしなければならないとの趣旨である．

(3) 文書化が要求される内部情報に加えて，外部関係者が作成した情報も組織が必要と決めたものは管理することが要求されている．例えば，法規制・各種協定文書，設備の取扱説明書，SDS（Safety Data Sheet：安全データシート），上位組織から発行される文書など，様々なものが考えられる．このような情報についても，識別及び管理することが求められている．

(4) 注記 2 は，注記 1 でアクセス権限について対象となる人を限定せずに記載しているのでカバーをされているとも考えられるが，働く人及び働く人の代表（いる場合）によるアクセスについても，管理の対象に含めることを強調するために記載されている．

◀附属書 A.7.5 の要点▶

(1) 7.5.3 において述べた処置は，廃止した文書化した情報を意図せず使用することの防止を特に目的としている．

(2) 秘密情報の例には，個人情報及び医療情報を含む．

◀ OHSAS 18001:2007 との対応 ▶

箇条 7.5.3（文書化した情報の管理）は，OHSAS 18001 箇条 4.4.5（文書管理），箇条 4.5.4（記録の管理）に対応している．

---- OHSAS 18001:2007 ----

4.4.5　文書管理

　OH&S マネジメントシステム及びこの OHSAS 規格で必要とされる文書は管理されなければならない．記録は，文書の一種ではあるが，**4.5.4** に規定する要求事項に従って管理されなければならない．

　組織は，次の事項にかかわる手順を確立し，実施し，維持しなければならない．

　（中略）

c) 文書の変更の識別及び現在の改訂版の識別を確実にする．
d) 該当する文書の適切な版が，必要なときに，必要なところで使用可能な状態にあることを確実にする．
e) 文書が読みやすく，容易に識別可能な状態であることを確実にする．
f) OH&S マネジメントシステムの計画及び運用のために組織が必要と決定した外部からの文書を明確にし，その配付が管理されていることを確実にする．
g) 廃止文書が誤って使用されないようにする．また，これらを何らかの目的で保持する場合には，適切な識別をする．

---- OHSAS 18001:2007 ----

4.5.4　記録の管理

　組織は，組織の OH&S マネジメントシステム及びこの OHSAS 規格の要求事項への適合並びに達成した結果を実証するのに必要な記録を作成し，維持しなければならない．

　組織は，記録の識別，保管，保護，検索，保管期間及び廃棄についての手順を確立し，実施し，維持しなければならない．

> 記録は，読みやすく，識別可能で，追跡可能な状態を保たなければならない．

箇条 8 運　用

　運用管理が有効に働かないと，労働安全衛生方針及び労働安全衛生目標の達成が好ましい結果とならず，それは事故などの発生につながるかもかもしれない．製品及びサービスの実現段階（製造，サービス提供）におけるプロセス及び活動は，請負業者，契約者，供給者などの業者と関連することが多い．運用管理の程度は，組織の機能，その複雑さ，関連する専門的な力量などを含む多くの要因によって異なる．本箇条には事業プロセスの運用段階で重要な労働安全衛生リスクの低減, 変更管理, 調達, 緊急事態への対応などが規定されている．

8.1 運用の計画及び管理

--- JIS Q 45001:2018 ---

8.1　運用の計画及び管理

8.1.1　一般

　組織は，次に示す事項の実施によって，労働安全衛生マネジメントシステム要求事項を満たすために必要なプロセス，及び箇条 6 で決定した取組みを実施するために必要なプロセスを計画し，実施し，管理し，かつ，維持しなければならない．

a)　プロセスに関する基準の設定

b)　その基準に従った，プロセスの管理の実施

c)　プロセスが計画どおりに実施されたという確信をもつために必要な程度の，文書化した情報の維持及び保持

d)　働く人に合わせた作業の調整

　複数の事業者が混在する職場では，組織は，労働安全衛生マネジメントシステムの関係する部分を他の組織と調整しなければならない．

◀ 箇条 8.1.1 の意図 ▶

　本箇条は，事業における運用段階の要求事項を規定している．箇条 8.1 に

は"必要なプロセスを計画し,実施し,管理し,かつ,維持しなければならない"とあり,箇条4.4の"必要なプロセス及びそれらの相互作用を含む,労働安全衛生マネジメントシステムを確立し,実施,維持し,継続的に改善しなければならない"と連動している.ここでは,プロセスを計画する際に留意する事項をa)〜d)に規定している.これは各種ISOマネジメントシステム全てに対する附属書SLの意図である.

◀本文の解説▶

(1) ここでは,プロセスの計画(確立)を,二つに分けて規定している.一つは,"労働安全衛生マネジメントシステム要求事項を満たすために必要なプロセス",二つ目は,"箇条6で決定した取組みを実施するために必要なプロセス"である.二つ目の箇条6に関するプロセスの要求は,一つ目のプロセスの要求に含まれるが,リスク及び機会を含むOH&SMSに関することを抽出することで,ISO 45001マネジメントシステムの本質を強調している.

(2) 一つ目の"労働安全衛生マネジメントシステム要求事項を満たすために必要なプロセス"は,箇条4.4で要求されている必要なプロセスと同様なプロセスと理解してよい.

(3) 二つ目の"箇条6で決定した取組みを実施するために必要なプロセス"は,箇条6で要求されている以下のプロセスを意味しているが,組織が必要であると考えれば追加してもよい.

- 6.1.2.1(危険源の特定):"現状において及び先取りして特定するためのプロセス"
- 6.1.2.2(労働安全衛生リスク及び労働安全衛生マネジメントシステムに対するその他のリスクの評価):"次の事項のためのプロセス"
- 6.1.2.3(労働安全衛生機会及び労働安全衛生マネジメントシステムに対するその他の機会の評価):"次の事項を評価するためのプロセス"
- 6.1.3(法的要求事項及びその他の要求事項の決定):"次の事項のため

のプロセス"

(4) 必要なプロセスを計画(確立)する際には,a)～d)に規定されている事項を実施することが本箇条で要求されている.

    a) プロセスに関する基準の設定

    b) その基準に従った,プロセスの管理の実施

    c) プロセスが計画どおりに実施されたという確信をもつために必要な程度の,文書化した情報の維持及び保持

    d) 働く人に合わせた作業の調整

(5) プロセスを計画(確立)する際に,"a) プロセスに関する基準の設定"が要求されているが,"プロセスの活動の基準"には,例えば次のようなものがある.

    ・活動のフロー

    ・活動の方法

    ・活動の監視測定

    ・活動の責任者

    ・活動に必要となる資源

(6) "b) その基準に従った,プロセスの管理の実施"とは上記の例に掲げたような,活動のフロー,活動の方法,活動の監視測定,活動の責任者,活動に必要となる資源などが設定したとおりに実行されるかをどうかを管理することである.

(7) "c) プロセスが計画どおりに実施されたという確信をもつために必要な程度の,文書化した情報の維持及び保持"については,プロセスの計画(確立)は文書にすることを要求している(維持).さらに,計画したプロセスの実行状況を記録にすることを要求している(保持).

(8) "働く人に合わせた作業の調整"は,以下の◀附属書A.8.1.1の要点▶⑧を参考にするとよい.

(9) 最後の"複数の事業者が混在する職場では,組織が,労働安全衛生マネジメントシステムの関係する部分を他の組織と調整しなければならない"

は，8.1.4.2（請負業者）に要求されている"組織は，次の事項に起因する，危険源を特定するとともに，労働安全衛生リスクを評価し，管理するために調達プロセスを請負者と調整しなければならない"と関係している．

◀関連する法律・指針についての情報▶

OH&SMS 運用において，"a）プロセスに関する基準の設定"に関して法律は次のような資格を要求している．

・安全衛生管理の資格や教育：労働安全衛生法第 10 条，第 11 条，第 12 条，第 12 条の 2，第 13 条，第 14 条，第 15 条，第 15 条の 2，第 15 条の 3，第 16 条，第 59 条，第 60 条，第 60 条の 2，第 61 条，作業環境測定法第 5 条

◀附属書 A.8.1.1 の要点▶

運用管理の例として次のようなものが挙げられる．

a) 業務手順の導入
b) 働く人の力量確保
c) 検査プログラムの確立
d) 物品及びサービスの調達に関する仕様書
e) 設備に関する法的要求事項，その他の要求事項及び製造者指示の適用
f) 工学的及び管理的な対策
g) 働く人に合わせた作業調整
 ・作業編成の決定
 ・新人の研修
 ・プロセス及び作業環境の決定
 ・人間工学的アプローチ等による新しい職場の設計又は変更

◀ OHSAS 18001:2007 との対応▶

箇条 8.1.1（一般）は，OHSAS 18001 箇条 4.4.6（運用管理）に対応してい

る（手順，基準の部分）．

OHSAS 18001:2007

4.4.6 運用管理

組織は，OH&Sリスクを運営管理するために管理策の実施が必要な場合，特定された危険源に関連する運用及び活動を決定しなければならない．

それらの運用及び活動のために，組織は，次の事項を実施し，維持しなければならない．

（中略）

d) 文書化された手順で，それがないとOH&S方針及び目標から逸脱するかもしれない状態をカバーするもの．

e) 運用基準，それがないとOH&S方針及び目標から逸脱するかもしれない明記された運用基準．

8.1.2　危険源の除去及び労働安全衛生リスクの低減

JIS Q 45001:2018

8.1.2　危険源の除去及び労働安全衛生リスクの低減

組織は，次の管理策の優先順位によって，危険源の除去及び労働安全衛生リスクを低減するためのプロセスを確立し，実施し，維持しなければならない．

a) 危険源を除去する．

b) 危険性の低いプロセス，操作，材料又は設備に切り替える．

c) 工学的対策を行う及び作業構成を見直しする．

d) 教育訓練を含めた管理的対策を行う．

e) 適切な個人用保護具を使う．

　　注記　多くの国で，法的要求事項及びその他の要求事項は，個人用保護具（PPE）が働く人に無償支給されるという要求事項を含んでいる．

8 運 用　　　　　　　　　177

◀箇条 8.1.2 の意図▶

　本箇条の意図はリスクを低減させることにある．その方法としての優先順位を規格として明確にしてその実施を求めるものである．"危険源の除去及び労働安全衛生リスクを低減するためのプロセス"の確立を要求している．繰り返し述べるが，プロセスを確立（establish）するには，インプットとアウトプット，及び箇条 8.1.1 で求められている a) プロセスに関する基準，b) プロセスの管理，c) 文書化の要求，d) 働く人に合わせた作業の調整に応えなければならない．

◀本文の解説▶

(1)　ISO/PC 283/WG 1 での議論の当初，"危険源の除去"もリスク低減の方策の一つであるとされ管理策の一つとして取り扱われてきたが，残りの b)～e) の対策とは次元が異なるという理由で，タイトルに"危険源の除去"が特筆された．危険源を除去することは，実務上相当な困難を伴うことであり，b)～e) とは峻別された．

(2)　とるべき方策の優先順位は a)→e) と低くなっていく［a) が採用する優先順位 1 位であり，そのあと順番に優先度が低くなり e) が一番優先度が低い］．a)～e) の実施例は以下の◀附属書 A.8.1.2 の要点▶を参考にするとよい．

(3)　注記には，個人用保護具（PPE）の無償支給に関する記述があるが，これは ILO が最後まで要求事項にすべきと要求したものである．しかし，"無償支給は各国の事情による"という反対意見も多く，要求事項にはならなかった．

◀関連する法律・指針についての情報▶

　労働安全衛生リスク低減の実施に関して，箇条 6.1.2.1 の◀関連する法律・指針についての情報▶を参照のこと．

◀附属書 A.8.1.2 の要点▶

a) 危険源の除去には次のような例がある．
  ① 新しい職場を計画する際に人間工学を適用する．
  ② フォークリフトをエリアから取り除く．
b) 代替の例には次のものがある．
  ① 危険なものを，危険性の低いものに取り換える．
  ② 労働安全衛生リスクを根源で対処する．
  ③ 技術の進歩，例えば溶剤塗料を水性塗料に切り替える．
c) 工学的な対策の例には次のものがある．
  ① 全体の保護装置を付ける．
  ② 機械を分離したりガードを付ける．
  ③ 換気システム
  ④ 騒音低減
  ⑤ 手すりの設置による高所からの落下防止
d) 管理的な対策の例には次のものがある．
  ① 働く人に適切な指示を与える．
  ② 定期的な安全装置検査
  ③ 下請負者の活動との安全衛生に関する調整
  ④ 研修
  ⑤ フォークリフト運転免許を管理する．
  ⑥ 労働形態，例えば働く人のシフト
  ⑦ 働く人のための健康診断プログラムの導入（例えば，聴覚，手や腕のふるえ，呼吸器疾患，皮膚疾患など）
e) 個人用保護具（PPE）の例には次のものがある．個人用保護具（PPE）は，働く人に無償支給されることが望まれる．
  ① 衣服．
  ② 安全靴．
  ③ 保護メガネ．

④ 防音保護具．
⑤ 手袋．
⑥ PPE の使用及び保守に関する指示．

◀ OHSAS 18001:2007 との対応 ▶

　箇条 8.1.2（危険源の除去及び労働安全衛生リスクの低減）は，OHSAS 18001 箇条 4.4.6（運用管理）に対応している（管理策実施の部分）．

　箇条 8.1.2 の管理策の優先順位 a)〜e) は，OHSAS 18001 箇条 4.4.6 の一段落の最後に "(4.3.1 参照)" とされているように，箇条 4.3.1 の後半に計画段階として規定されている（本書 p.138 参照）．

---------- OHSAS 18001:2007 ----------

4.4.6　運用管理

　組織は，OH&S リスクを運営管理するために管理策の実施が必要な場合，特定された危険源に関連する運用及び活動を決定しなければならない．(4.3.1 参照)

　（中略）

　それらの運用及び活動のために，組織は，次の事項を実施し，維持しなければならない．

　（中略）

b) 購入品，機器及びサービスに関連した管理策
c) 請負者及び職場へのその他の来訪者に関連した管理策

8.1.3　変更の管理

─── JIS Q 45001:2018

8.1.3　変更の管理

　組織は，次の事項を含む，労働安全衛生パフォーマンスに影響を及ぼす，計画的，暫定的及び永続的変更の実施並びに管理のためのプロセスを

確立しなければならない．
a) 新しい製品，サービス及びプロセス，又は既存の製品，サービス及びプロセスの変更で次の事項を含む．
— 職場の場所及び周りの状況
— 作業の構成
— 労働条件
— 設備
— 労働力
b) 法的要求事項及びその他の要求事項の変更
c) 危険源及び労働安全衛生リスクに関する知識又は情報の変化
d) 知識及び技術の発達

組織は，意図しない変更によって生じた結果をレビューし，必要に応じて，有害な影響を軽減するための処置をとらなければならない．

注記 変更は，リスク及び機会となり得る．

◀箇条 8.1.3 の意図▶

本箇条の意図は，変更が生じた際に，新たな危険源及び労働安全衛生リスクが職場環境に取り込まれることを最小限に抑えることによって，職場の労働安全衛生を維持させることである．"労働安全衛生パフォーマンスに影響を及ぼす，計画的な，暫定的及び永続的変更の実施並びに管理のためのプロセス"の確立を要求している．

◀本文の解説▶

(1) 本箇条は，一般に"変更管理"といわれるが，"何かが変わったときに安全が損なわれやすくなる"という常識が，この箇条の背景にある．変更には，計画的に行われるものとそうでないものとがあるが，規格はまず計画的に行われる変更についてプロセスの確立を要求している．

プロセスを計画するときには，変更するものとして次のことを含まなけれ

8 運　用

ばならないとされている．
- a) 製品，サービス及びプロセス
    - ―職場環境
    - ―職場の場所
    - ―作業の構成
    - ―労働条件
    - ―設備
    - ―労働力
- b) 法的要求事項及びその他の要求事項の変更
- c) 労働安全衛生リスクに関する知識又は情報の変化
- d) 知識及び技術の発達

(2) 計画的でない変更は，"意図しない変更"と表現されているが，実際の状況においては意図しない変更を原因とするインシデントが多いので，より意図しない変更に注意が必要であろう．

　意図しない変更は，組織のあらゆるところで発生する可能性があるが，意図しない変更が生じた際には結果をレビュー（見直し）し，有害な影響が軽減する処置をとらなければならない．

(3) 注記には，変更の性質によっては，変更そのものがリスクや機会となることがあるとされている．

◀関連する法律・指針についての情報▶

　組織は，厚生労働省令で定めるものを設置，移転，主要構造部の変更をする場合は，該当工事開始30日前（建設業，その他政令で定める業種に属する事業の仕事で省令で定めるものを開始するときは開始14日前）までに，厚生労働省令に定めるところにより，労働基準監督署長に届け出なければならない．

　労働安全衛生法第88条第1項，第3項

◀附属書 A.8.1.3 の要点▶

(1) 変更管理プロセスの対象として次のような例を挙げることができる．
 ① 技術，設備，施設，作業の方法及び手順の変更
 ② 設計仕様の変更
 ③ 原材料の変更
 ④ 人員配置の変更
 ⑤ 標準又は規則等の変更
(2) 組織は変更に伴う労働安全衛生リスク及び労働安全衛生機会の評価をしなければならないが，"設計・開発のレビュー"（JIS Q 9000:2015 箇条 3.11.2 参照）のような方法を変更の評価に適用することができる．

---- JIS Q 9000:2015 ----

3.11.2 レビュー（review）
 設定された目標を達成するための対象の適切性，妥当性又は有効性の確定．
  例 マネジメントレビュー，設計・開発のレビュー，顧客要求事項のレビュー，是正処置のレビュー，同等性レビュー
  注記 レビューには，効率の確定を含むこともある．

◀ OHSAS 18001:2007 との対応 ▶

箇条 8.1.3（変更の管理）は，OHSAS 18001 箇条 4.4.6（運用管理）に対応している（変更のマネジメントの部分）．

---- OHSAS 18001:2007 ----

4.4.6 運用管理
 組織は，OH&S リスクを管理運営するために管理策の実施が必要な場合，特定された危険源に関連する運用及び活動を決定しなければならない．これには，変更のマネジメントを含まなければならない（**4.3.1** 参照）．
 （後略）

8.1.4 調　達

> ───── JIS Q 45001:2018 ─────
>
> **8.1.4　調達**
>
> **8.1.4.1　一般**
>
> 　組織は，調達する製品及びサービスが労働安全衛生マネジメントシステムに適合することを確実にするため，調達を管理するプロセスを確立し，実施し，かつ，維持しなければならない．

◀箇条 8.1.4.1 の意図▶

　製品及びサービスの調達を管理するプロセスを確立することを要求し，調達により外部から労働安全衛生に害となるものが入り込まないように管理することを意図している．

◀本文の解説▶

（1）　外部から，例えば製品，有害な材料又は物質，原材料，設備，若しくはサービス等を職場に導入する前に，これらに付随する潜在的な危険源を決定し，評価し除去する．

　　危険源の決定に際しては，箇条 6.1.2.1（危険源の特定）を参考にするとよい．

（2）　調達による労働安全衛生リスクを決定し，評価し低減する．

　　労働安全衛生リスクは"労働に関係する危険な事象又はばく露の起こりやすさと，その事象又はばく露によって生じ得る負傷及び疾病の重大性との組合せ"（3.21 参照）であるが，箇条 6.1.2.2 の規定に沿って労働安全衛生リスクを評価するとよい．その際，6.1.2.2 で決定した"労働安全衛生リスクの評価方法"，"労働安全衛生リスクの評価基準"を用いる．

（3）　調達プロセスを計画する際には次の事項を明確にする．

　　─調達プロセスへのインプット
　　─調達プロセスからのアウトプット

—プロセスに関する基準の設定

—プロセスの管理の実施

—文書化した情報の維持及び保持

◀附属書 A.8.1.4.1 の要点▶

(1) 組織が購入する消耗品，設備，原材料，並びにその他の物品及び関連サービスが，組織の OH&SMS に適合するように，調達要求事項に取り組むことが望まれる．調達プロセスは協議（5.4 参照）及びコミュニケーション（7.4 参照）の必要性にも取り組むことが望まれる．

(2) 調達する設備，施設及び材料が働く人にとって安全であることを次の事項によって検証することが望まれる．

    a) 設備が仕様書に従って搬入され，意図したとおりに機能することを確認するための試験が行われる．

    b) 設計どおりに機能することを確認するために施設の試運転が行われる．

    c) 材料が仕様書に従って搬入される．

    d) 使用法に関する要求事項が伝達され使用できるようになっている．

    e) 予防策又はその他の保護処置が伝達され使用できるようになっている．

◀ OHSAS 18001:2007 との対応▶

箇条 8.1.4.1（調達）は，OHSAS 18001 箇条 4.4.6（運用管理）b）と対応している．

OHSAS 18001:2007

4.4.6 運用管理

（中略）

それらの運用及び活動のために，組織は，次の事項を実施し，維持しなければならない．

8 運　用　　　　　　　　185

(中略)
b)　購入品，機器及びサービスに関連した管理策
(後略)

8.1.4.2　請負者

― JIS Q 45001:2018 ―

8.1.4.2　請負者

組織は，次の事項に起因する，危険源を特定するとともに，労働安全衛生リスクを評価し，管理するために調達プロセスを請負者と調整しなければならない．

a)　組織に影響を与える請負者の活動及び業務
b)　請負者の働く人に影響を与える組織の活動及び業務
c)　職場のその他の利害関係者に影響を与える請負者の活動及び業務

組織は，請負者及びその働く人が，組織の労働安全衛生マネジメントシステム要求事項を満たすことを確実にしなければならない．組織の調達プロセスでは，請負者選定に関する労働安全衛生基準を定めて適用しなければならない．

　　注記　請負者の選定に関する労働安全衛生基準を契約文書に含めておくことは役立ち得る．

◀箇条8.1.4.2の意図▶

請負業者には，組織のOH&SMSを守ってもらわなければならないが，OH&SMSを管理することに関して請負業者と調整することを意図している．請負者を活用するということは，その請負者が独自の技術，技能，方法を保有していること，及び手段をもっているからであるが，それらに起因する危険源を特定し労働安全衛生リスクを評価，管理することが要求されている．

◀本文の解説▶

(1) 請負者(contractor)の定義は,"合意された仕様及び契約条件に従い,組織にサービスを提供する外部の組織"(3.7参照)である.この定義に基づき組織にどのようなサービスが外部からもたらされているか,調査,確認することが求められる.

調達されるサービスの例は,◀附属書A.8.1.4.2の要点▶を参考にするとよい.

(2) "サービス"という用語の定義はISO 9000:2015の箇条3.7.7を参考にするとよい.

JIS Q 9000:2015

3.7.7 サービス(service)

組織と顧客との間で必ず実行される,少なくとも一つの活動を伴う組織のアウトプット.

注記1 サービスの主要な要素は,一般にそれが無形であることである.

注記2 サービスは,サービスを提供するときに活動を伴うだけでなく,顧客とのインターフェースにおける,顧客要求事項を設定するための活動を伴うことが多く,また,銀行,会計事務所,公的機関(例 学校,病院)などのように継続的な関係を伴う場合が多い.

注記3 サービスの提供には,例えば,次のものがあり得る.
— 顧客支給の有形の製品(例 修理される車)に対して行う活動
— 顧客支給の無形の製品(例 納税申告に必要な収支情報)に対して行う活動
— 無形の製品の提供(例 知識伝達という意味での情報提供)
— 顧客のための雰囲気作り(例 ホテル内,レストラン内)

注記4 サービスは,一般に,顧客によって経験される.

注記3 "顧客支給の有形の製品（例　修理される車）に対して行う活動" が，本箇条の請負業者の行うサービスと理解するとよい．

(3)　3.7（請負者）の注記1に "サービスにとりわけ建設に関する活動を含めてもよい" とあるのは，世界的に建設業界には "contractor" の存在が顕著であるからであろう．

(4)　請負業者とは8.1.4.1で確立（計画）したプロセスについて，"労働安全衛生リスクを評価し，管理する" ことを焦点に労働安全衛生に関して調整をしなければならない．仕事を発注する組織と受ける業者との間では，安全に対する考え方，方策，基準，手順，順守事項など多くの事項において違いがあることを前提に，業務を始める前に両者でOH&SMSの理解と周知徹底事項などを確認することが望まれる．

(5)　請負業者との調整に関係する事項は次のことを含まなければならないとされている．

a)　組織に影響を与える請負業者の活動及び業務
b)　請負者の働く人に影響を与える組織の活動及び業務
c)　職場のその他の利害関係者に影響を与える請負業者の活動及び業務

◀関連する法律・指針についての情報▶

1. 組織が請負者を活用するときに守らなければならない事項が規定されている．労働安全衛生法では，一の場所において仕事の一部を請負人に請け負わせている組織を "元方事業者" と呼び，請負人を "関係請負人" と呼んでいる．
    ・労働安全衛生法第29条，第29条の2，第，30条，第30条の2，第31条，第31条の2，第31条の3，第32条
2. 8.1.4.3外部委託の◀関連する法律・指針についての情報▶も参考にする（一部重複している）．

◀**附属書 A.8.1.4.2 の要点**▶

(1) 請負者の活動の例には次のようなものがある．
　① 保守，建設，運用，警備，清掃など
　② コンサルタント，事務，経理及びその他のスペシャリストなど

(2) 直接的な契約事項のほか，過去の労働安全衛生パフォーマンス，安全教育又は安全衛生能力を考慮した契約付与の仕組み，又は事前資格基準を含め，請負者の職場での安全衛生パフォーマンスを確実にするための対策などを盛り込むことも考慮するとよい．

(3) 請負契約の中に労働安全衛生に関する項目を入れることが望まれるが，その項目には次のようなものが考えられる．
　① 組織自体とその請負者の間における危険源の報告
　② 働く人による危険な場所への立入りの管理
　③ 緊急時に従うべき手順
　④ 請負者の OH&SMS のプロセスの確認
　　―立入り管理
　　―閉鎖空間への立入り
　　―ばく露評価
　　―プロセス安全管理
　　―インシデント報告

(4) 組織は，請負者が作業を進めることを許可する前に，例えば，次の事項を検証することによって，職務を遂行する能力が請負者にあるかどうかを検証することが望まれる．
　a) 労働安全衛生パフォーマンスの実績が満足できるものであるかどうか．
　b) 働く人の資格，経験及び力量に関する基準が規定されて（例えば訓練により）満たされているかどうか．
　c) 資源，設備及び作業準備が十分に整い，作業を進められる状態になっているかどうか．

8 運　用

◀ OHSAS 18001:2007 との対応 ▶

箇条 8.1.6（請負者）は，OHSAS 18001 箇条 4.4.6 c）に対応する．

OHSAS 18001:2007

4.4.6　運用管理

（中略）

それらの運用及び活動のために，組織は，次の事項を実施し，維持しなければならない．

（中略）

c）　請負者及び職場へのその他の来訪者に関連した管理策

8.1.4.3　外 部 委 託

JIS Q 45001:2018

8.1.4.3　外部委託

組織は，外部委託した機能及びプロセスが管理されていることを確実にしなければならない．組織は，外部委託の取決めが法的要求事項及びその他の要求事項に整合しており，並びに労働安全衛生マネジメントシステムの意図した成果の達成に適切であることを確実にしなければならない．これらの機能及びプロセスに適用する管理の方式及び程度は，労働安全衛生マネジメントシステムの中で定めなければならない．

注記　外部提供者との調整は，外部委託の労働安全衛生パフォーマンスに及ぼす影響に組織が取り組む助けとなり得る．

◀ 箇条 8.1.4.3 の意図 ▶

本箇条の意図は，組織が関与するサプライチェーンにおいて，労働安全衛生に関する問題が発生しないようにすることが意図である．外部に委託した仕事（機能及びプロセス）をどのように管理するのかを組織の OH&SMS の中で決めておかなければならない．そのことを外部委託した"機能及びプロセスに適

用する管理の方式及び程度"を定めなければならないと表現している．

◀本文の解説▶

(1) 用語 3.29 には"外部委託する（outsource）（動詞）"が定義されている．
　　"ある組織の機能又はプロセスの一部を外部の組織が実施するという取決めを行う．
　　　注記1　外部委託した機能又はプロセスはマネジメントシステムの適用範囲内にあるが，外部の組織はマネジメントシステムの適用範囲の外にある．"
(2)　注記1の意味は，アウトソース（外部委託）したプロセスは組織の OH&SMS の内にあるものとして管理する．しかし組織運営はアウトソース先の組織によって行われる，というものである．これは ISO 9001:2015 の概念と同様である．
(3)　"管理の方式及び程度（the type and degree of control）"という用語は ISO 9001:2015 で使用されているので参考にするとよい．

JIS Q 9001:2015

8.4.2　管理の方式及び程度

　組織は，外部から提供されるプロセス，製品及びサービスが，顧客に一貫して適合した製品及びサービスを引き渡す組織の能力に悪影響を及ぼさないことを確実にしなければならない．

　組織は，次の事項を行わなければならない．

a) 外部から提供されるプロセスを組織の品質マネジメントシステムの管理下にとどめることを，確実にする．

b) 外部提供者に適用するための管理，及びそのアウトプットに適用するための管理の両方を定める．

　（後略）

8 運　用

◀関連する法律・指針についての情報▶

　製造業，建設業などの組織は，組織に属する労働者と外部委託，請負先の労働者の作業が同一の場所で行われることによって生じる労働災害を防止するため作業間の連絡及び調整を行う措置などを講じなければならない．

・労働安全衛生法第29条，第29条の2，第30条，第30条の2，第31条
　なお，製造業（造船業を除く）における元方事業者による総合的な安全衛生管理のための指針が法第30条の2に関連して公表されている．

◀附属書 A.8.1.4.3 の要点▶

（1）　組織は OH&SMS の意図した成果を達成するために，外部委託した機能及びプロセスの管理をする必要がある．外部委託した機能及びプロセスでは，この規格の要求事項への適合に対する責任は組織によって保持される．

（2）　外部委託した機能又はプロセスの管理は，次のような要因に基づいて定めることが望まれる．

① OH&SMS 要求事項を満たす外部組織の能力
② 外部組織の技術的な力量
③ 外部委託したプロセス又は機能が OH&SMS に与える潜在的な影響
④ 外部委託したプロセス又は機能と自組織のプロセスとの共有程度（本文注記参照）
⑤ 調達プロセスの管理の適用
⑥ 改善の機会

◀ OHSAS 18001:2007 との対応▶

　箇条 8.1.4.3（外部委託）に対応する OHSAS 18001 の要求事項はない．

8.2 緊急事態への準備及び対応

――― JIS Q 45001:2018 ―――

8.2 緊急事態への準備及び対応

組織は，次の事項を含め，**6.1.2.1** で特定した起こり得る緊急事態への準備及び対応のために必要なプロセスを確立し，実施し，維持しなければならない．

a) 応急処置の用意を含めた緊急事態への計画的な対応を確立する．
b) 計画的な対応に関する教育訓練を提供する．
c) 計画的な対応をする能力について，定期的にテスト及び訓練を行う．
d) テスト後及び特に緊急事態発生後を含めて，パフォーマンスを評価し，必要に応じて計画的な対応を改訂する．
e) 全ての働く人に，自らの義務及び責任に関わる情報を伝達し，提供する．
f) 請負者，来訪者，緊急時対応サービス，政府機関，及び必要に応じて地域社会に対し，関連情報を伝達する．
g) 関係する全ての利害関係者のニーズ及び能力を考慮に入れ，必要に応じて，計画的な対応の策定に当たって，利害関係者の関与を確実にする．

組織は，起こり得る緊急事態に対応するためのプロセス及び計画に関する文書化した情報を維持し，保持しなければならない．

◀箇条 8.2 の意図▶

6.1.2.1 で特定した緊急事態への対応として，組織が実施すべき事項が a) ～ g) の 7 項目に明確にされている．

緊急事態への準備及び対応のために必要なプロセスを確立（計画）することを要求している．労働安全衛生の推進において，最悪の結果を招きやすいのが緊急事態と呼ばれる自然災害（地震，台風，津波など）である．組織に対して，そのような場合においても被害が軽微になるような準備と訓練をしておく

という意図である．

◀本文の解説▶

(1) 自然災害以外に同様な激甚な結果を招くものに人的要因によるものもある．例えば，失火，操作ミスによる爆発などである（6.1.2.1 で明確にされる）．このようなことを起こさないことが第一優先課題であるが，自然災害などはコントロールできないので，万が一災害に及ぶ緊急事態が勃発したときには，働く人が適切な行動，対応，処置がとれるように日常的に訓練をしておくことが求められている．

(2) 緊急事態の例には次のようなものがある．
 ・重篤な負傷又は疾病になり得る発生事象
 ・火災及び爆発
 ・有害物質，ガスの漏洩
 ・自然災害，悪天候
 ・電力供給等の停止
 ・パンデミック，伝染病
 ・市民暴動，テロリズム，職場の暴力
 ・重要設備の故障
 ・交通事故　など

(3) a) に規定されている緊急事態への計画的な対応は過去の事例などから確立するとよい．

(4) b) の教育訓練，c) の定期的にテスト及び訓練はそれぞれ定期的に行う必要がある．

(5) d) においては，b) の教育訓練，c) の定期的にテスト及び訓練の結果を評価して，場合によっては計画を見直し改訂する．

(6) e), f) には，全ての働く人，請負者，来訪者，緊急時対応サービス，政府機関，及び必要に応じて地域社会に対し，緊急事態に関係する情報を適切に伝達することが要求されている．

(7) g）においては関係する全ての利害関係者のニーズ及び能力を考慮に入れる必要がある．例えば，規制当局，消防等のウェブサイトに掲載された発生事象などを参考にする，あるいは緊急事態発生時の連絡ルートを把握しておくなどが考えられる．また，緊急事態の対応計画など関連情報は，請負者，来訪者，緊急事対応サービス，政府機関及び地域社会に対して伝達しておくことも必要である．

(8) 緊急事態に対応するための計画は，文書化した情報（文書）として維持し，（記録を）保持することが求められている．

◀関連する法律・指針についての情報▶

労働災害発生の急迫した危険があるときの退避，また爆発・火災時の労働者の救護については，以下の法令がある．

・労働安全衛生法第 25 条，25 条の 2

◀附属書 A.8.2 の要点▶

特になし

◀ OHSAS 18001:2007 との対応▶

箇条 8.2（緊急事態への準備及び対応）は，OHSAS 18001 箇条 4.4.7（緊急事態への準備及び対応）に対応している．

OHSAS 18001:2007

4.4.7 緊急事態への準備及び対応

組織は，次の事項のための手順を確立し，実施し，維持しなければならない．

a) 緊急事態の潜在可能性を特定すること．

b) そのような緊急事態に対応すること．

組織は，顕在した緊急事態に対応し，それらに伴う OH&S の有害な結果を予防又は緩和しなければならない．

緊急事態の対応を計画する際，組織は，関連する利害関係者のニーズ，例えば，緊急事態サービス及び隣人について考慮しなければならない．

　組織はまた，実施できる場合には，適宜，関連する利害関係者が関与して緊急事態状況に対応するための手順を定期的にテストしなければならない．

　組織は，緊急事態への，準備及び対応手順を，定期的に，また特に定期的なテストの後又は緊急事態の発生の後には，レビューし，必要に応じて改訂しなければならない（**4.5.3** 参照）．

第 2 章　ISO 45001:2018 要求事項の解説

箇条 9　パフォーマンス評価

9.1　モニタリング，測定，分析及びパフォーマンス評価

―― JIS Q 45001:2018 ――

9.1　モニタリング，測定，分析及びパフォーマンス評価

9.1.1　一般

組織は，モニタリング，測定，分析及びパフォーマンス評価のためのプロセスを確立し，実施し，かつ，維持しなければならない．

組織は，次の事項を決定しなければならない．

a)　次の事項を含めた，モニタリング及び測定が必要な対象
  1)　法的要求事項及びその他の要求事項の順守の程度
  2)　特定した危険源，リスク及び機会に関わる組織の活動及び運用
  3)　組織の労働安全衛生目標達成に向けた進捗
  4)　運用及びその他の管理の有効性

b)　該当する場合には，必ず，有効な結果を確実にするための，モニタリング，測定，分析及びパフォーマンス評価の方法

c)　組織が労働安全衛生パフォーマンスを評価するための基準

d)　モニタリング及び測定の実施時期

e)　モニタリング及び測定の結果の，分析，評価及びコミュニケーションの時期

組織は，労働安全衛生パフォーマンスを評価し，労働安全衛生マネジメントシステムの有効性を判断しなければならない．

組織は，モニタリング及び測定機器が，該当する場合に必ず校正又は検証し，必要に応じて，使用し，維持することを確実にしなければならない．

　　　注記　モニタリング及び測定機器の校正又は検証に関する法的要求事項又はその他の要求事項（例えば，国家規格又は国際規格）が存在することがあり得る．

9　パフォーマンス評価

組織は，次の事項のために適切な文書化した情報を保持しなければならない．
— モニタリング，測定，分析及びパフォーマンス評価の結果の証拠として
— 測定機器の保守，校正又は検証の記録

◀箇条 9.1.1 の意図▶

モニタリング，測定，分析及び評価に関するこの箇条の意図は，計画どおりにマネジメントシステムの"意図した成果"が達成されたと確信するために，何をどのように確認するかに関する要求事項を規定することである．

◀本文の解説▶

（1）　モニタリング，測定，分析及びパフォーマンス評価は，組織が，OH&SMS が適切に運用されているか，不適合がないかどうかを定期的に確認するために行われるものである．

モニタリング，測定，分析及びパフォーマンス評価は，一連のマネジメントシステムの実施結果や内部監査の結果を受けて行うものではなく，作業の性質，取り扱う機器や材料，職場環境等の状況に応じて，組織が自ら適切な実施時期を決定して，日常業務において気づいた点があればそれを是正及び予防していくものである．

（2）　a) のモニタリング及び測定の対象で，"運用及びその他の管理の有効性"は，運用管理のプロセスや活動の中で，安全面と衛生面の両方で計画あるいは期待された労働安全衛生リスク低減効果が達成されたかどうかを対象とする．

（3）　b) については，計画した活動がどの程度実行され，計画した結果がどの程度達成できたのかを判断するために情報を提供するように考慮して，対象事項の性質に合った確認の方法を決めることを求めている．

（4）　c) の"基準"とは，安全衛生活動への取組みの積重ねの結果として，マネジメントシステムの"意図した成果"の達成の度合いを a), b) で把握し

た情報を評価する基準となるもので，同じ業界の他の組織や自組織の前年度の取組みなどとの比較や，労働安全衛生統計の数値との比較で客観的に比較することができるものを基準として決めることを求めている．

(5) d) はモニタリング及び測定の実施時期を，e) は結果の分析，評価，コミュニケーションの実施時期を決めることを要求している．実施時期については，組織の状況を考慮して，例えば次のように決めることが考えられる．

・法的要求事項の順守評価のモニタリング：

測定を年2回，結果の分析，評価，コミュニケーションを年2回実施

・労働安全衛生目標達成に向けた進捗のモニタリング：

働く人の負傷・疾病状況を集計し安全衛生委員会等で毎月報告を実施

・運用及びその他の管理策の有効性モニタリング：

変更発生時にその都度，変更がない場合は季節要因等も考慮して3か月に1回実施

(6) OH&SMS の有効性を判断することが求められており，モニタリング又は測定，分析及び評価を通して得られた情報は，マネジメントレビュー（9.3参照）の要求事項に従って，トップマネジメントに提示される．

(7) モニタリング及び測定について妥当な結果を確実にするため，モニタリング及び測定機器は，法令で決められた頻度，又は経時変化を考慮して年1回など組織で決めた頻度で校正又は検証を行う．

(8) モニタリング，測定，分析及びパフォーマンス評価の結果及び測定機器の校正結果に関する記録は文書化した情報（7.5参照）の要求事項に従って，作成及び管理する．

◀関連する法律・指針についての情報▶

労働安全衛生法第10条（総括安全衛生管理）

厚生労働省 OSHMS 指針の第15条第1項では，安全衛生計画の実施状況等の日常的な点検及び改善を実施する手順を定めるとともに，この手順に基づき，安全衛生計画の実施状況等の日常的な点検及び改善を実施することを要求

している.

◀附属書 A.9.1.1 の要点▶

(1) モニタリング,測定できる事項の例
  a) パフォーマンス評価のための事項の例
    1) 労働衛生面の苦情,働く人の健康診断,及び作業環境モニタリング
    2) 労働に関わるインシデント,負傷及び疾病,並びに苦情の発生と傾向
    3) 運用の管理及び防災訓練の有効性,又は管理の変更若しくは新しい管理の導入の必要性
    4) 力量
  b) 法的要求事項を満たしていることの評価のための事項の例
    1) 特定された法的要求事項(全ての法的要求事項が決定されているか,最新の文書化した情報が管理されているか)
    2) 法令順守に関して特定された欠落の状況
  c) その他の要求事項を満たしていることの評価のための事項の例
    1) 組合と雇用主の協約
    2) 標準及び規範
    3) 企業及びその他の方針,規則及び規程
    4) 保険に関する要求事項
  d) 基準は,組織がパフォーマンスを比較する際に使える対象である.
    1) 例としては,次の事項に照らしてのベンチマークが挙げられる.
      i) 他の組織
      ii) 標準及び規範
      iii) 組織自体の規範及び目的
      iv) 労働安全衛生統計
    2) 基準を測定する際の指標の例
      i) インシデントの比較:頻度,種類,重大度,又はインシデント件数これらの基準のそれぞれの中で所定の数値を指標とできる.

ii) 是正処置の完了：予定どおり完了した割合
(2) パフォーマンス評価の活動の仕方の特徴
   a) モニタリングは，状況の継続的なチェック，監督，批判的観察，又は判断を含み，必要な又は期待されるパフォーマンスレベルからの変動を特定する．モニタリングは，OH&SMS，プロセス，又は管理に適用できる．面談，文書化した情報のレビューあるいは実行された作業の観察などが例．
   b) 測定は，物体や事象に対し数の割当てをする．安全性プログラムや健康調査のパフォーマンス評価に付随するデータ，校正又は検証された機器での有害物質へのばく露の測定や危険源からの必要な安全距離の計算などが例．
   c) 分析は，関係，パターン及び傾向を明らかにするためにデータを調査するプロセスで，データから結論を引き出すために，他の組織からの情報を含めた統計的計算を使用し得る．このプロセスは大抵の場合，測定活動に関係する．
(3) パフォーマンス評価は，OH&SMS の設定された目標の達成のために，評価対象の適切性，妥当性及び有効性を決めるために行われる活動である．

◀ OHSAS 18001:2007 との対応 ▶

箇条 9.1.1（一般）は，OHSAS 18001 箇条 4.5.1（パフォーマンスの測定及び監視）に対応している．

OHSAS 18001:2007

4.5.1 パフォーマンスの測定及び監視

組織は，OH&S パフォーマンスを定常的に監視及び測定するための手順を確立し，実施し，維持しなければならない．この手順には，次の事項を含めなければならない．
a) 組織の必要に応じた定性的及び定量的指標
b) 組織の OH&S 目標の達成度合いの監視

9　パフォーマンス評価

c) 管理策の有効性の監視（安全に関して，とともに，衛生に関しても）
d) OH&Sの実施計画，管理策及び運用基準の適合を監視する予防的実績指標
e) 疾病，発生事象（事故，ニアミスなどを含む），及びその他のOH&Sパフォーマンスの経時的証拠までを監視する事後的実績指標
f) その後の是正処置及び予防処置の分析を容易にするのに十分な監視及び測定のデータ並びに結果の記録

　もし，機器がパフォーマンスの監視のため又は測定のために必要なら，組織は，適宜，機器の校正及び保持の手順を確立し，維持しなければならない．校正及び保守活動並びに結果の記録は，保持しなければならない．

9.1.2　順守評価

――― JIS Q 45001:2018 ―――

9.1.2　順守評価

　組織は，法的要求事項及びその他の要求事項の順守を評価するためのプロセスを確立し，実施し，維持しなければならない（**6.1.3** 参照）．

　組織は，次の事項を行わなければならない．

a) 順守を評価する頻度及び方法を決定する．
b) 順守を評価し，必要な場合には処置をとる（**10.2** 参照）．
c) 法的要求事項及びその他の要求事項の順守状況に関する知識及び理解を維持する．
d) 順守評価の結果に関する文書化した情報を保持する．

◀箇条9.1.2の意図▶

　この箇条は，ISO 14001で環境固有に規定された"法的要求事項及びその他の要求事項"の順守状況の評価と同等の要求事項を，労働安全衛生に固有の要求事項として規定している．

◀本文の解説▶

(1) 順守評価は日常的に管理する必要があるが,順守評価が維持できているかを別に確認し,順守を確実にするためのものと考えるとよい.

(2) a) 順守評価の頻度は,基本的には組織が自ら決めればよいことであるが,作業環境測定のように測定頻度や評価方法まで法令で規定されているものもある.

(3) b) 順守評価の結果,法令の規定などから逸脱している事項があった場合は,箇条10.2の規定に基づいて,OH&SMSの意図した成果を達成するために必要な処置をとることが求められる.

　しかしながら,たとえ最も有効なマネジメントシステムであっても,いかなる時点においても,完全な順守は保証していない.このような事情を踏まえ,附属書SLコンセプト文書では,マネジメントシステムによって,不順守につながるシステム不具合が速やかに検出され,是正処置がとられている限りにおいては,適合から外れているとはみなされないことが望ましいとの見解が示されている.

(4) c) については,組織は,順守状況に関する知識及び理解を維持するために種々の方法を用いることができる.順守評価を実施している個人の力量について,法令の知識を有し,"法的要求事項及びその他の要求事項","働く人の安全衛生への影響を含めた,順守及び不順守の考えられる結果","役割に付随する義務及び責任","状況又は業務の変化により必要となった力量の更新"を考慮して,力量をもっていることが確認された者が順守評価を実施することをルール化するのも維持する方法である.

◀関連する法律・指針についての情報▶

　労働安全衛生法第3条(事業者等の責務)に,労働災害の防止のための最低基準として労働安全衛生法を順守すること等が定められている.

◀附属書 A.9.1.2 の要点

(1) 順守評価の頻度及びタイミングは，要求事項の重要性，運用条件の変動，法的要求事項及びその他の要求事項の変化，及び組織の過去のパフォーマンスによって異なることがある．

(2) 順守状況に関する知識及び理解を維持するためには種々の方法が用いられる．

◀ OHSAS 18001:2007 との対応 ▶

箇条 9.1.2（順守評価）は，OHSAS 18001 箇条 4.5.2（順守評価）に対応している．

OHSAS 18001:2007

4.5.2　順守評価

4.5.2.1　順守に対するコミットメント［**4.2 c**）参照］と整合して，組織は，適用すべき法的要求事項の順守を定期的に評価するための手順を確立し，実施し，維持しなければならない（**4.3.2** 参照）．

　組織は，定期的な評価の結果の記録を残さなければならない．

　参考　法的要求事項の相違に依存して，定期的評価の頻度が異なってもよい．

4.5.2.2　組織は，自らが同意するその他の要求事項の順守を評価しなければならない（**4.3.2** 参照）．組織は，この評価を **4.5.2.1** にある法的要求事項の順守評価に組み込んでもよいし，別の手順を確立してもよい．

　組織は，定期的な評価の結果の記録を残さなければならない．

　参考　組織が同意するその他の要求事項の相違に依存して，その定期的評価の頻度が異なってもよい．

9.2 内部監査

　　　　　　　　　　　　　　　　　　　　　　　　　　JIS Q 45001:2018

9.2　内部監査

9.2.1　一般

　組織は，労働安全衛生マネジメントシステムが次の状況にあるか否かに関する情報を提供するために，あらかじめ定めた間隔で，内部監査を実施しなければならない．

a)　次の事項に適合している．

　1)　労働安全衛生方針及び労働安全衛生目標を含む，労働安全衛生マネジメントシステムに関して，組織自体が規定した要求事項

　2)　この規格の要求事項

b)　有効に実施され，維持されている．

◀箇条 9.2.1 の意図▶

　内部監査に関するこの一般的要求の箇条の意図は，組織のマネジメントシステムが，マネジメントシステム規格要求事項及び組織自身が課したマネジメントシステムに関するあらゆる追加の要求事項の双方に適合し，マネジメントシステムが計画どおりに有効に実施及び維持されていることを確認するために，監査を実施することを規定することにある．

◀本文の解説▶

　組織は，内部監査を定期的に実施することが求められている．その内部監査の目的としては，

　　・OH&SMS で組織自体が規定した要求事項，及び，この規格の要求事項に，組織のマネジメントシステムが適合しているかどうか

　　・OH&SMS が有効に実施され維持されているか

の二つを明確にすることであると規定されている．

　特に，有効に実際され，維持されているかどうかを確かめるには，この規格

の要求事項を表面的に確認するだけではなく，業務のやり方の現状を追跡して一つひとつ実直にチェックすることが必要である．

◀ OHSAS 18001:2007 との対応 ▶

箇条 9.2.1（一般）は，OHSAS 18001 箇条 4.5.5（内部監査）に対応している．

OHSAS 18001:2007

4.5.5 内部監査

組織は，次の事項を行うために，あらかじめ定められた間隔で OH&S マネジメントシステムの内部監査を確実に実施しなければならない．
a) 組織の OH&S マネジメントシステムについて次の事項を決定する．
  1) この OHSAS 規格の要求事項を含めて，組織の OH&S マネジメントのために計画された取決め事項に適合しているかどうか．
  2) 適切に実施されており，維持されているかどうか．
  3) 組織の方針及び目標を満たすために有効であるかどうか．
b) 監査の結果に関する情報を経営層に提供する．

9.2.2　内部監査プログラム

JIS Q 45001:2018

9.2.2　内部監査プログラム

組織は，次に示す事項を行わなければならない．
a) 頻度，方法，責任，協議並びに計画要求事項及び報告を含む，監査プログラムの計画，確立，実施及び維持．監査プログラムは，関連するプロセスの重要性及び前回までの監査の結果を考慮に入れなければならない．
b) 各監査について，監査基準及び監査範囲を明確にする．
c) 監査プロセスの客観性及び公平性を確保するために，監査員を選定し，監査を実施する．

d) 監査の結果を関連する管理者に報告することを確実にする．関連する監査結果が，働く人及び働く人の代表（いる場合），並びに他の関係する利害関係者に報告されることを確実にする．

e) 不適合に取り組むための処置をとり，労働安全衛生パフォーマンスを継続的に向上させる（箇条 10 参照）．

f) 監査プログラムの実施及び監査結果の証拠として，文書化した情報を保持する．

 注記 監査及び監査員の力量に関する詳しい情報は，**JIS Q 19011** を参照．

◀箇条 9.2.2 の意図▶

 この箇条の意図は，組織のマネジメントシステムの本規格への適合性及び計画どおりに有効に実施及び維持されていることを確認するために，"必要で十分な"情報を提供するように考慮して，内部監査プログラムを計画し，実施し，維持することに関する要求事項を規定することである．

◀本文の解説▶

(1) 監査プログラムとは，"特定の目的に向けた，決められた期間内で実行するように計画された一連の監査"であり，監査を計画し，手配し，実施するための必要な活動すべてを含んだものである．

 内部監査プログラムでは，次の事項が求められる．

  ―監査の対象となるプロセスの重要性及び前回までの監査の結果に基づいて，内部監査を計画し，スケジュールを決める．

  ―内部監査を計画し，実施するための方法論を確立する．

  ―内部監査プロセスの高潔さ及び独立性を考慮に入れて，監査プログラム内の役割及び責任を割り当てる．

  ―計画されている各監査に対する，監査基準（関連し検証できる記録，事実の記述又はその他の情報と比較する基準として用いる方針，手順

又は要求事項），及び監査範囲（場所，組織単位，活動，プロセス，及び監査の対象となる期間を示すもの）．

(2) 内部監査プログラムは，内部の要員が計画，実施，維持することも，組織の代理で活動する外部の者が運営管理することもできる．いずれの場合も，内部監査プログラムの作成者（管理者）及び監査員の選定は，7.2（力量）の要求事項を満たす必要がある．

(3) 内部監査の結果は，7.4（コミュニケーション）の箇条の要求事項に従って，監査の対象となった部門・単位の責任をもつ管理層，及び働く人やその代表を含めてその他の適切とみなされるあらゆる者に報告する．

(4) 内部監査プログラムの実施及び監査結果の証拠を示す文書類は，7.5（文書化した情報）の要求事項に従って，作成及び管理する．傾向を含めた，内部監査の結果に関する情報は，9.3（マネジメントレビュー）の要求事項に従って，レビューする．

(5) a）では，考慮すべき事項として，品質や環境では"組織に影響を及ぼす変更"が要求されているが，本規格では含まれていない．組織としては，自明のことであるので明記されていないと捉えて，考慮に入れていくことが望ましい．

(6) c）では，"監査員の力量"として考慮すべきは，ISO 45001規格の要求事項の理解，監査手順，監査技法及び労働安全衛生に関する知識と技能，教育・研修受講，業務経験，監査員訓練，実際の監査経験や個人的な特質などがある．

(7) d）では，ISO 45001では，OH&SMSの成功のためには"働く人の参加"が極めて重要であるとの考え方から，非管理職も監査結果を報告する対象に追加されている．

(8) e）では，内部監査で改善すべき点を明確にし，不適合があった場合は，箇条10の規定に従って，OH&SMSの適切性，妥当性及び有効性を継続的に改善することを求めている．

(9) 注記に記載されているISO 19011には，内部監査プログラムの策定，マ

ネジメントシステム監査の実施及び監査要員の力量の評価に関する手引きが規定されている．

◀関連する法律・指針についての情報▶

　厚生労働省 OSHMS 指針の解釈通達第 17 条関係ではシステム監査は，文書，記録等の調査，システム各級管理者との面談，作業場等の視察等により評価するものであることが示されている．

◀附属書 A.9.2 の要点▶

（1）　監査プログラムの程度は，OH&SMS の複雑さ及び成熟度に基づくことが望ましい．
（2）　組織は，内部監査人としての役割を，通常割り当てられた職務と切り離すプロセスを設けることによって，内部監査の客観性及び公平性を確立することができる．組織は，この機能に関して外部の人を使うこともできる．

◀ OHSAS 18001:2007 との対応▶

　箇条 9.2.2（内部監査プログラム）は，OHSAS 18001 箇条 4.5.5（内部監査）に対応している（監査プログラムの部分）．

-------- OHSAS 18001:2007 --------

4.5.5　内部監査

　監査プログラムは，組織活動のリスクアセスメントの結果及び前回までの監査結果に基づき，組織によって計画され，策定され，実施され，維持さなければならない．

　次の事項に対処する監査手順を確立し，実施し，維持しなければならない．

a)　監査の計画及び実施，結果の報告，並びにこれに伴う記録の保持に関する，責任，力量及び要求事項
b)　監査基準，適用範囲，頻度及び方法の決定

監査員の選定及び監査の実施においては，監査プロセスの客観性及び公平性を確保しなければならない．

9.3 マネジメントレビュー

――― JIS Q 45001:2018 ―――

9.3 マネジメントレビュー

　トップマネジメントは，組織の労働安全衛生マネジメントシステムが，引き続き，適切，妥当かつ有効であることを確実にするために，あらかじめ定めた間隔で，労働安全衛生マネジメントシステムをレビューしなければならない．

　マネジメントレビューは，次の事項を考慮しなければならない．

a) 前回までのマネジメントレビューの結果とった処置の状況
b) 次の事項を含む，労働安全衛生マネジメントシステムに関連する外部及び内部の課題の変化
　1) 利害関係者のニーズ及び期待
　2) 法的要求事項及びその他の要求事項
　3) リスク及び機会
c) 労働安全衛生方針及び労働安全衛生目標が達成された度合い
d) 次に示す傾向を含めた，労働安全衛生パフォーマンスに関する情報
　1) インシデント，不適合，是正処置及び継続的改善
　2) モニタリング及び測定の結果
　3) 法的要求事項及びその他の要求事項の順守評価の結果
　4) 監査結果
　5) 働く人の協議及び参加
　6) リスク及び機会
e) 有効な労働安全衛生マネジメントシステムを維持するための資源の妥当性

f) 利害関係者との関連するコミュニケーション

g) 継続的改善の機会

マネジメントレビューからのアウトプットには，次の事項に関係する決定を含めなければならない．

― 意図した成果を達成するための労働安全衛生マネジメントシステムの継続的な適切性，妥当性及び有効性

― 継続的改善の機会

― 労働安全衛生マネジメントシステムのあらゆる変更の必要性

― 必要な資源

― もしあれば，必要な処置

― 労働安全衛生マネジメントシステムとその他の事業プロセスとの統合を改善する機会

― 組織の戦略的方向に対する示唆

トップマネジメントは，マネジメントレビューの関連するアウトプットを，働く人及び働く人の代表（いる場合）に伝達しなければならない（**7.4**参照）．

組織は，マネジメントレビューの結果の証拠として，文書化した情報を保持しなければならない．

◀箇条 9.3 の意図▶

マネジメントレビューに関するこの箇条の意図は，トップマネジメントが箇条 5.1（リーダーシップ及びコミットメント）の実証の一環として，OH&SMS の戦略，計画に関与した後も OH&SMS の運用，維持，継続的改善に直接関与して，組織が意図した成果を確実に達成させることにある．

◀本文の解説▶

(1) マネジメントレビューの目的は，トップマネジメントがマネジメントシステムのパフォーマンスを戦略的に，かつ批判的に評価し，改善点を提案す

9　パフォーマンス評価

ることである．このレビューは単なる情報の提示でないことが望ましく，労働安全衛生パフォーマンスの評価及び継続的改善のための機会の特定に重点を置くことが望ましい．トップマネジメント自身がこのレビューに参加することが求められている．特に組織の状況において変化する環境，"意図した成果"からの逸脱，又は有益な成果を伴う利点をもたらす好ましい状態との関係から，トップマネジメントが直接マネジメントシステムの変更を推進し，継続的改善の優先事項を指揮するメカニズムとなる．

(2)　OH&SMSの有効性を測る適切な尺度の決定は，組織の裁量に委ねられる．OH&SMSが組織の事業プロセス及び戦略的方向性とどれだけうまく一体化されているかについての評価を含めることが望ましい．レビューには，供給者及び請負者，組織内部の変更などに関する情報を含めることができる．

(3)　レビューは，トップマネジメントが最も注意を払う必要があるマネジメントシステムの要素に焦点を当てる方法（例えば，スコアカード）で情報を提示できる．レビューは，他のマネジメントレビューと同時に計画しても，他のビジネス又はマネジメントシステムのニーズを満たすことを目的として計画してもよい．

　　e）の資源の妥当性には，働く人の教育訓練及び力量も含まれる．

(4)　後段では，マネジメントレビューからのアウトプットとして7項目が列挙されている．箇条8の規定に従って設定した基準に照らして労働安全衛生目標の達成状況について，箇条9の規定に従って設定したパフォーマンス評価の基準に照らして評価結果として確認されトップマネジメントにインプットとして報告される．

　マネジメントレビューでは，意図した成果が達成できていない場合には有効性に欠ける状態であると判断され，アウトプットとして"労働安全衛生マネジメントシステムの変更の必要性，必要な資源，必要な処置"等を決定して，7.4（コミュニケーション）の箇条の要求事項に従って，"働く人及び働く人の代表に伝達"して，必要な処置を実施してPDCAを回していくこと

(5) マネジメントレビューの結果の文書類は，7.5（文書化した情報）の要求事項に従って，作成し管理する．

◀附属書 A.9.3 の要点▶

(1) マネジメントレビューで使われる用語の説明
   a) "適切（性）"（suitability）とは，OH&SMS が，組織，組織の運用，文化及び事業システムにどのように合っているかを意味している．
   b) "妥当（性）"（adequacy）とは，OH&SMS が，十分なレベルで実施されているかどうかを意味している．
   c) "有効（性）"（effectiveness）とは，OH&SMS が，意図した成果を達成しているかどうかを意味している．
(2) 9.3 a) から g) の項目は，全てに同時に取り組む必要はなく，各項目に，いつ，どのように取り組むかを決めるとよい．

◀OHSAS 18001:2007 との対応▶

箇条 9.3（マネジメントレビュー）は，OHSAS 18001 箇条 4.6（マネジメントレビュー）に対応している．

```
                                                    OHSAS 18001:2007
4.6 マネジメントレビュー
  トップマネジメントは，組織の OH&S マネジメントシステムが，引き続き適切で，妥当で，かつ，有効であることを確実にするために，あらかじめ定められた間隔で，OH&S マネジメントシステムをレビューしなければならない．レビューには，OH&S 方針及び OH&S 目標を含む OH&S マネジメントシステムの改善の機会及び変更の必要性の評価を含まなければならない．マネジメントレビューの記録は，保持されなければならない．
```

箇条 10 改　善

　組織は，PDCAのサイクルに沿ってOH&SMSを改善することを要求されている．本箇条では，改善の機会を特定すること，是正処置を行うこと，継続的改善を推進することが規定されている．改善は，モニタリング，測定，分析及びパフォーマンス評価（9.1），内部監査（9.2）及びマネジメントレビュー（9.3）の要求事項に従ってOH&SMSを評価して，リスク及び機会への取組み（6.1），労働安全衛生目標及びそれを達成するための計画策定（6.2）に従って，とるべき適切な改善を計画する．

10.1　一　般

――― JIS Q 45001:2018 ―――

10.1　一般
　組織は，改善の機会（箇条9参照）を決定し，労働安全衛生マネジメントシステムの意図した成果を達成するために，必要な取組みを実施しなければならない．

◀箇条10.1の意図▶

　本箇条で要求している改善の機会は，箇条6.1.2.3の"a) 労働安全衛生パフォーマンス向上の労働安全衛生の機会，b) 労働安全衛生マネジメントシステムを改善するその他の機会"と同じものである．本文の"改善の機会"の表現中，（箇条9参照）として引用されている箇条は次のとおりである．

　　箇条9.1.1：　　"労働安全衛生パフォーマンスを評価し，労働安全衛生マネジメントシステムの有効性を判断"することが要求されている．
　　箇条9.2.2 e)：　"労働安全衛生パフォーマンスを継続的に向上させる"ことが要求されている．
　　箇条9.3 g)：　　"継続的改善の機会"をマネジメントレビューで取り上げる．

◀本文の解説▶

(1) "労働安全衛生マネジメントシステムの意図した成果を達成するために，必要な取組みを実施しなければならない"とあるように，この規格の要求事項は"意図した成果"に始まり（箇条4.1），"意図した成果"で終わっている（本箇条10.1）．"意図した成果"は改めてISO 45001の背骨であるといってよく，組織は規格の序文，適用範囲で述べられている意図した成果を参考にしての組織固有の"意図した成果"を明確にしておかなければならない．

◀附属書 A.10.1 の要点▶

(1) 組織は，改善のための処置をとるときに，労働安全衛生パフォーマンスの分析及び評価，順守評価，内部監査及びマネジメントレビューからの結果を考慮することが望まれる．
(2) 改善の例には，是正処置，継続的改善，現状打破による変革，革新及び組織再編が含まれる．

◀OHSAS 18001:2007 との対応▶

箇条10.1（一般）に対応するOHSAS 18001の要求事項はない．

10.2 インシデント，不適合及び是正処置

―― JIS Q 45001:2018 ――

10.2 インシデント，不適合及び是正処置

組織は，報告，調査及び処置を含めた，インシデント及び不適合を決定し，管理するためのプロセスを確立し，実施し，かつ，維持しなければならない．

インシデント又は不適合が発生した場合，組織は，次の事項を行わなければならない．

a) そのインシデント又は不適合に遅滞なく対処し，該当する場合には，

必ず，次の事項を行う．
　1) そのインシデント又は不適合を管理し，修正するための処置をとる．
　2) そのインシデント又は不適合によって起こった結果に対処する．
b) そのインシデント又は不適合が再発又は他のところで発生しないようにするため，働く人（**5.4** 参照）を参加させ，他の関係する利害関係者を関与させて，次の事項によって，そのインシデント又は不適合の根本原因を除去するための是正処置をとる必要性を評価する．
　1) そのインシデントを調査し又は不適合をレビューする．
　2) そのインシデント又は不適合の原因を究明する．
　3) 類似のインシデントが起きたか，不適合の有無，又は発生する可能性があるかを明確にする．
c) 必要に応じて，労働安全衛生リスク及びその他のリスクの既存の評価をレビューする（**6.1** 参照）．
d) 管理策の優先順位（**8.1.2** 参照）及び変更の管理（**8.1.3** 参照）に従い，是正処置を含めた，必要な処置を決定し，実施する．
e) 処置を実施する前に，新しい又は変化した危険源に関連する労働安全衛生リスクの評価を行う．
f) 是正処置を含めて，全ての処置の有効性をレビューする．
g) 必要な場合には，労働安全衛生マネジメントシステムの変更を行う．

是正処置は，検出されたインシデント又は不適合のもつ影響又は起こり得る影響に応じたものでなければならない．

組織は，次に示す事項の証拠として，文書化した情報を保持しなければならない．

— インシデント又は不適合の性質，及びとった処置
— とった処置の有効性を含めた全ての対策及び是正処置の結果

組織は，この文書化した情報を，関係する働く人及び働く人の代表（いる場合）並びにその他の関係する利害関係者に伝達しなければならない．

> **注記** インシデントの遅滞のない報告及び調査は，できるだけ速やかな危険源の除去及び付随する労働安全衛生リスクの最小化を可能にすることができる．

◀箇条 10.2 の意図▶

　本箇条の意図は，起きてはならないこと（インシデントや不適合）が発生した場合，根本原因を見つけ出し，その原因を除去し，再発しないようにすることにある．インシデント又は不適合が発生した場合の組織の対応，それに関する記録の保持，さらには利害関係者への伝達について要求事項を規定している．組織として，何が（どの程度のものが）インシデントであり，何が不適合であるかを決めておかなければならない．この決定はその後見直しすることもあり得るので，そのため（インシデント，不適合を決定し管理するため）のプロセスの確立を本箇条では要求している．

◀本文の解説▶

(1) 根本原因の特定は容易なことではないが，起きたことの要因は必ず一つではないことを念頭に分析するとよい．起きた事象を時系列にさかのぼっていくと，ある程度根本原因（発生原因の元）が見えてくる．場合によっては，見逃し原因，拡大原因など人，機械，設備，環境，方法，原材料などの多岐にわたる分析が求められる．

(2) 労働安全衛生で大切なことは同じ問題を二度起こさないことである．対策をとったつもりが，しばらく時間をおいてまた同じ問題を起こしてしまう，というケースがよくある．本箇条では次の 3 段階を再発防止策と考えている．
　① 出た現象を元に戻す，修正する．
　② 根本原因を明確にする．
　③ 根本原因を除去する．
　①は別名，"応急処置"と呼ばれるものでとりあえずケガをした人を保護

するなど事故に対して応急的な手を打つことをいう．②はなぜその事故が起きたかの原因を調査し，その根本原因を探り出す．③は根本原因を除去する．根本原因を見つけるには，"なぜなぜ分析"が有効であるといわれている．

(3) 根本原因を追究して特定する（要因解析）には，なぜを自問自答して繰り返すことが有効である*．これは，なぜなぜ分析とも呼ばれている．これにより，論理的な思考，現地現物，事実・データに基づいた科学的アプローチなどが可能となり，根本原因を誤りなく特定できるようになる．

なぜを自問自答する場合"原因追究フロー"（図2.1）を参考にするのがよい．このフローは標準を基準として，標準がない場合，標準があったが標準どおり行わなかった場合，標準があり標準どおり行った場合に大別するという考え方で構成されている．このうち，標準どおり行わなかった場合については，"知らない"，"やれない"，"やらない"，"うっかり"に更に分けられる．関係者が標準の内容を知らないのは教育不足，知っていてもやれないのは訓練に問題がある．また，標準に関する知識・技能があっても意図的に守らないのは標準の重要性が理解されていないからである．さらに，標準どおりやろうとしていたがうっかり間違える場合もある．この場合には，エラープルーフ化が必要になる．いずれの場合も，"なぜ"を繰り返すことが有効である．このフローに従ってインシデント及び不適合を分け，どの区分が多いかを明らかにした上で，当該の区分に焦点を絞り根本原因を更に掘り下げるとよい．例えば，標準がない場合が多いときにはなぜ標準を定めていなかったのか，知らないが多い場合にはなぜ周知されていなかったのか，うっかりの多い場合にはなぜエラープルーフ化がされていなかったのかを追究する．

---

* この項は JIS Q 9026:2016（日常管理の指針）箇条 4.8.4 を参考にした．

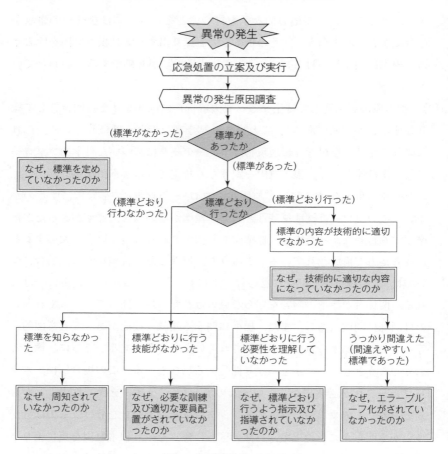

図 2.1 原因追究フロー
出所 JIS Q 9026:2016（日常管理の指針）図6

◀関連する法律・指針についての情報▶

労働災害の原因及び再発防止対策については，安全委員会及び衛生委員会の付議事項となっている．

労働安全衛生法第17条，第18条

10 改　　善

◀附属書 A.10.2 の要点▶

(1) インシデント，不適合及び是正処置の例には次の事項が含まれ得る．

　a)　インシデント

　　平坦な場所での転倒で負傷あり又は負傷なし．足の骨折．石綿（肺）症．難聴．労働安全衛生リスクにつながり得る建物や自動車の損害．

　b)　不適合

　　保護具が正しく機能しない，法的要求事項及びその他の要求事項を満たしていない，又は所定の手順を守っていない．

　c)　是正処置

　　（管理策の優先順位により示されるとおり．8.1.2 参照）危険源の除去．不安全な材料から安全な材料への代替．装置若しくはツールの再設計又は変更．手順の策定．影響を受ける働く人の力量の向上．使用頻度の変更．個人用保護具の使用．

(2) 根本原因分析は，再発防止に向けた対策のためのインプットを得るために，何が起きたのか，どのように，なぜ起きたのかを解析することにより，インシデント又は不適合に付随する，考えられる全ての要因を調査することを意味する．

(3) 組織がインシデント又は不適合の根本原因を究明する際には，分析するインシデント又は不適合の性質に適した方法を使用することが望まれる．根本原因の分析の焦点は，予防である．この分析によって，コミュニケーション，力量，疲労，設備又は手順に関連した要因を含め，システムの複数の欠陥を明らかにすることができる．

(4) 10.2 f) 是正処置の有効性のレビューは，実施された是正処置がどの程度の効果で根本原因を抑制したかを調査することである．

◀ OHSAS 18001:2007 との対応 ▶

　箇条 10.2（インシデント，不適合及び是正処置）は，OHSAS 18001 箇条 4.5.3.1（発生事象の調査），箇条 4.5.3.2（不適合並びに是正処置及び予防処

置）に対応している．

OHSAS 18001:2007

4.5.3.1　発生事象の調査

　組織は，次の事項のために発生事象を記録し，調査し，分析するための手順を確立し，実施し，維持しなければならない．

a)　発生事象の発生の原因となっている，又はそれにかかわっていると思われる隠れた OH&S の欠陥及びその他の要因を決定する．

b)　是正処置の必要性を明確にする．

c)　予防処置の機会を明確にする．

d)　継続的改善の機会を明確にする．

e)　このような調査の結果を周知する．

　調査は，タイムリーに実施しなければならない．

　明確にされたすべての，是正処置の必要性又は予防処置の機会は，4.5.3.2 の関連部分に従って処理しなければならない．

　発生事象の調査の結果は，文書化して，維持しなければならない．

4.5.3.2　不適合並びに是正処置及び予防処置

　組織は，顕在及び潜在の不適合に対応するための，並びに是正処置及び予防処置をとるための手順を確立し，実施し，維持しなければならない．

　その手順では，次の事項に対する要求事項を定めなければならない．

a)　不適合を特定し，修正し，それらの OH&S の結果を緩和するための処置をとる．

b)　不適合を調査し，原因を確定し，再発を防止するための処置をとる．

c)　不適応を予防するための処置を必要性を評価し，不適合の発生を防ぐために立案された適切な処置を実施する．

d)　とられた是正処置及び予防処置の結果を記録し，周知する．

e)　とられた是正処置及び予防処置の有効性をレビューする．

　是正処置及び予防処置が，新規の又は変更された危険源，若しくは新規

の又は変更された管理策の必要性を特定する場合，その手順は，その実施に先立ってリスクアセスメントを行ってから提案する処置をとるように要求しなければならない．

顕在化及び潜在化する不適合の原因を除去するためにとられるあらゆる税制処置又は予防処置は，問題の大きさに対応し，かつ，生じた OH&S リスクに見合ったものでなければならない．

組織は，是正処置及び予防処置から生じるいかなる必要な変更も，OH&S マネジメントシステム文書に確実に反映しなければならない．

10.3 継続的改善

――― JIS Q 45001:2018 ―――

10.3 継続的改善

組織は，次の事項によって，労働安全衛生マネジメントシステムの適切性，妥当性及び有効性を継続的に改善しなければならない．

a) 労働安全衛生パフォーマンスを向上させる．

b) 労働安全衛生マネジメントシステムを支援する文化を推進する．

c) 労働安全衛生マネジメントシステムの継続的改善のための処置の実施に働く人の参加を推進する．

d) 継続的改善の関連する結果を，働く人及び働く人の代表（いる場合）に伝達する．

e) 継続的改善の証拠として，文書化した情報を維持し，保持する．

◀箇条 10.3 の意図▶

OH&SMS の適切性，妥当性及び有効性を継続的に改善することを規定している．"有効性"の定義は，"計画した活動を実行し，計画した結果を達成した程度"（3.13）とされているが，適切性，妥当性という用語の意味と併せて，安全が保たれるように活動を維持していくことがここでの意図である．

—適切である（suitability：目的に合っている）

—妥当である（adequacy：十分である，抜けがない）

—有効である（effectiveness：狙いどおりの結果を達成している）

継続的改善を要求するとともに，その推進においては，継続的改善対策の実施への働く人の参加促進を要求している．

◀本文の解説▶

(1) "継続的（continual）"とは，ある期間にわたって起こることを意味しているが，途中に中断が入ってもよく，中断なく起こることを示す"連続的（continuous）"とは異なる．継続的改善という文脈においては，ある期間にわたって，定期的に改善を行うことが望まれる．

(2) 改善には，例えば，修正，是正処置，継続的改善，現状を打破する変更，革新及び組織再編が含まれ得る．"継続的改善"は"パフォーマンスを向上するために繰り返し行われる活動"（3.37）と定義されている．なお，"パフォーマンス（performance）"は"測定可能な結果"（3.27）である．

(3) 継続的改善を支援，促進する箇条として以下が挙げられる．

　　— 6.1（リスク及び機会への取組み）

　　— 6.2（労働安全衛生目標及びそれを達成するための計画策定）

　　— 9.1（モニタリング，測定，分析及びパフォーマンス評価）

　　— 9.2（内部監査）

　　— 9.3（マネジメントレビュー）

など

(4) 維持向上，改善及び革新を行う方法をより包括的に表したものにSDCAサイクルがある．SDCAサイクルは，PDCAサイクルの中の計画（Plan）において，目標を現状又はその延長線上に設定するとともに，現状の業務のやり方を組織の取決め（標準）として定めて活用することで"維持向上"を図る方法をわかりやすく示したものといえる（図2.2参照）．標準化（Standardize），実施（Do），チェック（Check），処置（Act）のサイクルを確実

10 改　善

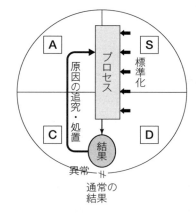

図 2.2　SDCA サイクル
出所　JIS Q 9026:2016（日常管理の指針）図 C.1

かつ継続的に回すことによって，一定の結果が確実に得られるようなプロセスやシステムを作り上げるという考え方である*.

(5)　b) に"労働安全衛生マネジメントシステムを支援する文化"として"culture"（第 1 章 1.3.7 節参照）の促進を規定しているが，文化は組織が長い間に培った安全を維持していくための風土であり，これが強固であると安全基盤が支えられるという考えである．

◀附属書 A.10.3 の要点▶

(1)　継続的改善の課題の例には次のような事項が含まれる．
   a)　新技術
   b)　組織の内部及び外部の好事例
   c)　利害関係者からの提案及び勧告
   d)　労働安全衛生に関係する課題についての新しい知識及び理解
   e)　新しい材料又は改良された材料
   f)　働く人の能力又は力量の変化

---

*　この項は JIS Q 9026:2016（日常管理の指針）附属書 C を参考にした．

g) より少ない資源によるパフォーマンス向上の達成（すなわち，簡素化，合理化等）

◀ OHSAS 18001:2007 との対応 ▶

箇条 10.3（継続的改善）は，OHSAS 18001 箇条 4.1（一般要求事項），箇条 4.6（マネジメントレビュー）に対応している．

OHSAS 18001:2007

4.1　一般要求事項

　組織は，この OHSAS 規格の要求事項に従って，OH&S マネジメントシステムを確立し，文書化し，実施し，維持し，継続的に改善し，どのようにしてこれらの要求事項を満たすかを決定しなければならない．

　（後略）

OHSAS 18001:2007

4.6　マネジメントレビュー

　（中略）レビューには，OH&S 方針及び OH&S 目標を含む OH&S マネジメントシステムの改善の機会及び変更の必要性の評価を含まなければならない．

　（後略）

第3章

JIS Q 45100:2018
要求事項の解説

3.1 日本版マネジメントシステム規格（JIS Q 45100）作成の経緯

　日本では多くの企業が従来から KY（危険予知）活動，5S 活動といった独自の安全衛生活動を実施してきており，我が国の労働災害防止に大きな効果を上げてきた．これらの活動は厚生労働省"労働安全衛生マネジメントシステムに関する指針"（以下，厚労省 OSHMS 指針という）にも安全衛生計画に盛り込む事項として記載されている．ISO/PC 283 の国際会議において，日本は，我が国で効果を上げてきたこれらの安全衛生活動を ISO 45001 に記載するよう主張をし続けてきた．この主張に賛同する参加国も見られたものの，ISO 45001 に取り入れるには活動内容が詳細すぎること，及び発展途上国では対応が困難であるという理由で採用には至らなかった．

　このような背景から，日本で ISO 45001 の効果的な運用を図るためには，従来の日本独自の安全衛生活動と ISO 45001 とを一体で運用できる仕組みを示すことが必要と考えられた．この課題を解決するために厚生労働省が経済産業省と協議した結果，日本独自の安全衛生活動等を取り入れた新たな JIS の開発を検討することとなった．この新たな日本版マネジメント規格（JIS Q 45100）の原案作成に当たっては，厚生労働省，経済産業省，日本経済団体連合会，日本労働組合総連合会，認証機関や審査員研修機関の協議会，認定機関，労働災害防止団体等が委員となり，多角的な検討が行われた．

3.2 JIS Q 45100 運用の意義

　JIS Q 45100 の内容は厚労省 OSHMS 指針との整合を図ることを主眼とし，ISO 45001（以降，本章では JIS Q 45001 と記述する）には明示的に含まれていない事項を具体的に規定している．前述のとおり JIS Q 45100 は日本独自の安全衛生活動をベースに作成されていることから，JIS Q 45100 独自の要求事項は既に組織で実施されている事項が多いであろう．

　JIS Q 45100 とは ISO 45001 に厚労省 OSHMS 指針を加えたものである．

JIS Q 45001 の国際通用性を担保しつつ，従来より労働災害防止に効果を上げてきた日本独自の安全衛生活動を JIS Q 45100 として一体で運用することにより，労働災害の減少，安全衛生水準の更なる向上を図ることが期待される．

3.3 JIS Q 45100 の解説

JIS Q 45100 は JIS Q 45001 と一体で運用される規格であることから，JIS Q 45001 の要求事項に JIS Q 45100 の要求事項を加筆する表記となっている．そのため，JIS Q 45100 としての追加要求事項がある場合は，まず JIS Q 45001 本文が引用されており，その後に JIS Q 45100 の要求事項が加筆されている．JIS Q 45100 独自の要求事項は斜体太字で表記されている（なお，本書では斜体太字にせず引用している）．なお，JIS Q 45100 独自の要求事項がない場合は，【JIS Q 45100 の○.○を適用する】と記載されている．

なお，用語の定義は JIS Q 45001 と同じで JIS Q 45100 独自に定義された用語はない．以下に JIS Q 45100 を引用するが，JIS Q 45001 と重複する文章は割愛した．

JIS Q 45100:2018

序文

労働安全衛生をめぐる法規制及び安全衛生水準は，国によって格差が存在する中で，**ISO 45001**:2018 は，各国の状況に応じて柔軟に適用できるように作られている．

このため，**ISO 45001**:2018 の一致規格である **JIS Q 45001**:2018 の要求事項には，厚生労働省の"労働安全衛生マネジメントシステムに関する指針"で求められている，安全衛生活動などが明示的には含まれていない．

この規格は，日本の国内法令との整合性を図るとともに，多くの日本企業がこれまで取り組んできた具体的な安全衛生活動，日本における安全衛生管理体制などを盛り込み，**JIS Q 45001**:2018 と一体で運用することに

よって，働く人の労働災害防止及び健康確保のために実効ある労働安全衛生マネジメントシステムを構築することを目的としている．

JIS Q 45001:2018 の**附属書 A** には，この規格の要求事項の解釈のために参考となる説明が記載されている．

この規格では，次のような表現形式を用いている．

a) "〜しなければならない"は，要求事項を示し，
b) "〜することができる"，"〜できる"，"〜し得る"などは，可能性又は実現能力を示す．

この規格は，**JIS Q 45001**:2018 の要求事項をそのまま取り入れ，日本企業における具体的な安全衛生活動，安全衛生管理体制などの要求事項及び注記について追加して規定する．これら追加事項は，斜体かつ太字で表記する．

———— JIS Q 45100:2018 ————

1 適用範囲

この規格は，労働安全衛生水準の更なる向上を目指すことを目的として，組織が行う安全衛生活動などについて，**JIS Q 45001**:2018 の要求事項に加えて，より具体的で詳細な追加要求事項について規定する．

———— JIS Q 45100:2018 ————

2 引用規格

次に掲げる規格は，この規格に引用されることによって，この規格の規定の一部を構成する．この引用規格は，記載の年の版を適用し，その後の改正版（追補を含む．）は適用しない．

JIS Q 45001:2018 労働安全衛生マネジメントシステム—要求事項及び利用の手引

　　注記　対応国際規格：**ISO 45001**:2018, Occupational health and safety managements systems—Requirements with guidance for use

---

— JIS Q 45100:2018

3 用語及び定義

この規格で用いる主な用語及び定義は，**JIS Q 45001**:2018 による．

— JIS Q 45100:2018

4 組織の状況

JIS Q 45001:2018 の箇条 4 を適用する．

— JIS Q 45100:2018

5 リーダーシップ及び働く人の参加

5.1 リーダーシップ及びコミットメント

JIS Q 45001:2018 の **5.1** を適用する．

— JIS Q 45100:2018

5.2 労働安全衛生方針

JIS Q 45001:2018 の **5.2** を適用する．

— JIS Q 45100:2018

5.3 組織の役割，責任及び権限

［中略（**JIS Q 45001**:2018 の **5.3** が引用されている）］

トップマネジメントは，労働安全衛生マネジメントシステムの中の関連する役割に対する責任及び権限の割り当てにおいては，システム各級管理者を指名することを確実にしなければならない．

注記 2 システム各級管理者とは，事業場においてその事業を統括管

理する者,及び生産・製造部門などの事業部門,安全衛生部門などにおける部長,課長,係長,職長,作業指揮者などの管理者又は監督者であって,労働安全衛生マネジメントシステムを担当する者をいう.

◀本文の解説▶

"システム各級管理者"とは注記2に記載されているように厚労省OSHMS指針第7条(体制の整備)で示されているものと同じであり,同指針との整合がとられている.なお,JIS Q 45001の箇条5.3に注記1があるため,ここでは注記2となっている.

JIS Q 45001箇条5.3ではOH&SMSに関連する責任及び権限を割り当てるよう要求されているが,JIS Q 45100ではライン管理を具体的に進めるための要求事項が追加されている.また,システム各級管理者の力量について,箇条7.2 f)に要求事項が追加されている.

―― JIS Q 45100:2018 ――

5.4 働く人の協議及び参加

[中略(**JIS Q 45001**:2018の**5.4**が引用されている)]

組織は,働く人及び働く人の代表(いる場合)との協議及び参加について,次の場を活用しなければならない.
f) 安全委員会,衛生委員会又は安全衛生委員会が設置されている場合は,これらの委員会
g) f)以外の場合には,安全衛生の会議,職場懇談会など働く人の意見を聴くための場

組織は,協議及び参加を行うプロセスに関する手順を定め,その手順によって協議及び参加を行わなければならない.

3.3 JIS Q 45100 の解説

◀本文の解説▶

　JIS Q 45001 の箇条 5.4 では働く人の協議及び参加が求められているが，JIS Q 45100 では協議及び参加の場を要求事項として追加している．f) では組織に安全衛生委員会等が設置されている場合は，それらの委員会を活用することを求めている．g) では安全衛生委員会等が設置されていない組織については，働く人の意見を聴くための場を設けるよう要求している．働く人の意見を聴くための場とは，職場単位で開催されている会議や朝礼など，既存の活動を利用することで差し支えない．

　箇条 5.4 では"プロセスに関する手順"を定めることを求めているが，通常はプロセスには手順が含まれるので疑問に思われるかもしれない．これは，JIS Q 45100 では箇条 7.5.1.1 の a)～d) の 4 項目を手順に含めることを規定しており，この 4 項目を含んだ手順を定めることをあえて強調している．したがって，既にプロセスが確立されていれば，その手順に 4 項目が含まれているかを確認すればよい．

───── **JIS Q 45100:2018** ─────

6　計画
6.1　リスク及び機会への取組み
6.1.1　一般

　［中略（**JIS Q 45001**:2018 の **6.1.1** が引用されている）］

　組織は，次に示す全ての項目について取り組む必要のある事項を決定するとともに実行するための取組みを計画しなければならない（**JIS Q 45001**:2018 の **6.1.4** 参照）．

a) 法的要求事項及びその他の要求事項を考慮に入れて決定した取組み事項

b) 労働安全衛生リスクの評価を考慮に入れて決定した取組み事項

c) 安全衛生活動の取組み事項（法的要求事項以外の事項を含めること）

d) 健康確保の取組み事項(法的要求事項以外の事項を含めること)
e) 安全衛生教育及び健康教育の取組み事項
f) 元方事業者にあっては,関係請負人に対する措置に関する取組み事項

組織は,**附属書A**を参考として,取り組む必要のある事項を決定するとともに実行するための取組みを計画することができる.

なお,**附属書A**に記載されている事項以外であってもよい.

組織は,取組み事項を決定し取組みを計画するときには,組織が所属する業界団体などが作成する労働安全衛生マネジメントシステムに関するガイドラインなどを参考とすることができる.

注記1 元方事業者とは,一つの場所において行う事業の仕事の一部を請負者に請け負わせているもので,その他の仕事は自らが行う事業者をいう.

注記2 関係請負人とは,元方事業者の当該事業の仕事が数次の請負契約によって行われるときに,当該請負者の請負契約の後次の全ての請負契約の当事者である請負者をいう.

◀本文の解説▶

JIS Q 45001の箇条6.1.4で要求されている"取組みの計画"の中に,a)～f) を含めることが要求事項として追加されている.a)～f) は厚労省OSHMS指針第12条(安全衛生計画の作成)に既定された項目と一部 [d) 及びe) の"健康教育"] を除いて対応しており,ここでも同指針との整合がとられている.なお,d) 及びe) の"健康教育"については,"健康経営"や"働き方改革"といった最近の企業における従業員の健康確保の重要性が高まっていることを踏まえて特に盛り込まれた項目である.

a)～f) の全てについて,取り組む事項を決定し,それを実行するための取組みを計画することが求められている [該当がなければf) は除外してよい].取り組む事項は組織の状況を踏まえて組織が決定すればよい.例えば,d) 健康確保の取組みであれば,過重労働対策,生活習慣病対策,禁煙推進運動,運

動習慣の定着活動等が考えられる．取り組む事項を決めた後，どのように実行していくかを計画化する．なお，箇条 6.1.1 で取り組むと決めた事項は，箇条 6.2.2.1 で安全衛生計画に盛り込むことが要求されているので，実行ための計画は詳細なものを作成する必要はなくリスト化程度のものでよい．

JIS Q 45100 では組織が計画的に取り組むことが推奨される事項を附属書 A として一覧表にしており参照とすることができる．ここでも"健康経営"や"働き方改革"への関心を踏まえ，附属書 A は安全衛生活動に加えて健康づくりのための活動も盛り込まれている．附属書 A に記載されている諸活動は組織が参照とするものであり，この中から実施事項を選択しなければならないという意味ではない．附属書 A の中から活動を選んで実施してもよいし，組織が独自に行っている安全衛生活動でも差し支えない．また，附属書 A には法令関連事項も掲載されているが，これは法令事項を漏れのないように実施してもらうための組織の気づきとして掲載したものである．

JIS Q 45100:2018

6.1.1.1 労働安全衛生リスクへの取組み体制

組織は，危険源の特定（**JIS Q 45001**:2018 の **6.1.2.1** 参照），労働安全衛生リスクの評価（**6.1.2.2** 参照）及び決定した労働安全衛生リスクへの取組みの計画策定（**JIS Q 45001**:2018 の **6.1.4** 参照）をするときには，次の事項を確実にしなければならない．

a) 事業場ごとに事業の実施を統括管理する者にこれらの実施を統括管理させる．

b) 組織の安全管理者，衛生管理者など（選任されている場合）に危険源の特定及び労働安全衛生リスクの評価の実施を管理させる．

組織は，危険源の特定及び労働安全衛生リスクの評価の実施に際しては，次の事項を考慮しなければならない．

— 作業内容を詳しく把握している者（職長，班長，組長，係長などの作業中の働く人を直接的に指導又は監督する者）に検討を行わせるように努めること．

― 機械設備及び電気設備に係る危険源の特定並びに労働安全衛生リスクの評価に当たっては，設備に十分な専門的な知識をもつ者を参画させるように努めること．
― 化学物質などに係る危険源の特定及び労働安全衛生リスクの評価に当たっては，必要に応じて，化学物質などに係る機械設備，化学設備，生産技術，健康影響などについての十分な専門的な知識をもつ者を参画させること．
― 必要に応じて，外部コンサルタントなどの助力を得ること．
  注記1 "化学物質など"の"など"には，化合物，混合物が含まれる．
  注記2 "事業の実施を統括管理する者"には，総括安全衛生管理者及び統括安全衛生責任者が含まれ，総括安全衛生管理者の選任義務のない事業場においては，事業場を実質的に管理する者が含まれる．
  注記3 "安全管理者，衛生管理者など"の"など"には，安全衛生推進者及び衛生推進者が含まれる．
  注記4 "外部コンサルタントなど"には，労働安全コンサルタント及び労働衛生コンサルタントが含まれるが，それ以外であってもよい．

◀本文の解説▶

箇条6.1.1.1はJIS Q 45100独自の箇条であり，JIS Q 45001からの引用はない．JIS Q 45001には危険源の特定，労働安全衛生リスクの評価に具体的な要求事項がないため，JIS Q 45100では箇条6.1.1.1として要求事項を追加している．

箇条6.1.1.1では危険源の特定，労働安全衛生リスクの評価を適切に実施するための実施体制が求められており，厚生労働省の"危険性又は有害性等の調査等に関する指針"（以下，厚労省リスクアセスメント指針）との整合がとられている．具体的には危険源の特定及び労働安全衛生リスクの評価について，

3.3 JIS Q 45100 の解説

統括管理者と実務管理者を定めること，十分な知識を有する者を参加させることである．

JIS Q 45100:2018

6.1.2　危険源の特定並びにリスク及び機会の評価

6.1.2.1　危険源の特定

　JIS Q 45001:2018 の 6.1.2.1 を適用する．

6.1.2.2　労働安全衛生リスク及び労働安全衛生マネジメントシステムに対するその他のリスクの評価

　［中略（**JIS Q 45001**:2018 の **6.1.2.2** が引用されている）］

　労働安全衛生リスクの評価の方法及び基準は，負傷又は疾病の重篤度及びそれらが発生する可能性の度合いを考慮に入れたものでなければならない．

　組織は，当該評価において，**附属書 A** を参考にすることができる．

　組織は，労働安全衛生リスクを評価するためのプロセスに関する手順を策定し，この手順によって実施しなければならない．

◀**本文の解説**▶

　労働安全衛生リスクの評価方法及び基準について明記しているが，ここでは厚労省リスクアセスメント指針と整合がとられている．また，JIS Q 45001 の箇条 3.21 で労働安全衛生リスクが定義されているが，上記の定義と内容は同じである．

　また，労働安全衛生リスクを評価するための手順を策定することが求められている．

> **JIS Q 45100:2018**
>
> **6.1.2.3 労働安全衛生機会及び労働安全衛生マネジメントシステムに対するその他の機会の評価**
>
> ［中略（**JIS Q 45001**:2018 の **6.1.2.3** が引用されている）］
>
> 組織は，当該評価において，**附属書 A** を参考にすることができる．

◀本文の解説▶

"附属書 A を参考にすることができる"とは，附属書 A の記載内容から"労働安全衛生機会及び労働安全衛生マネジメントシステムに対するその他の機会"に相当する事項を見つけ出すことができるという意味である．

> **JIS Q 45100:2018**
>
> **6.1.3 法的要求事項及びその他の要求事項の決定**
>
> ［中略（**JIS Q 45001**:2018 の **6.1.3** が引用されている）］
>
> 組織は，当該決定において，**附属書 A** を参考にすることができる．

◀本文の解説▶

"附属書 A を参考にすることができる"とは，附属書 A の記載内容から"法的要求事項及びその他の要求事項"に相当する事項を見つけ出すことができるという意味である．

> **JIS Q 45100:2018**
>
> **6.1.4 取組みの計画策定**
> 　**JIS Q 45001**:2018 の **6.1.4** を適用する．

3.3 JIS Q 45100 の解説

JIS Q 45100:2018

6.2 労働安全衛生目標及びそれを達成するための計画策定
6.2.1 労働安全衛生目標
　JIS Q 45001:2018 の **6.2.1** を適用する．

6.2.1.1 労働安全衛生目標の考慮事項など
　組織は，労働安全衛生目標（**JIS Q 45001**:2018 の **6.2.1** 参照）を確立しようとするときには，次の事項を考慮しなければならない．
── 過去における労働安全衛生目標（**JIS Q 45001**:2018 の **6.2.1** 参照）の達成状況
　組織は，労働安全衛生目標の確立に当たって，一定期間に達成すべき到達点を明らかにしなければならない．

◀本文の解説▶

　箇条 6.2.1.1 は JIS Q 45100 独自の要求事項であり，厚労省 OSHMS 指針第 11 条（安全衛生目標の設定）と整合がとられている．労働安全衛生目標を組織の安全衛生水準の向上に確実につなげるためには，実施目標だけでなく達成目標が設置されている必要がある．例えば，禁煙の推進に取り組む場合，禁煙教育や保健指導をいつ実施するかという実施目標のほかに，喫煙率○％低減といった達成目標が必要である．達成目標を具体的に数値化することで，達成度を定量的に評価することが可能となる．もし達成目標が達成できなかった場合は，その原因を把握し次年の安全衛生目標に反映させることができる．

JIS Q 45100:2018

6.2.2 労働安全衛生目標を達成するための計画策定

　［中略（**JIS Q 45001**:2018 の **6.2.2** が引用されている）］

　組織は，労働安全衛生目標をどのように達成するかについて計画すると

き，a)〜f) に加え，次の事項を決定しなければならない．
g) 計画の期間
h) 計画の見直しに関する事項

　組織は，労働安全衛生目標をどのように達成するかについて計画するとき，利用可能な場合，過去における次の事項を考慮しなければならない．
i) 労働安全衛生目標の達成状況及び労働安全衛生目標を達成するための計画の実施状況
j) モニタリング，測定，分析及びパフォーマンス評価の結果（**9.1.1** 参照）
k) インシデントの調査及び不適合のレビューの結果並びにインシデント及び不適合に対してとった処置（**10.2** 参照）
l) 内部監査の結果（**JIS Q 45001**:2018 の **9.2.1** 及び **9.2.2** 参照）

◀本文の解説▶

　JIS Q 45001 では"労働安全衛生目標を達成するための計画"と表現されているが，多くの組織で"安全衛生計画"と呼んでいるものである．

　g) では期間が明確になっていればよいので計画の中に"○○年度安全衛生計画"と記載があればよい．計画の期間を半年単位，あるいは1年以上で運用している場合は，"○○年○月○日〜○○年○月○日"と具体的に明記する．

　h) 計画の見直しとは，計画期間中に安全衛生計画の見直しが必要になる場合を想定しており，例えば，組織の改変，新たな機械設備の導入，法令の改正等が考えられる．どのような場合に見直しを行うか，"OH&SMS 運用規程"等に定めておく必要がある．

　i)〜l) はマネジメントレビューの対象であるが，過去のそれらの結果を確実に安全衛生計画に反映することが求められている．

3.3 JIS Q 45100 の解説

─── JIS Q 45100:2018 ───

6.2.2.1 実施事項に含むべき事項

組織は，労働安全衛生目標を達成するための計画に，**6.1.1** で決定し，計画した取組みの中から，次の全ての事項について実施事項に含めなければならない．

a) 法的要求事項及びその他の要求事項を考慮に入れて決定した取組み事項及び実施時期

b) 労働安全衛生リスクの評価を考慮に入れて決定した取組み事項及び実施時期

c) 安全衛生活動の取組み事項（法的要求事項以外の事項を含めること）及び実施時期

d) 健康確保の取組み事項（法的要求事項以外の事項を含めること）及び実施時期

e) 安全衛生教育及び健康教育の取組み事項及び実施時期

f) 元方事業者にあっては，関係請負人に対する措置に関する取組み事項及び実施時期

◀本文の解説▶

箇条 6.2.2.1 は JIS Q 45100 独自の箇条であり，JIS Q 45001 からの引用はない．JIS Q 45100 の箇条 6.1.1 の a)～f) において，組織が取り組むと決定した事項を確実に実施するため安全衛生計画に盛り込むことが要求されている．ここでは，厚労省 OSHMS 指針第 12 条（安全衛生計画の作成）と整合がとられている．

a) 法的要求事項の例としては，作業環境測定，定期自主検査，健康診断，ストレスチェック等が考えられる．また，その他の要求事項の例としては，業界団体が開催する安全衛生会議，親会社の監査，請負者との安全衛生協議会，労働組合が行う安全衛生パトロール等が考えられる．

b) 労働安全衛生リスクを評価した結果から組織が取り組むと決定した事項

は，直ちに実施できる措置と計画的に実施する措置がある．ここでは，計画的に実施する措置を安全衛生計画に盛り込むことを要求している．例えば，滑り止めのフロアシートを敷くなど直ちに実施できる措置までを安全衛生計画に入れる必要はない．また，リスクアセスメントの実施時期も安全衛生計画に盛り込む必要がある．

c) 安全衛生活動の例として，KY活動，5S活動，ヒヤリ・ハット活動，安全衛生パトロール（法定外のもの）等がある．これらの安全衛生活動を安全衛生計画に盛り込んで実施することが求められている．なお，始業時ミーティングのように毎日実施している活動については，安全衛生計画に盛り込まなくても差し支えない．

d) 健康確保の取組みの例として，禁煙推進運動，熱中症対策，感染症（インフルエンザ，ノロウイルス等）対策等がある．これらの健康確保の取組みを安全衛生計画に盛り込んで実施することが求められている．なお，職場体操のように毎日実施している活動については，安全衛生計画に盛り込まなくても差し支えない．

e) 安全衛生教育及び健康教育の例として，法定の安全衛生教育のほか，危険体感教育，メンタルヘルス教育，個人用保護具の使用に関する教育等がある．これらの教育を安全衛生計画に盛り込んで実施することが求められている．

f) 元方事業者にあっては関係請負人に対する措置の内容とその実施時期を盛り込んでいることが必要である．具体的な内容としては，
- 構内協力会社等の管理者，監督者に対する安全衛生教育の実施に関する支援
- 構内協力会社等がメンバーとなっている安全衛生協議会等の開催
- 構内協力会社等の作業現場への，親事業場によるパトロール又は合同パトロールの実施

などが考えられる．なお，f) は該当する組織が実施すればよい．

3.3 JIS Q 45100 の解説

JIS Q 45100:2018

7 支援

7.1 資源

JIS Q 45001:2018 の **7.1** を適用する．

JIS Q 45100:2018

7.2 力量

［中略（**JIS Q 45001**:2018 の **7.2** が引用されている）］

組織は，安全衛生活動及び健康確保の取組みを実施し，維持し，継続的に改善するため，次の事項を行わなければならない．
e) 適切な教育，訓練又は経験によって，働く人が，安全衛生活動及び健康確保の取組みを適切に実施するための力量を備えていることを確実にする．
f) 適切な教育，訓練又は経験によって，システム各級管理者が，安全衛生活動及び健康確保の取組みの有効性を適切に評価し，管理するための力量を備えていることを確実にする．

◀本文の解説▶

働く人が安全衛生活動や健康確保の取組みに関する知識や技能を備えていなければ，これらの活動や取組みは適切に実施されない．e) では働く人に必要な力量を備えさせることを要求している．例えば，KY 活動を適切に実施するためには，働く人は KY 活動の目的や具体的な実施方法について知識があり，なおかつ実施できなければならない．教育の方法は研修や e ラーニングだけでなく，安全衛生活動や健康確保の取組みの中で OJT を実施するようにするとよい．

また，f) では安全衛生活動及び健康確保の取組みの有効性を評価し，管理

する力量がシステム各級管理者に求められている．この有効性の評価は，各々の各級システム管理者が個別に実施するのではなく，組織として統一した基準・評価方法を設置しておくとよい．

力量の確保のために，経験と実績がある外部の教育機関やコンサルタントを活用したり，力量を備えた人を雇用することも力量確保の一つの方法である．

JIS Q 45100:2018

7.3 認識
JIS Q 45001:2018 の 7.3 を適用する．

JIS Q 45100:2018

7.4 コミュニケーション
JIS Q 45001:2018 の 7.4 を適用する．

JIS Q 45100:2018

7.5 文書化した情報
7.5.1 一般
JIS Q 45001:2018 の 7.5.1 を適用する．

JIS Q 45100:2018

7.5.1.1 手順及び文書化
組織は，5.4，6.1.2.2，7.5.3，8.1.1，8.1.2，9.1.1，9.2.2 及び 10.2 によって策定する手順に，少なくとも次の事項を含まなければならない．

a) 実施時期
b) 実施者又は担当者
c) 実施内容
d) 実施方法

組織は，5.4，6.1.2.2，7.5.3，8.1.1，8.1.2，9.1.1，9.2.2 及び 10.2 によって策定する手順を，文書化した情報として維持しなければならない．

3.3 JIS Q 45100 の解説

◀本文の解説▶

箇条 7.5.1.1 は JIS Q 45100 独自の箇条であり，JIS Q 45001 からの引用はない．JIS Q 45001 では手順について具体的な要求事項がないため，箇条 7.5.1.1 では手順に含めるべき 4 項目を a)～d) に規定している．また，JIS Q 45001 では手順の定義（3.26）に"手順は文書化しなくてもよい"との記載があるため，JIS Q 45100 では文書化した情報とすることを要求している．なお，手順が求められている各箇条のタイトルは次のとおりである．

5.4（働く人の協議及び参加）
6.1.2.2（労働安全衛生リスク及び労働安全衛生マネジメントシステムに対するその他のリスクの評価）
7.5.3（文書化した情報の管理）
8.1.1（運用の計画及び管理—一般）
8.1.2（危険源の除去及び労働安全衛生リスクの低減）
9.1.1（モニタリング，測定，分析及びパフォーマンス評価—一般）
10.2（インシデント，不適合及び是正処置）

a)～d) は，3W1H を明確にした手順を作成することが要求されている．これらの手順を新たに作成する必要はなく，既存の手順を見直し必要に応じ修正することでよい．もし作成されていなければ，3W1H を踏まえて手順書を作成する．実効性のある手順を作成することにより，規格の要求事項を事業プロセスへ統合し，成果につなげることができる．

―――――― JIS Q 45100:2018 ――――――

7.5.2 作成及び更新

JIS Q 45001:2018 の **7.5.2** を適用する．

―――――― JIS Q 45100:2018 ――――――

7.5.3 文書化した情報の管理

［中略（**JIS Q 45001**:2018 の **7.5.3** が引用されている）］

組織は，文書化した情報の管理（文書を保管，改訂，廃棄などをすることをいう．）に関する手順を定め，これによって文書化した情報の管理を行わなければならない．

◀本文の解説▶

文書管理のための手順を定めた文書の作成が要求事項となっており，厚労省 OSHMS 指針第 8 条（明文化）と整合がとられている．文書管理の手順も新たに作成する必要はなく，既存の手順書を見直し必要に応じ修正することでよい．

―― JIS Q 45100:2018 ――

8 運用
8.1 運用の計画及び管理
8.1.1 一般

［中略（**JIS Q 45001**:2018 の **8.1.1** が引用されている）］

組織は，箇条 6 で決定した取組みを実施するために必要なプロセスに関する手順を定め，この手順によって実施しなければならない．
組織は，箇条 6 で決定した取組みを実施するために必要な事項について，働く人及び関係する利害関係者に周知させる手順を定め，この手順によって周知させなければならない．

◀本文の解説▶

前段では，JIS Q 45001 の箇条 6 で決定した組織として取り組む事項を確実に実施するため，必要なプロセスに関する手順を定めること，その手順に沿って実施することを求めている．ここで要求されているのは"必要なプロセスに関する手順"であり，取り組む事項の全てについて手順を求めているわけではない．"プロセスに関する手順"については箇条 5.4 に記載したとおりである．

後段では，JIS Q 45001 の箇条 6 で策定した取組みの計画を実施するため，及び周知のために手順を定めること，その手順によって周知することが要求されている．ここでは厚労省 OSHMS 指針第 13 条（安全衛生計画の実施等）と整合がとられている．周知の方法も組織で既に実施されている安全衛生委員会，職場単位の安全衛生会議，イントラネット等を活用すればよい．

JIS Q 45100:2018

8.1.2 危険源の除去及び労働安全衛生リスクの低減

［中略（**JIS Q 45001**:2018 の **8.1.2** が引用されている）］

組織は，危険源の除去及び労働安全衛生リスクを低減するためのプロセスに関する手順を定め，この手順によって実施しなければならない．

組織は，危険源の除去及び労働安全衛生リスクの低減のための措置を **6.1.1.1** の体制で実施しなければならない．

◀**本文の解説**▶

JIS Q 45001 の箇条 8.1.2 では危険源の除去及び労働安全衛生リスクを低減するためのプロセスを確立し，実施し，維持することが求められている．したがって，危険源の除去及び労働安全衛生リスクを低減するためのプロセスが確立されている組織では，それを活用することでよい．"プロセスに関する手順"については箇条 5.4 に記載したとおりである．

また，この規格の箇条 6.1.1.1 では労働安全衛生リスクの評価等を統括管理する者，実施を管理する者，専門的な知識を有する者の参加などについて規定されているが，危険源の除去及び労働安全衛生リスクを低減するための措置の実施についても，同じ体制で行うこと要求している．

JIS Q 45100:2018

8.1.3 変更の管理

JIS Q 45001:2018 の **8.1.3** を適用する．

―――――――――――――――――――――――――― JIS Q 45100:2018 ――

8.1.4　調達

　JIS Q 45001:2018 の **8.1.4** を適用する．

―――――――――――――――――――――――――― JIS Q 45100:2018 ――

8.2　緊急事態への準備及び対応

　JIS Q 45001:2018 の **8.2** を適用する．

―――――――――――――――――――――――――― JIS Q 45100:2018 ――

9　パフォーマンス評価
9.1　モニタリング，測定，分析及びパフォーマンス評価
9.1.1　一般

　［中略（**JIS Q 45001**:2018 の **9.1.1** が引用されている）］

　組織は，モニタリング，測定，分析及びパフォーマンス評価のためのプロセスに関する手順を定め，この手順によって実施しなければならない．

◀本文の解説▶

　JIS Q 45001 の箇条 9.1.1 ではモニタリング，測定，分析及びパフォーマンス評価のためのプロセスを確立し，実施し，維持することが求められている．したがって，モニタリング，測定，分析及びパフォーマンス評価のためのプロセスが確立されている組織では，それを活用することでよい．プロセスが確立されていない組織では，箇条 7.5.1.1 を踏まえた手順を定める．"プロセスに関する手順"については箇条 5.4 に記載したとおりである．

―――――――――――――――――――――――――― JIS Q 45100:2018 ――

9.1.2　順守評価

　JIS Q 45001:2018 の **9.1.2** を適用する．

3.3　JIS Q 45100 の解説

――― JIS Q 45100:2018 ―――

9.2　内部監査
9.2.1　一般
　JIS Q 45001:2018 の **9.2.1** を適用する．

9.2.2　内部監査プログラム

　［中略（**JIS Q 45001**:2018 の **10.2** が引用されている）］

　組織は，監査プログラムに関する手順を定め，この手順によって実施しなければならない．

――― JIS Q 45100:2018 ―――

9.3　マネジメントレビュー
　JIS Q 45001:2018 の **9.3** を適用する．

――― JIS Q 45100:2018 ―――

10　改善
10.1　一般
　JIS Q 45001:2018 の **10.1** を適用する．

――― JIS Q 45100:2018 ―――

10.2　インシデント，不適合及び是正処置

　［中略（**JIS Q 45001**:2018 の **10.2** が引用されている）］

　組織は，インシデント，不適合及び是正処置を決定し，管理するためのプロセスに関する手順を定め，この手順によって実施しなければならない．

◀本文の解説▶

　JIS Q 45001 の箇条 10.2 ではインシデント，不適合及び是正措置を決定し管理するためのプロセスを確立し，実施し，維持することが求められている．したがって，インシデント，不適合及び是正措置を決定し管理するためのプロセスが確立されている組織では，それを活用することでよい．プロセスが確立されていない組織では，箇条 7.5.1.1 を踏まえた手順書を定める．"プロセスに関する手順"については箇条 5.4 に記載したとおりである．

──────────────────────────── JIS Q 45100:2018 ─

10.3　継続的改善

　JIS Q 45001:2018 の **10.3** を適用する．

附属書 A
（参考）
取組み事項の決定及び労働安全衛生目標を達成するための計画策定などに当たって参考とできる事項

これらの事項は，6.1.1，6.1.2.2，6.1.2.3 及び 6.1.3 において用いる．

領域		項　目	①法令要求関連事項	②労働安全衛生リスク関連事項	③安全衛生活動及び健康確保関連事項	④安全衛生教育及び健康教育関連事項
全般	1	衛生委員会／安全委員会／安全衛生委員会の開催	○			
	2	安全衛生教育（法定教育：雇入れ時・作業内容変更時教育及び職長教育）	○			
	3	危険予知活動（KYT，指差呼称など）			○	
	4	整理整頓活動（4S活動など）			○	
	5	ヒヤリ・ハット活動			○	
	6	ヒューマンエラー防止活動（危険等の見える化，注意喚起表示など）			○	
	7	安全衛生改善提案活動			○	
	8	類似災害防止の検討			○	

領域		項目	①法令要求関連事項	②労働安全衛生リスク関連事項	③安全衛生活動及び健康確保関連事項	④安全衛生教育及び健康教育関連事項
	9	作業規程,作業手順書の整備,周知及び見直し			○	
	10	職場巡視(法定:安全管理者,衛生管理者及び産業医の職場巡視)	○			
	11	安全衛生パトロール(法定外:トップマネジメント,管理監督者,安全衛生委員会など)			○	
	12	始業時ミーティング(安全／衛生／健康管理チェック)			○	
	13	労働者の応急救護訓練(AEDの使い方も含む.)				○
	14	安全衛生意識向上のための活動(安全衛生大会,週間・月間活動,安全衛生表彰,事例発表,安全衛生標語の募集など)			○	
	15	受動喫煙対策			○	
	16	快適職場づくり(中高年者,妊婦,障害者などに配慮した職場・職務設計)			○	

附属書 A（参考）

領域		項　目	①法令要求関連事項	②労働安全衛生リスク関連事項	③安全衛生活動及び健康確保関連事項	④安全衛生教育及び健康教育関連事項
	17	計画的な有資格者の育成（免許取得，技能講習受講など）	○			
	18	元方事業者にあっては，関係請負人に対する措置（参考文献を参照）	○			
安全衛生共通	1	安全点検など（法定：定期自主検査，特定機械等の性能検査など）	○			
	2	安全点検など（法定外）			○	
	3	安全衛生教育（法定教育：雇入れ時・作業内容変更時教育，特別教育，職長教育など）	○			
	4	安全衛生教育（法定外教育：経営者，管理者，技術者教育，危険体感教育など）				○
	5	労働安全衛生リスク［労働安全のリスク全般に関すること（化学物質に関することを除く．）］の調査及びリスク低減対策（参考文献を参照）		○		

領域		項 目	①法令要求関連事項	②労働安全衛生リスク関連事項	③安全衛生活動及び健康確保関連事項	④安全衛生教育及び健康教育関連事項
	6	特定の起因物（機械，電気，産業車両など）による災害防止対策	○		○	
	7	特定の事故の型（墜落・転落，転倒，挟まれ，巻き込まれなど）による災害防止対策	○		○	
	8	特定の作業時（非定常作業，荷役作業，はい作業，車両運転など）の災害防止対策	○		○	
	9	交通事故（通勤災害も含む．）による災害の防止対策			○	
	10	保護具の管理（選定，着用，保管など）	○		○	
	11	安全保護具（安全帯，保護帽，安全靴など）の着用教育				○
	12	作業環境測定	○			
	13	作業環境改善（局所排気装置の設置など）	○		○	
	14	特殊健康診断（計画から実施）	○			

領域		項 目	①法令要求関連事項	②労働安全衛生リスク関連事項	③安全衛生活動及び健康確保関連事項	④安全衛生教育及び健康教育関連事項
	15	特殊健診の判定（有所見者に対する医療区分・就業区分判定），事後措置（精密検査，就業制限，配置転換など）	○			
	16	労働安全衛生リスク［労働衛生のリスク全般に関すること（化学物質に関することを除く．）．］の調査及びリスク低減対策（参考文献を参照）		○		
	17	労働安全衛生リスク（化学物質に関すること．）の調査及びリスク低減対策（参考文献を参照）	○	○		
	18	化学物質SDSの管理・活用			○	
	19	人間工学（エルゴノミクス）手法を用いた改善			○	
	20	物理的有害要因の対策（熱中症，騒音など）	○		○	
	21	化学的有害要因の対策（発がん物質，特化物，有機溶剤など）	○		○	
	22	粉じん・石綿などの対策	○		○	

領域		項　目	①法令要求関連事項	②労働安全衛生リスク関連事項	③安全衛生活動及び健康確保関連事項	④安全衛生教育及び健康教育関連事項
	23	衛生保護具（防じんマスク，防毒マスクなど）の教育（フィットテストなど）				○
	24	化学物質管理教育（有害性・SDSの活用方法など）				○
健康	1	一般健康診断（計画から実施）	○			
	2	健診判定（有所見者に対する医療区分・就業区分判定），事後措置（精密検査，受診勧奨，保険指導）	○			
	3	適正配置（就業上の措置，復職支援，母性健康管理など）	○			
	4	ストレスチェックの実施及び個人対応（医師の面接指導など）	○			
	5	ストレスチェック結果の集団分析に基づく職場環境改善			○	
	6	過重労働対策（労働時間管理，労働時間の削減，医師の面接指導など）	○		○	

附属書A(参考)

領域		項　目	①法令要求関連事項	②労働安全衛生リスク関連事項	③安全衛生活動及び健康確保関連事項	④安全衛生教育及び健康教育関連事項
	7	メンタルヘルス対策(体制整備,四つのケア及び医師の面接指導など)			○	
	8	メンタルヘルス教育(管理監督者,一般職など)				○
	9	感染症対策(結核,インフルエンザなど)			○	
	10	健康教育(生活習慣病予防,感染症予防,禁煙教育,睡眠衛生教育など)				○
	11	時間外労働の削減,勤務間インターバル制度導入など			○	
	12	治療と仕事の両立に向けた支援(がん就労支援など)			○	
	13	ハラスメント対策			○	
	14	健康保持増進の取組み(THP活動,職場体操,ストレッチ,腰痛体操,ウォーキングなど)			○	

第3章　JIS Q 45100:2018 要求事項の解説

領域	項　目	①法令要求関連事項	②労働安全衛生リスク関連事項	③安全衛生活動及び健康確保関連事項	④安全衛生教育及び健康教育関連事項

注記1　"全般領域"及び"健康領域"については，全ての組織が参考とすることができる．

注記2　"安全衛生共通領域"については，特に危険有害業務をもつ組織が参考とすることができる．

注記3　それぞれの項目における，①法令要求関連事項，②労働安全衛生リスク関連事項，③安全衛生活動及び健康確保関連事項，④安全衛生教育及び健康教育関連事項の区分の○印は，一般的に区分したものであって，個別のケースにおいては，異なる区分に該当する場合もある．

注記4　①法令要求関連事項は，計画的に取り組むことが推奨される事項を抜粋したものであり，全ての法令要求関連事項を掲載したものではない．

注記5　"項目"欄について，取組みの趣旨が同一であれば，組織が決定した取組み事項が，それぞれの項目の名称に一致していなくてもよい．

第4章 他のISOマネジメントシステム規格との比較

4.1 共通テキスト（附属書SL）導入による共通要素

共通テキスト*については，『ISO共通テキスト《附属書SL》解説と活用』（平林良人・奥野麻衣子共著，2015年，日本規格協会）に詳しく解説しているので，詳細を知りたい方はそちらの著書を見ていただきたい．ここでは，全てのマネジメントシステムに導入されている共通要素の中から，ISO 45001に重要と思われる要素を取り上げて解説とする．

ISOが2012年に発行した附属書SLの箇条SL 9.1（序文）には次のようにある．

附属書SL

SL.9.1　序文

この文書の狙いは，合意形成され，統一された，上位構造，共通の中核となるテキスト，並びに共通用語及び中核となる定義を示すことによって，ISOマネジメントシステム規格（MSS：Management System Standard）の一貫性及び整合性を向上させることである．タイプAのMSS（及び，適切な場合はタイプB）全てを整合化し，これらの規格の両立性を向上させることが，その狙いである．個別のMSSには，必要に応じて，"分野固有"の要求事項を追記することが想定されている．

　　注記　附属書SL.9.1及び附属書SL.9.4においては，マネジメントシステム規格で扱う具体的な分野（例　エネルギー，品質，記録，環境）を示すために"分野固有の（discipline-specific）"という言葉が使用されている．

ここで，タイプAとは要求事項を含んだ規格（shall助動詞が使用されている）のことであり，現在（2017年時点）約30種類ある．また，Bタイプは

---

* 共通テキスト（附属書SL）は正式には"ISO/IEC専門業務用指針，第1部　統合版ISO補足指針―ISO専用手順　附属書SL　付表2"に含まれている．"上位構造，共通の中核となる共通テキスト，共通用語及び中核となる定義"のことである．本文中では"共通テキスト"という．

4.1 共通テキスト（附属書SL）導入による共通要素　　　259

ガイド規格（should助動詞が使用されている）であり，現在約80種類がISOから発行されている．

4.1.1 "リスク"（箇条6.1）

『ISO共通テキスト《附属書SL》解説と活用』（p.49）から引用しながら解説する．

> 　当時ドラフトだったISO 31000（リスクマネジメント―原則及び指針）とISOガイド73（リスクに関する用語）を基にしながらも，整合化議論の過程で変更された．特に"不確かさの影響"から"目的に対する（on objective）"が削除された点が，ISO 31000及びISOガイド73との大きな違いとなっている．これは，"目的"という用語の定義があり，それぞれの規格の要求事項本文での用法（中略）を考えると，取り組むべきリスクとして考える範囲があまりにも限定されるなどの不整合が問題になったからである．
> 　また，"リスク"は，一般的な言葉としての理解も含め，各分野での概念理解が大きく異なることが共通テキスト検討の過程で判明した．（中略）このためJTCG（Joint Task Coordination Group：共同作業調整グループ，附属書SL作成グループ）は，リスクについては各規格でその分野に固有の"リスク"を定義することができる，という例外的なルールを設けた．（中略）したがって，リスクに関しては分野別の規格における定義や解釈をよく理解する必要がある．

　その結果，共通テキストの発行に当たってガイド文書（JTCG N389）には，箇条3.9（リスク）に関して"分野固有の規格では，その分野に固有の'リスク'を定義することもできる"とある．したがって，ISO 45001では，分野固有の"労働安全衛生リスク"を定義し，紛らわしい"労働安全衛生マネジメントシステムに対するその他のリスク"を削除するという選択肢もあり得

たが，PC 283/WG 1 ではその選択をせず，共通テキストに既存のリスク定義をベースに"労働安全衛生リスク"を追加するという形を採用した．

"リスク"とは，共通テキストの3.9に"不確かさの影響"と定義されている．これから何が起こるかわからない，誰も未来を言い当てられない状況においても，何が起こり得るかを予測し，それに対する影響を明確にしておくことが要求されている．6.1では，同時に"機会（opportunity）"も明確にすることが要求されている．組織は，計画を立てるに当たって現時点の情勢下で最適と思われることを立案するであろう．しかし，未来を考慮するということになると，誰もが何が確実に起こることなのか判断できない．組織にできることは，もし計画どおりいかなかったならばどうするのか，すなわち不安な事項に備えることである．

共通テキストはリスク及び機会を決定するに際して，立案した計画についてリスク及び機会を想定する時間軸は規定していないが，リスク及び機会への処置をとることを意図している．リスクと機会は対立する概念ではない．リスクがある中には必ず機会すなわちチャンスがある．例えば，生産計画から大幅に減産になり売上げが落ちるというリスクが考えられるが，その場合に人手に余裕ができ通常時にはできなかった教育訓練を行うことで効率が上がるというチャンスを見いだすということがあり得る．逆に機会と考えられたことが"あだとなり"，リスクを呼び込むことだってあり得る．効率を上げようとして最新設備を導入したが，操作に慣れなくて事故を起こすというようなことである．

4.1.2 "組織の状況"（箇条4）

この箇条は共通テキストの大きな特徴であり，四つの箇条に分かれている．
- 箇条4.1　組織及びその状況の理解
- 箇条4.2　利害関係者のニーズ及び期待の理解
- 箇条4.3　XXXマネジメントシステムの適用範囲の決定
- 箇条4.4　XXXマネジメントシステム

共通テキストでは，組織固有の状況を明確にするという規定を新たに本箇条

4.1 共通テキスト（附属書 SL）導入による共通要素

に追加することで，より効果的なマネジメントシステム構築を組織に求めている．トップマネジメントは，この四つの箇条の規定に沿って組織の状況を把握しなくてはならないとした．

組織に XXX マネジメントシステムを導入しようとすると，必ず既存のマネジメントシステムとの兼合いが問題になる．マネジメントシステムとは，方針及び目標を定めそれらを達成するプロセスを確立するための一連の要素であるから，組織には事業推進のマネジメントシステム（収益を追求するマネジメントシステム）が既に存在する．この同じような構造をもっている事業推進のマネジメントシステムが存在する組織に，XXX マネジメントシステムを構築しようとすると，両者（事業推進マネジメントシステムと XXX マネジメントシステム）の間での取り合いが問題になる．箇条 5.1 に規定されている，"事業プロセスに XXX マネジメントシステム要求事項を統合する"ということへの伏線としてここでの要求事項があるといえる（本書の 4.1.5 参照）．

●**箇条 4.1**（**組織及びその状況の理解**）

ここでの意図は，問題を顕在化させ XXX マネジメントシステムを推進する組織の能力に悪い影響を与えないようにすることである．あるいは，課題を明確にして組織能力を維持させ，意図した成果を達成させようとすることである．

組織には必ず課題がある．重要なことは問題を顕在化させ，目標に向かって解決する努力を繰り返すことである．

●**箇条 4.2**（**利害関係者のニーズ及び期待の理解**）

組織が社会的存在である以上，利害関係者のニーズ及び期待に目を向けることは当然のことである．まずは組織にとっての利害関係者は誰であるのかを改めて明確にし，利害関係者からの要求事項を組織として決定することが重要なことである．CSR（Corporate Social Responsibility）の考え方からいうと，組織と関係をもつあらゆる主体は利害関係者であるが，ここで問われているのは，組織がその主体をどの程度意識しているかである．意識している程度によって利害関係者からの要求事項の受け止め方が変わってくる．

今回の ISO 45001 では，ILO の強い主張もあり，4.2 のタイトルが"働く人及び利害関係者のニーズ及び機会"となり，働く人が最も強い利害関係者であることを明示することになった．

● **箇条 4.3（XXX マネジメントシステムの適用範囲の決定）**

マネジメントシステムの適用範囲の決定に関するこの共通の要求事項の意図は，マネジメントシステムが適用される物理的及び組織上の境界を設定することである．組織の状況に関する理解を踏まえて，マネジメントシステムの適用範囲を設定する．適用範囲の境界を定める裁量は組織にあり，マネジメントシステムの実施範囲を全社的にするか，一部のユニットや機能（複数でも可）にするかを選ぶことができる．XXX マネジメントシステムを導入する目的に対して適切であり，効果的な範囲にすることが要点である．

なお，規格では"適用範囲（scope）"という用語が 3 通りの使われ方をしている．一つはこの箇条 4.3 で決められた組織のマネジメントシステムの適用範囲だが，二つめは ISO マネジメントシステム規格の適用範囲（箇条 1）である．これは規格そのものの使われ方であり，組織が規格を利用することで期待される便益も記されることがある．三つめは"認証範囲"である（本書のp.86 参照．附属書 SL コンセプト文書 JTCG N360 箇条 4.3）．

● **箇条 4.4（XXX マネジメントシステム）**

この箇条では，XXX マネジメントシステムの確立，実施，維持，改善を求めている．共通テキストは，序文でも明確にしているように，組織にマネジメントシステムを求めているので，規格の原点はここにある．細分箇条 4.1 〜 4.3 までは，組織が自身の現状を顧みず，組織の現状にマッチした XXX マネジメントシステムを適切に構築しない現状への警鐘を含めて，"状況の理解"（4.1），"利害関係者"（4.2），"適用範囲"（4.3）の三つを改めて規定したといえる．改めてといったのは，1987 年に ISO が初めて品質システム規格を発行（ISO 9001，ISO 9002，ISO 9003）して以来，これら 3 項目はその後のマネジメントシステム規格構築の前提として考慮されるべきものだからである．

4.1.3　"意図した成果"（箇条 4.1）

　共通テキストで初めてマネジメントシステムに"意図した成果（intended outcome）"という用語が使用された．マネジメントシステムには目的があるべきであり，その目的を達成するために方針を立て，目標を決め，達成するためのプロセスを確立するのである．しかし，従来のマネジメントシステム規格にはこのパフォーマンスともいうべき組織の狙いが明確に規定されていなかった．当然のことであるが，世の中の組織のマネジメントシステムの目的は千差万別であろう．したがって，規定しづらく組織に任されていたが，共通テキストでは明確に"意図した成果（intended outcome）"を規定した．"意図した成果（intended outcome）"は共通テキストの次の箇所に出てくる．

・3.8（目的，目標）注記 3：
　　目的（又は目標）は，例えば，<u>意図する成果</u>，目的（purpose），運用基準など，別の形で表現することもできる．
・4.1（組織の状況及びその理解）：
　　組織は，組織の目的に関連し，かつ，その XXX マネジメントシステムの<u>意図した成果</u>を達成する組織の能力に影響を与える，外部及び内部の課題を決定しなければならない．
・5.1（リーダーシップ及びコミットメント）：
　　―XXX マネジメントシステムがその<u>意図した成果</u>を達成することを確実にする．
・6.1（リスク及び機会への取組み）
　　― XXX マネジメントシステムが，その<u>意図した成果</u>を達成できるという確信を与える．

4.1.4　"プロセス"（箇条 4.4，5.1，8.1）

　共通テキストの中でプロセスの確立が要求されている箇条は，"マネジメントシステムプロセス"（箇条 4.4）と，外部委託プロセスを含む"運用の計画及び管理のプロセス"（箇条 8.1）である．このほか，箇条 5.1 にプロセスに

関係する規定がある．ここには"組織の事業プロセスにXXXマネジメントシステムの要求事項を統合する"として事業プロセスという概念が登場する．

JTCGは共通テキストの作成においては，同じ要求事項の繰返しを避けて，規格がシンプルになることを目指した．この箇条は，他の箇条全体にかかってくるので，例えば，他の箇条で4.4が参照されることによって，ある活動（プロセス）を一度行ったら完了ではなく，その後の維持，改善を継続していく必要があるという意味になる．

"プロセス（process）"と"手順（procedure）"についてはJTCGでも多少の議論があったが，共通テキストでは一貫して"プロセス"が使われている．JTCGは"手順は行うことの順序と方法を決めたものだが，プロセスはそれに加えて何が入ってきて（インプット），何が出ていくか（アウトプット）を明確にしたもので，もっと広範な規範である"と考えた．"どのように行うか（How）"を定める"手順"は，様々な規定（インプット，アウトプット，判断基準，方法，監視測定，パフォーマンス指標，責任権限，資源，リスク及び機会など）の一つでしかないので共通テキストに手順は規定しないことになった．

したがって，共通テキストの箇条3.12（プロセス）に"インプットをアウトプットに変換する，相互に関連する又は相互に作用する一連の活動"と定義されている．この定義は非常に広範な意味をもっている．活動と呼んでいるときは一般的であるが，いったんプロセスと呼ぶと個別的，特定的，もっといえば個々人が自身の経験から思い浮かべるイメージをもつものになる．図4.1はISO/TC 176がプロセスを説明するときに使用しているものである．

この図においては，プロセスは部門（Department）A，B，C，Dを横断していくという意味を"Process linkage across departments"という文章で説明している．プロセスは部門を横断する水平の動きということになるが，この水平の動きと対比されるものが部門の縦の動きである．部門は専門性を軸に人を集め，部門に与えられたミッション（役割）から出された部門目標を日常管理する．日常管理するためには部門の階層に沿っての指示命令，報告のコミュ

4.1 共通テキスト（附属書SL）導入による共通要素   265

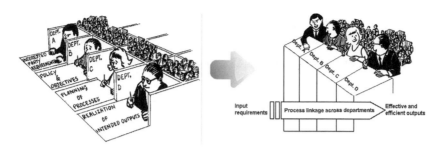

図 4.1 プロセスは部門の垣根を越えた動き
（出所：ISO/TC 176/SC 2 N 544 R3 2008年版）

ニケーションが重要になるが，この流れを縦の動きと呼ぶ．縦方向の動きに身を置くと部門外は見えづらく（意識しづらく）なり，部門内における指示命令，報告に焦点が当てられる．そのため，組織の全体的な効率や利益よりも，部門の効率，利益を優先した行動となりがちである．

　プロセスの動きは，異なる部門間の壁を乗り越え，組織全体の主要な目標に焦点を当てる．そこでの課題は，プロセス間のインターフェース（接点）をどのように管理していくかであり，部門間の協力，コミュニケーションが課題解決のポイントになる．部門の壁を乗り越えるといったが，例えば，"営業プロセス"があるとすると，このプロセスが乗り越える部門にはどんな部門があるのであろうか．多分，組織の全ての部門が正解であろう．営業プロセスは営業課だけで行われるのではない．同様に，設計プロセスは設計課だけで行われるわけではない．プロセスオーナ（設計課）が中心になって活動を進めていくことになるが，例えば，設計プロセスは営業課，技術課，品質保証課，製造課，検査課などの垣根を乗り越えて，はじめて期待される成果を達成することができる．

4.1.5 "事業プロセスへの統合"（箇条 5.1）

　箇条 5.1（リーダーシップ及びコミットメント）に端的に現れてくることだが，JTCG はマネジメントシステム要求事項が事業プロセス（通常の業務活動

といってもよいだろう）に組み込まれて統合されることを重要視した．事業の中に当該マネジメントシステム上の要求事項をどこまで詳細に，かつ，どの範囲まで統合するのかについても，組織が自らの裁量で決定することができるし，一方でその説明責任も組織にある．

"組織の事業プロセスへのマネジメントシステム要求事項の統合"は重要であるがゆえにトップマネジメントの役割となっている．"事業（business）プロセス"といっても，製品及びサービスに関わるプロセスのみを指しているわけではなく，支援プロセス（管理機能，間接部門），経営プロセスも含めた組織の存続に必要な通常の活動を意図している．組織の課題を解決する，例えば目標を達成したり，XXXパフォーマンスを達成することは，共通テキストの大きなポイントであり，"事業プロセスにXXXマネジメントシステム要求事項を統合"することには深い意図がある．

この要求におけるポイントは二つある．一つは"事業プロセス（business process）"であり，もう一つは"統合（integration）"である．事業プロセスは既に説明したが，一方の統合とは，文字どおり一緒にすることであり，XXXマネジメントシステム要求事項を日常の活動のどこで実践するかを明確にすることと解釈してよい．組織が日常的に行っている，事業推進活動にXXXマネジメントシステム要求事項を組む入れることが必要である．

ISO規格のXXXマネジメントシステム要求事項を組織の事業のプロセスに上手に組み込んでいる組織はそう多くはない．その背景には，プロセスという概念が正しく把握できていないこと，プロセスの大きさについての理解が足りないことなどが挙げられる．これまでの二重の仕組みを解消して，共通テキストの意図どおりのシステムを構築することは，組織の課題解決に肝要なことである．日常の活動に要求事項を統合して，はじめて共通テキストの意図を実現することができ，最終的に箇条9.1（監視，測定，分析及び評価）で規定されているパフォーマンスの評価を通じてその向上を達成することができる．

例えば，共通テキストの8.1（運用の計画及び管理）には次の要求がある．"組織は，次に示す事項の実施によって，要求事項を満たすため，及び6.1（リ

スク及び機会への取組み）で決定した取組みを実施するために<u>必要なプロセスを計画し</u>，実施し，かつ，管理しなければならない"．ここでいう必要なプロセスは，6.1で決定したリスクと機会への取組みの活動を意味している．この必要なプロセスは，事業プロセスに組み込まれ一体となって日常的に運用させるようになることが共通テキストの意図である．

　組織がXXXマネジメントシステムを構築しようとするときに注意しなければならないことがある．それは既に組織に存在している事業経営のマネジメントシステムとの取り合いである．具体的にいうと，マネジメントシステムの構成要素である，方針，目標，プロセス，組織構造，役割及び責任，計画及び運用などについての取り合いである．組織は誕生したときから，顧客に製品及びサービスを提供し（購入してもらい），その結果収益を上げることで成長してきているが，組織はそのやり方を定例化し，毎年少しずつ改善することで，今日のやり方を得ている．そのやり方はマネジメントシステムと呼んでよく，全ての組織にはマネジメントシステムが（その良し悪しは別として）本来存在しているといってよい．

　事業経営において，組織にどんなマネジメントシステムが存在しているかというと，一口でいってしまえば，期首に事業計画を立て，それを実施し，四半期ごとに評価し，修正を加えながら期末に1年のまとめを行うというマネジメントシステムである．そのためには，売上計画，人員計画，設備計画，実行計画などの個別計画を立て，それらを日々実行，運用をする（PDCAサイクル）．これらの一連の活動のことを，共通テキスト箇条5.1では"事業プロセス"と呼んでいる．事業経営において，このマネジメントシステムが有効に機能すると，"現在の状態を今後も継続しかつ改善すること"の可能性が高まり，顧客の信頼感がより高まる．

　すなわち，統合は

　　事業方針 vs XXX方針

　　事業目標 vs XXX目標

　　事業プロセス vs XXXプロセス

事業構造 vs XXX 構造

　　事業役割及び責任 vs XXX 役割及び責任

　　事業計画及び運用 vs XXX 計画及び運用

などについて必要な対応をとる必要がある．共通テキスト箇条 3.4 の注記 1 には"一つのマネジメントシステムは，単一又は複数の分野を取り扱うことができる"と書かれているが，事業経営というマネジメントシステムは事業と XXX という複数の分野を取り扱うことができる．

　箇条 5.1 でいう，"事業プロセスに XXX マネジメントシステム要求事項を統合する"とは，この複数のマネジメントシステム構成要素をうまく関係付ける，一緒にさせることを意味している（図 4.2 参照）．

4.1.6　"文書化した情報"（箇条 7.5）

　共通テキストでは，"文書類（documentation）"や"記録（record）"という用語は使用せず，"文書化した情報（documented information）"という用語を導入した．"文書化した情報"とは，当該マネジメントシステムにおいて，あらゆる形式又は媒体（7.5.3 参照）であり，管理・維持する必要があると決定した情報をいう．この用語には，文書類，文書，文書化した手順及び記録等の従来の概念が含まれている．"文書化した情報"には，紙媒体はもとより電子媒体であっても，成文化されたもの（書類）にとどまらず，音声や画像，動画などの様々な形式（フォーマット）を想定している．これは当初，JTCG の中で"文書"の管理から"情報"の管理へとシフトする議論から生まれた．昨今の情報技術の普及と進展に鑑みれば，データ，文書類，記録等は，今や電子的に処理されることが多い．

　"文書化した情報"に関する共通の一般要求事項の意図は，マネジメントシステムにおいて作成し，管理し，維持しなければならない情報の種類について説明することである．"この規格が要求するもの"には，共通テキストで要求されるものに加え，分野別規格で要求されるものがある．これらに加え，組織が自ら当該マネジメントシステムに必要と決定した，その他のあらゆる追加的

4.1 共通テキスト（附属書SL）導入による共通要素　　269

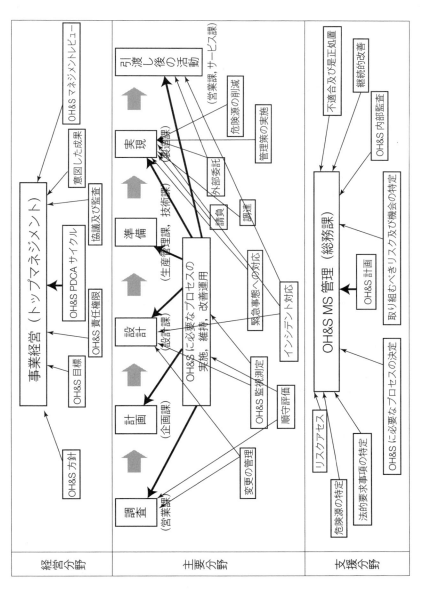

図 4.2　事業とマネジメントシステムの統合の例

な情報がある．

　共通テキストには，"文書化した情報"として少なくとも次のものが含まれる．
　　—マネジメントシステムの適用範囲（4.3）
　　—方針（5.2）
　　—目的・目標（6.2）
　　—力量の証拠（7.2）
　　—外部からの文書化した情報（7.5.3）
　　—プロセスの実施の証拠に必要な文書化した情報（8.1）
　　—監視，測定，分析及び評価結果（9.1）
　　—内部監査プログラム実施の証拠（9.2.2）
　　—マネジメントレビューの結果（9.3）
　　—不適合，処置，是正処置の結果（10.1）

　規格で要求されているもの以外に，どのような"文書化した情報"が必要かを判断するのは，組織の裁量であり責任である．それぞれ組織によって必要な程度は異なるため，注記に列挙されている要因が参考になる．また，もともと当該マネジメントシステム以外の目的で作成された，既存の"文書化した情報"を利用してもよい．

4.1.7　"XXX パフォーマンスの評価"（箇条 9.1）

　共通テキストの"監視，測定，分析及び評価"に関する要求事項では，マネジメントシステムの"意図した成果"が計画どおりに達成されていることを確認するためのチェックを規定している．チェックの種類には，定性的なものも，定量的なものもある．監視，測定を行ったらその結果について分析し，評価し，後の改善につなげることが意図されている．

　何をいつ，どのようにして測定し評価するのかは組織が自ら決めるが，監視又は測定，分析及び評価の対象となる指標ないし特性は，マネジメントシステムにおいて計画した活動がどの程度実行され，計画した結果がどの程度達成できたのかを判断するために"必要十分な"情報を提供できるものにする．

4.1 共通テキスト（附属書 SL）導入による共通要素

"XXX パフォーマンスを評価し，当該マネジメントシステムの有効性を評価する"とあるが，監視，測定，分析，評価を通じて得られた情報は，現場レベルでもプロセスやシステムの"継続的改善"（10.2）のために活用するとともに，"マネジメントレビュー"（9.3）の要求事項に従って，トップマネジメントに提示される．

　パフォーマンスの評価で重要なことは目標そのもの（意図した成果）が適切であること，次に重要なことが評価の対象である．評価にどのようなものを選ぶかが，ここでいう有効性の評価のカギになる．この"ものさし"を何にするのかは難しいことである．OH&SMS に関しては例えば，製造部門であると，ヒヤリ・ハット件数，軽微な負傷件数，休業災害数，重篤災害数，度数率，強度率などになるであろう．設計部門になると，業務上疾病数，メンタルヘルスに関連するもの，健康診断受診率などになるかもしれない．"ものさし"のない管理は薫りのしないコーヒーみたいなものだといわれる．日本の組織は，高い目標を設定しそれに挑戦することで環境整備，問題の共有化，相互啓発，計画的な人材育成などに効果を上げてきたといわれる．パフォーマンス目標（意図した成果）は，次の条件のいくつかを満たしているとよいであろう．

- ・経営の目的と現状との分析から作られたものである．
- ・組織の体質改善の方向を示したものである．
- ・明確に簡潔にわかりやすい言葉で述べられている．
- ・具体的に目的を示したものである（目標値が明確である）．
- ・重要問題を示したものである．
- ・目的を達成するための方策が明らかにされている．
- ・強制，妥協でなく上下間のコミュニケーションがとれている．
- ・下の職位にいくに従って具体的なプログラムになっている．
- ・期限，目標，範囲など実行の条件が明らかになっている．
- ・伝達の方法，チェックの方法が明らかになっている．
- ・プログラムは実現可能な形になっている（計画，作業，チェック，改訂など PDCA の形となっている）．

4.2 他のマネジメントシステム規格との違い

ISO 45001 は上述のように共通テキストを母体に開発されたので，ISO 発行の他のマネジメントシステム規格（ISO 9001，ISO 14001，ISO/IEC 27001 など）と整合した構造，タイトルとなっており際立った違いはない．しかし，"労働安全衛生という分野固有からくる特徴"と"ILO の主張すること"から，品質マネジメントシステム，環境マネジメントシステムなどとの違いが出てきているので，ここではその2項目について説明をする．

4.2.1 労働安全衛生という分野固有の特徴―リスクアセスメント（箇条 6.1.2）

共通テキストの規定からくる"リスク及び機会"の要求は，他のマネジメントシステム規格同様に ISO 45001 にもあるが，ISO 45001 はこの"リスク及び機会"に加えて"労働安全衛生リスク"と"労働安全衛生機会"という要求を追加している．箇条 6.1.2 を中心に労働安全衛生リスクの要求が規定されているが，"risk assessment"という言葉は使用せず，"assessment of risk"と述べている．これは"リスクアセスメント"という用語を使用すると，ユーザーに固有のリスクアセスメント手法を想起させ，中小企業などに重たいシステムを構築させかねないとの配慮によるものである．しかし，箇条 6.1.1～6.1.4 までの内容はリスクアセスメントの内容と同一であると考えてよい．

"労働安全衛生リスク"は，その定義（箇条 3.21）から，"労働に関係する危険な事象又はばく露の起こりやすさと，その事象又はばく露によって生じ得る負傷及び疾病の重大性との組合せ"であり，リスクアセスメントは危険源により引き起こされるリスクを評価し，妥当な管理策を実行することでリスクを低減する活動である．

ここで"危険源"（3.19）とは，"負傷及び疾病を引き起こす可能性のある原因"と定義されており，リスクが評価される前に危険源は特定されなければならない．組織は，インシデント（事故を含む出来事）につながる危険源を認識

4.2 他のマネジメントシステム規格との違い

し，理解し，それらの危険源による人々への危険度合いであるリスクを評価し，優先順位付けに従って対処策（管理策）を実施して，合理的に実現可能な程度に低いレベルまで（ALARP：as low as reasonably practicable，附属書A.8.1.1及びA.8.1.2参照）労働安全衛生リスクを低減させることが求められている．すなわち，労働安全衛生リスクは絶対にゼロにはならないので，残ったリスク（残存リスク）の大きさを考慮して，残存リスクを受容可能とするか否かを決定することもリスクアセスメントに含まれる．

危険源の特定とリスクアセスメントの手法は，簡単なものから大量の文書を用いる複雑な定量分析に至るまで，ツールによって大きくそのやり方は異なっている．それぞれの製品，設備，工程などの複雑性によって，異なる手法の使用が推奨される．例えば，化学物質への長期ばく露のリスクアセスメントには，特定の化学物質の性質の把握が不可欠である．しかし，当然のこととして，事務所や作業場のリスクアセスメントはもっと簡便な異なる方法になる．

危険源の特定及びリスクの評価に当たっては，力量，行動及び制約のようなヒューマンファクターも考慮に入れなければならない．ヒューマンファクターを考慮する際，人の行動は次の事項と相互作用があることに留意するとよい．

　—職務の性質（職場レイアウト，作業負荷，身体労働，作業パターン）
　—環境（温度，照明，騒音，空気清浄度）
　—心理的能力（認識力，注意力，ストレス耐力）
　—生理的能力（人の体力，人の身体的特徴）

4.2.2　ILOの主張

ILOはリエゾンという立場で，PC 283にあってはあくまでもオブザーバ的な存在であったが，2013年に交わされたISOとILOの覚書に基づき，開発過程の節々でその影響力を行使した．以下ILOの意見とそれがISO 45001にどのように取り入れられたかについて，主な箇所について説明をする．

(1) ISO/PC 283 のメンバー構成

ILO は，"2013 年 ISO 加盟国が投票した NWIP（New Work Item Proposal：新規作業項目提案）に描かれたメンバー構成と現在の ISO/PC 283 のメンバー構成はほど遠い状態となっている"と主張し，改めて NWIP で"重要な課題"と認識された，PC 及び WG の三者構成（政府，雇用主組織，労働者組織）を求めた．以下は，ILO の要求文書からの抜粋である．

1) 三者参加のエキスパートがいない国内委員会には，関連の政府機関，雇用主の組織，労働者の組織に問い合わせて参加を求める．
2) 国内委員会及び国内の ISO 標準化団体（日本の場合，日本規格協会）は，三者参加の構成員からのコメントに特別の注意を向けることが望ましい．
3) ISO/PC 283 は，各国の三者参加の構成員，IOE（International Organization for Employee：国際使用者連盟），ITUC（International Trade Union Confederation：国際労働組合総連合）及び ILO からのコメントに特別の考慮をすることが望ましい．

【対応結果】 ILO の要求にメンバー各国ともできるだけの努力をする約束をした．

(2) 働く人の協議及び参加

ILO の創業の目的は，"労働者の権利保護"であり，ILO ガイドラインの箇条 3.2 にも"労働者の参加"が明記されているとして，ILO は，強く"働く人の協議及び参加"の規定を求めた．OHSAS 18001:2007 箇条 4.4.3.2 にも"参加及び協議"の要求事項が規定されていると主張したので，加盟各国は，審議の過程でそのような ILO の主張をよく理解し，できるだけ ILO の意見を入れるように努めた．

【対応結果】 共通テキストの箇条にはない箇条 5.4 が新設され，そのタイトルは"働く人の協議及び参加"となった．箇条 5.4 に加えて，ISO 45001 には次の箇条に"働く人の協議及び参加"の文言が出てくる．

5.1（リーダーシップ及びコミットメント）

5.2（労働安全衛生方針）

6.2.1（労働安全衛生目標）

9.3（マネジメントレビュー）

OHSAS 18001:2007 に記述されている"参加及び協議"の要求事項を参考に以下に示す．

OHSAS 18001:2007

4.4.3.2 参加及び協議

組織は，次の事項にかかわる手順を確立し，実施し，維持しなければならない．

a) 次の事項による労働者の参加
— 危険源の特定，リスクアセスメント及び管理策の決定への適切な関与
— 発生事象の調査への適切な関与
— OH&S 方針及び目標の策定及びレビューへの関与
— その OH&S に影響する何らかの変化が生じた場合の協議
— OH&S 問題に関する代表者の選出
　　労働者には，OH&S 問題に関して誰が代表であるかを含め，参加の取決めについて情報提供がなされなければならない．

b) OH&S に影響する変化が生じた場合の請負者との協議

組織は，関連する OH&S 問題について，適切な場合は，関連する外部の利害関係者と協議することを確実にしなければならない．

---

(3) 働く人の代表

ILO は，働く人の代表の選出は，良好な OH&SMS にとって必須のものである，として"働く人の代表"の定義と ILS（国際労働基準）の定義の不整合を避けるために真剣な考慮を求めるとして以下の文面を提出した．

1) "働く人の代表"を定義する場合には，代表の選出に労働者が適切に参加

することを記述する．別の選択肢としては，"働く人の代表"の定義を行わず，その定義は国内法及び慣習による定義に任せる．
2) CD 2 では，"働く人の代表"を"OH&SMS に関連して，労働者の利益を代表するために，国内法，規制及び慣習に沿って選出又は指名された人"と定義しているが，用語の参照に対する影響の仕方に関する評価及び議論がされず，定義を急いで採用した結果，CD 2 の定義は ILS と矛盾している．現在の定義は狭すぎて，そのままでは多数の組織の OH&SMS で労働者の真の声が反映されない．
3) ILS との溝を埋め，そして不整合を解消するために，本定義はさらなるレビューを必要とする．ILS と整合性をもたせるために，三つの主要な点を追加する必要がある．
   ① 労働者の OH&SMS への本当の提案及び参加を得るために，会社は労働者から信頼を得，労働者への説明責任をもつ代表を参加させる必要がある．そのような代表を確保する方法は二つあり，一つは労働組合による選出，もう一つは労働者による自由な選出である．
   ② 多くの組織では，OH&SMS における労働者の利益のみを代表する人はおらず，そして CD 2 の定義はそのような明白な責任をもつ代表を除外してしまう．また，各国の法律及び規制は，通常，自発的ないわゆる OH&SMS を扱わないので，定義を "OH&SMS に関連して労働者の利益を代表" とすると，一般の労働者の代表（OH&SMS 以外の代表）を認可する全ての法律，規制及び慣習が考慮されなくなる．
   ③ CD 2 の定義は，労働者の代表を選出するプロセスを統制する四つの潜在的な権威源のうち一つが除外されている．不足している一つの権威源，すなわち労働団体協約は定義に追加されるべきである．これらの欠陥を是正するためには，次のように定義が修正されるべきである．
   "労働者を代表し，国内法，規制，及び慣習，又は労働団体協約に沿って，労働組合又は彼らのメンバーによって選出又は指名される，又は労働者達により自由に選出される人"

4.2 他のマネジメントシステム規格との違い

【対応結果】 慎重な議論の結果，最終的には"働く人の代表"は用語として定義をしないことになった．

(4) 国内法及び規制の順守

ILOは，国内法及び規制の順守は，有効なOH&SMSにとって，最小限の要求事項であると考えている．CD2の法令規制事項に関連する箇条は，ILSへ更に整合させる必要がある．規格の"適用範囲"には，"本国際規格は次のことを望む全ての組織へ適用可能である．該当する法的要求事項及び組織が認めるその他の要求事項に適合することを保証する"という記述を入れるべきである．

【対応結果】 ISOの規格には，"法律を守らなければならない"という趣旨の規定は書かないことになっていることから，ILOの主張は採用されなかった．

(5) 安全文化

ILO条約No.187には，安全文化について"予防的な安全衛生文化"という用語の使い方をしている．"安全文化"という言葉は，ILS条項の重要な用語との整合性を配慮することを要請する．編集プロセスで導入された"積極的な文化"を"積極的な安全衛生文化"を置き換えることが望ましい．

【対応結果】 議論の結果"意図する成果を支援する文化"という記述になった．

(6) 利害関係者としての働く人の役割

OH&SMSの利害関係者の重要な要素として，働く人の役割が明確に見えることが望ましい．CD2用語"利害関係者"は，第一に保護されるべきグループである"働く人"の独特の役割及び機能を希薄化してしまう．利害関係者は誰であるかに関する次の注記を記述することが望ましい．

"注記 例えば，働く人及びその代表，OH&S管理責任者，労働者組織（労

働組合），産業会，雇用主組織，請負業者，規制当局，緊急時対応者，訪問者"

【対応結果】 ILO の提案は採用されなかった．

(7) 職業病

用語"職業病"は"健康障害"に含められており，これは危害及び是正処置に関する組織の適正な文書化を阻害しかねない．ILS においては"職業病"は"健康障害"とは区別されている．本規格において，職業病について適切にかつ明確に参照をすることが望ましい．

【対応結果】 箇条 3.18（負傷及び疾病）の注記に，次の記述がされた．"注記 1 業務上の疾病，疾患及び死亡は，これらの悪影響に含まれる"．

(8) アクシデント

ILS では，"インシデント"は危害を引き起こさない"ニアミス"として区分されている．しかし，CD 2 ではアクシデントは"インシデント"の一部分として扱われており，この扱いによって，危害及び是正処置の適正な文書化を阻害しかねない．"アクシデント"は"インシデント"から区別されるべきである．

【対応結果】 ISO 45001 では，OHSAS 18001:2007 と同様，"アクシデント"は"インシデント"の一部であるとして規定された（ILO の主張は通らなかった）．

(9) 労働安全衛生対策の費用負担

ILS では，個人保護具（PPE）を含めた労働安全衛生対策は労働者又はその代表には費用負担をかけずに実施されるべきである，としている．

箇条 8.1.2. e) の最後に"働く人への負担なしで"を追記することを要請する．

【対応結果】 注記に次の記述がされた．"多くの国で，法的要求事項及びその他の要求事項は，個人用保護具（PPE）が働く人々に無償支給されるとい

う要求事項を含んでいる".

(10) 差し迫ったかつ重大な危険から退避する権利

ILSでは，労働者は差し迫ったかつ重大な危険から退避する権利をもっていると規定している．トップマネジメント，管理者及び労働者は，具体的な例で差し迫ったかつ重大な危険をもたらすと考えられる状況とは何か，共通の理解をもつべきである．次のような記述を提案する．

"トップマネジメント，管理者及び労働者は，具体的な事例において差し迫ったかつ重大な危険をもたらすと考えられる状況について共通の理解をもたなければならない"．

【対応結果】 箇条 7.3（認識）に次の規定が加えられた．

"働く人に，次の事項に関する認識をさせなければならない．

f) 働く人が生命又は健康に切迫して重大な危険があると考える労働状況から，働く人が自ら逃れることができること及びそのような行動をとったことによる不当な結果から保護されるための取決め"

4.3 ISO 9001:2015 及び ISO 14001:2015 との違い

共通テキストに基づいて 2015 年に発行された ISO 9001，ISO 14001 の特徴を ISO 45001 との比較を念頭に置いて説明をする．

4.3.1 ISO 9001 の特徴（ISO 45001 との比較において）

ISO 9001 は組織の製品及びサービスの品質を扱っている．扱っているといっても，製品及びサービスの品質そのものを対象にしているわけではない．ISO 45001 が労働安全衛生を扱っているといっても，労働安全衛生すなわち災害防止そのものを対象にせず，OH&SMS を扱っていると同様な意味である．これは次節の ISO 14001 を含め ISO 発行のマネジメントシステム規格全てにいえることである．

ISO 9001 はその対象からして，重要な主体を"顧客"に置いている．OH&SMS が重要な主体を"働く人"に置いていることと際立った違いとなっている．もっといえば，組織の経営が誕生したときからの経過を考えると，トップマネジメントがまず考慮する主体が顧客であり，いかに顧客の組織離れを起こさないかに毎日腐心している主体を中心に要求事項が規定されている．以下に顧客に関係する要求事項を中心に説明する．

(1) 顧客ニーズを分析，理解する

顧客ニーズについては，ISO 9001:2015 箇条 8.2.3（製品及びサービスに関する要求事項のレビュー）に次のように規定されている．

JIS Q 9001:2015

8.2.3 製品及びサービスに関する要求事項のレビュー

（中略）

組織は，製品及びサービスを顧客に提供することをコミットメントする前に，次の事項を含め，レビューを行わなければならない．

a) 顧客が規定した要求事項．これには引渡し及び引渡し後の活動に関する要求事項を含む．

b) 顧客が明示してはいないが，指定された用途又は意図された用途が既知である場合，それらの用途に応じた要求事項

c) 組織が規定した要求事項

d) 製品及びサービスに適用される法令・規制要求事項

e) 以前に提示されたものと異なる，契約又は注文の要求事項

（後略）

顧客ニーズを分析し理解することは，意識しなくても全ての組織において日常的に行われていることであろう．まず明確にしなければならないことは"顧客は誰か"ということである．組織が扱っている製品・サービスの買い手，若しくは受け手が顧客であるが，その後ろに存在している次の買い手も，組織に

4.3　ISO 9001:2015 及び ISO 14001:2015 との違い

とっては意識しなければならない顧客である．直接の顧客の後ろには次の顧客がいる，その後ろにはまた次の顧客がいるという形で，世の中のサプライチェーンに沿った形でいろいろな顧客がいることを忘れてはならない．

　"顧客ニーズ"を分析及び理解するには，このように顧客にはどのような種類の顧客がいるのか，サプライチェーンに沿った顧客ごとにどのようなニーズがあるのか，もしかしたら顧客間には相反するニーズがあるかもしれない，といったことを分析することが求められる．

　日本においては，"次工程はお客様"というスローガンが TQC（Total Quality Control：全社的品質管理）にある．消費者に製品・サービスを満足してもらうためには，その製品に関係する全ての部署，人々の協力が必要である．自分の作り出したものの受け手は，たとえその人が社内の人（次工程）であってもお客様と考えて，その人に喜んでもらえるように自分の仕事をきちんと品質保証しようという考え方である．さらに，次工程である社内のお客様は，前工程に対してデータ，事実に基づいて合理的な要求をすることも忘れてはならないとしていた．

　"次工程はお客様"というのは"次工程もお客様"ということであって，"次工程だけがお客様"といっているのではない．ISO には顧客をどのように定めるべきかの規定はない．しかし，だからといって本来の顧客を無視し自分たちの都合に合わせて顧客を定めていることは，組織として真剣にマネジメントシステムの構築を目指しているとはいえないであろう．

　顧客の要求事項を確実に分析し，理解することはとても難しい．なぜかというと，顧客は自身が購入したいものを明確につかんでいない場合があるからである．一般に B to B（Business to Business）といわれる企業どうしがビジネスを行う場合には，顧客要求事項は明確になっている．しかし，市場型商品を売る場合の B to C（Business to Consumer）においては，顧客が顧客要求事項を明確にしていることは少ない．

282　第 4 章　他の ISO マネジメントシステム規格との比較

(2) 品質マネジメントの 7 原則

　ISO 9001:2015 箇条 0.2 には"品質マネジメントの原則"が記載されている．これは ISO 9000:2000 に八つの原則として掲載されたものが，七つとなり，ISO 9001:2015 に初めて掲載されたものである（2015 年版以前は ISO 9001 には掲載されていなかった）．

JIS Q 9001:2015

0.2　品質マネジメントの原則

　この規格は，**JIS Q 9000** に規定されている品質マネジメントの原則に基づいている．この規定には，それぞれの原則の説明，組織にとって原則が重要であることの根拠，原則に関連する便益の例，及び原則を適用するときに組織のパフォーマンスを改善するための典型的な取組みの例が含まれている．品質マネジメントの原則とは，次の事項をいう．

— 顧客重視
— リーダーシップ
— 人々の積極的参加
— プロセスアプローチ
— 改善
— 客観的事実に基づく意思決定
— 関係性管理

　この原則は，"品質マネジメント<u>システム</u>"の原則ではなく，"品質マネジメント"の原則であることに注意が必要である．品質マネジメントとは，文字どおり製品及びサービスの品質を管理する原則である．

● **顧客重視**

　上述の"(1) 顧客ニーズを分析，理解する"で述べたとおりである．

● **リーダーシップ**

　トップをはじめ各階層のリーダーは率先垂範して事に当たらなければならないことを意味している．

4.3 ISO 9001:2015 及び ISO 14001:2015 との違い

● 人々の積極的参加

日本では全員経営，QC サークルチーム，小集団活動などのスローガンのもと，従業員の全員が品質管理活動に参加するような仕掛けを随所にしてきた．

日本には，前述したように全員が自分の工程で"品質は工程で作り込む"という合言葉がある．品質保証は検査部門によって実施されるものと誤解して，検査部門を強化する組織があるが，大きな誤りである．検査に頼ると，複雑な製品になればなるほど複雑な検査装置が必要になるが，破壊検査，性能検査，信頼性検査などの検査だけで品質保証することは不可能でかつ不経済である．全てを検査だけに頼ると結局は検査員の数が増加し，不良を発見すればそのぶん手直しの要員が必要になり，コストが上がり経営を圧迫する要因を作ることになる．日本はこの検査による品質保証の不合理に気がつき，工程能力を分析し向上させることにより工程を流れる全製品を良品とする研究に力を注いだ．この考え方が，全員参加の"品質は工程で作り込む"活動であった．

● プロセスアプローチ

ISO 9001:2015 の箇条 0.3 "プロセスアプローチ" には次のような記述がある．

JIS Q 9001:2015

0.3 プロセスアプローチ

0.3.1 一般

この規格は，顧客要求事項を満たすことによって顧客満足を向上させるために，品質マネジメントシステムを構築し，実施し，その品質マネジメントシステムの有効性を改善する際に，プロセスアプローチを採用することを促進する．プロセスアプローチの採用に不可欠と考えられる特定の要求事項を **4.4** に規定している．

システムとして相互に関連するプロセスを理解し，マネジメントすることは，組織が効果的かつ効率的に意図した結果を達成する上で役立つ．組織は，このアプローチによって，システムのプロセス間の相互関係及び相互依存性を管理することができ，それによって，組織の全体的なパフォーマンスを向上させることができる．

第 4 章　他の ISO マネジメントシステム規格との比較

> 　プロセスアプローチは，組織の品質方針及び戦略的な方向性に従って意図した結果を達成するために，プロセス及びその相互作用を体系的に定義し，マネジメントすることに関わる．PDCA サイクル（**0.3.2** 参照）を，機会の利用及び望ましくない結果の防止を目指すリスクに基づく考え方（**0.3.3** 参照）に全体的な焦点を当てて用いることで，プロセス及びシステム全体をマネジメントすることができる．
>
> 　品質マネジメントシステムでプロセスアプローチを適用すると，次の事項が可能になる．
> **a)**　要求事項の理解及びその一貫した充足
> **b)**　付加価値の点からの，プロセスの検討
> **c)**　効果的なプロセスパフォーマンスの達成
> **d)**　データ及び情報の評価に基づく，プロセスの改善
> 　（後略）

　プロセスアプローチの要求事項を 4.4 に規定しているとされているが，箇条 4.4.1 には以下の要求がある．

> JIS Q 9001:2015
>
> **4.4　品質マネジメントシステム及びそのプロセス**
> **4.4.1**　組織は，この規格の要求事項に従って，必要なプロセス及びそれらの相互作用を含む，品質マネジメントシステムを確立し，実施し，維持し，かつ，継続的に改善しなければならない．
> 　組織は，品質マネジメントシステムに必要なプロセス及びそれらの組織全体にわたる適用を決定しなければならない．また，次の事項を実施しなければならない．
> **a)**　これらのプロセスに必要なインプット，及びこれらのプロセスから期待されるアウトプットを明確にする．
> **b)**　これらのプロセスの順序及び相互作用を明確にする．
> **c)**　これらのプロセスの効果的な運用及び管理を確実にするために必要な

4.3 ISO 9001:2015 及び ISO 14001:2015 との違い

判断基準及び方法（監視，測定及び関連するパフォーマンス指標を含む．）を決定し，適用する．
d) これらのプロセスに必要な資源を明確にし，及びそれが利用できることを確実にする．
e) これらのプロセスに関する責任及び権限を割り当てる．
f) **6.1** の要求事項に従って決定したとおりにリスク及び機会に取り組む．
g) これらのプロセスを評価し，これらのプロセスの意図した結果の達成を確実にするために必要な変更を実施する．
h) これらのプロセス及び品質マネジメントシステムを改善する．

●改 善

　改善は組織に不可欠な要素である．経営はいろいろな要素の集まりであるが，全ての要素は変化する．変化の内容，スピード，方向，相互作用などは要素に依存して相当異なる．ゆっくり変化する要素もあれば，急激に変化する要素もある．事前に察知できる要素もあれば，予測不可能な要素もある．要素は組織の内と外，あるいはその双方に存在するので，組織は経営環境を含める内外の変化の状況を把握しなければならない．成功する組織は，変化に対応した改善を積極的に行い，現行レベルのパフォーマンスを向上させている．変化を新たな機会として捉え，組織の全ての階層が改善活動をすることが望ましい．

●客観的事実に基づく意思決定

　客観的事実に基づく意思決定は，重要な品質管理概念である．日本式品質管理では，"現物を現場で現実的に見ることによって判断するべきである"，という概念を"三現主義"と称した．現実のデータ及び情報分析及び評価に基づく意思決定をすることで，より効果的な結果が得られるが，そのためには次のような活動が推奨される．
　　―組織の成果を示す指標を決定し，測定し，監視する．
　　―データ及び情報を適切な方法で分析，評価する．

―客観的事実に基づいて処置をとる(経験・勘とのバランスに配慮する).
●関係性管理

組織は単独では事業展開できない．組織は，その事業活動を多くの協力者，利害関係者と良好な関係を保ちながら進めていかなければならない．組織が持続的に成功するためには，組織を取り巻く利害関係者を認識し，関係性を理解し組織の便益のためにどのような行動をとらなければならないかを分析しなければならない．そのために組織がとるべき行動は次のとおりである．

　　―利害関係者（例えば，提供者，パートナー，顧客，投資家，従業員，社会全体）を明確にする．
　　―組織と利害関係者の関係性を分析し，関係性を管理する．
　　―短期的利益と長期的展望とのバランスがとれた関係を構築する．

4.3.2　ISO 14001 の特徴（ISO 45001 との比較において）

ISO 14001 は，1996 年に初版が発行され，2004 年に小幅改訂が行われ，2015 年に 10 年ぶりの大改訂が行われた．2015 年版改訂のポイントは，下記のとおりである．

(1)　戦略的な環境管理（箇条 4.1，4.2，5.1，6.1，9.3 へ反映）

環境管理は，戦略的に行わなければならないとの趣旨から，組織の戦略的計画プロセスの重要性を強調している．環境マネジメントシステム（EMS：Environment Management System）の実施は，組織の環境部門が全て担うものではなく，組織の事業プロセスに一体化され，組織内の多様な機能が関与することによって EMS の戦略的な適用及び取組みの有効性が向上するという観点から，組織の事業プロセスへの EMS 要求事項の統合に関する要求事項を規定している（附属書 SL の規定に準拠）．

ISO 14001 の目的は，"社会経済的ニーズとバランスをとりながら，環境を保護し，変化する環境状態に対応するための枠組みを組織に提供することである．この規格は，組織が，EMS に関して設定する'意図した成果'を達成す

4.3 ISO 9001:2015 及び ISO 14001:2015 との違い　　287

ることを可能にする要求事項を規定している"と述べている．

ISO 14001 では，EMS の"意図した成果"について，組織の環境方針に整合して，次の三つの事項を含むものと規定されている．

① 環境パフォーマンスの向上
② 順守義務を満たすこと
③ 環境目標の達成

EMS のパフォーマンスの例として，仕事の成果，廃棄物量，電気使用量等を挙げている．

(2) 環境保護（箇条 5.2 へ反映）

ISO 14001:2004 は，組織が環境に与える影響に関するマネジメントを実施するためのものであったが，2015 年版では，環境（及びその変化）が組織に与える影響についても，管理の対象としている．すなわち，"組織"と"環境"とは，相互に影響を与え合う双方向の関係として捉えられている．さらに，環境保護に関し，JIS Z 26000（社会的責任に関する手引）と整合させて，汚染の予防だけでなく，持続可能な資源の利用，気候変動の緩和及び気候変動への適応並びに生物多様性及び生態系の保護を含むように，環境に関する課題を拡張した．

(3) ライフサイクル思考（箇条 6.1.2，8.1 へ反映）

ISO 14001 の範囲を製品の使用，使用後の処理，廃棄に関連する環境影響まで拡張した．

2015 年版では，経済，物流，サプライチェーンのグローバル化及び組織経営の効率化が加速する中で，国境を超えた調達，生産拠点の移転及びアウトソース（外部委託）活動が拡大する現状を踏まえ，製品又はサービスの原材料の取得から使用後の最終処分に至るライフサイクルの全ての段階で発生し得る環境影響を認識して，要求事項を規定した．

なお，"ライフサイクル"の定義は次のとおりである．

---- JIS Q 14001:2015 ----

3.3.3 ライフサイクル（life cycle）

原材料の取得又は天然資源の産出から，最終処分までを含む，連続的でかつ相互に関連する製品（又はサービス）システムの段階群．

　　注記　ライフサイクルの段階には，原材料の取得，設計，生産，輸送又は配送(提供)，使用，使用後の処理及び最終処分が含まれる．

(4) 附属書SLとの差異

ISO 14001:2015も附属書SLに準拠しているが，その内容は当然のこととしてISO 45001とは異なるものとなっているが，箇条4.1, 4.2, 4.3についてどのように解釈することがよいのかを述べてみる．

●箇条4.1（組織及びその状況の理解）

EMSにおいてもトップマネジメントはまず"意図した成果"を考えることが重要であるが，"意図した成果"は，組織の環境方針にそのヒントがあるようにしておくことが望ましい．その"意図した成果"に影響を与える外部及び内部の課題は経営のレベルで決定することが求められる．例として，環境方針で"資源の有効活用と省エネ活動の推進"をうたっているとすれば，資源の有効活用と省エネ活動の推進に影響を与える，組織の外部及び内部の課題として次のようなことが考えられる．

《外部の課題》

① リサイクルが難しい素材が増えている．
② 優良産廃処理業者との契約が必要である．
③ 重油等化石燃料の価格が上昇している．
④ リユースしたい資材に品質保証との兼ね合いがある．

《内部の課題》

① ベテラン職員の退職により技術の伝承が難しい．
② ベテラン職員の退職により法規制等の知識伝承が難しい．
③ 受発注システムの能力が限界にきている．

④　設備の老朽化が効率化を妨げている．

●箇条 4.2（利害関係者のニーズ及び期待の理解）

　組織は，改めて組織の利害関係者が誰かを決定することが必要である．一般的には，顧客，近隣住民，行政，供給者等になる．これら利害関係者のニーズと期待は，広い観点（高いレベル）で決定することが求められる．ここでの決定は，組織守るべきこととして箇条 6.1.3（順守義務）に反映される．

《規格への対応例》

①　利害関係者を決定する．

②　利害関係者のニーズ及び期待は，経営会議，営業会議，環境保全委員会，安全衛生委員会等で適宜検討する．

③　その内容は，議事録にする．

④　順守義務として，取り組むものは法規制等一覧表に追記する．

●箇条 4.3（環境マネジメントシステムの適用範囲の決定）

ISO 45001 との違いは，適用範囲を決める際の考慮事項 a）〜e）項である．

a）　4.1 に規定する外部・内部の課題

b）　4.2 に規定する順守義務

c）　組織の単位，機能及び物理的境界

d）　組織の活動，製品及びサービス

e）　管理し影響を及ぼす，組織の権限及び能力

　EMS の適用範囲を，組織全体あるいは特定の単位（事業所等）に限定するなどの裁量は，組織がもっている．ただし，適用範囲を決める際は，a）〜e）項を考慮することが求められている（2004 年版では，考慮事項の規定はない）．

　適用範囲を決める権限は組織にあるので，組織全体でなく事業所単位でも構わないが，事業所単位等の EMS には，日々深刻さを増す環境問題への対処には限界がある．省エネ法においても，エネルギーの管理を事業所単位から組織全体での管理に法改正されていることからも，そのことが理解できる．また，同様の規制体系は，2015 年 4 月に施行された"改正フロン法（略称：フロン排出抑制法）"においても組織全体に適用されている．

EMSの信頼性は，どこまでを適用範囲とするかで決まる．戦略的に考えて，適用範囲を決めることが求められる．適用範囲は，"文書化された情報"とし，利害関係者が入手できる（ホームページでの公開など）ようにしておかなければならない．また，附属書A.4.3では，"その記述は，利害関係者の誤解を招かないものであることが望ましい"と言及している．

第5章

中小企業は ISO 45001 を
どのように活用するか

5.1　ISO 45001 開発における中小企業への配慮

　中小企業においては，一般的に ISO 規格や認証制度についての基本的知識が少なく，法定要求事項への対応で精一杯でありマネジメントシステムの構築等に対応できる人が少ない（図 5.1 参照）．また，規格の要求では文書や記録の作成が求められるが，書類の作成は複雑で準備や実施に時間がとられる．そのうえ，認証取得に挑戦することは，費用，時間等の問題もあり調達条件，受注条件でない限り経営の優先事項にはならない．さらに，事故も起こっていない場合などは，当面は人の管理で済ませたいと考える傾向は，中央災害防止協会の調査"マネジメントシステムを導入しない理由"でも確認されている[1]．導入しない理由の大きなものとして"必要な人材の育成及び確保が難しい"，"構築のための体制の整備が大変である"及び"予算が確保できない"などがあり，特に 100 人未満の企業では顕著になっている（図 5.2 参照）．

　この状況について ISO 45001 を開発した ISO/PC 283 で"中小企業については安全衛生に対する優先性はしばしば低くなる"との認識が示されており，2013 年 3 月に BSI から ISO に提出された新作業提案（NWIP）では次のように触れている．

　"中小企業にとっても他の ISO マネジメントシステム規格と同様に提案された当初の規格案は包括的で全ての種類及び規模の組織に適用可能である．結果的に中小企業はより大きな企業が使用する必要のある，より複雑なシステムに比べ，より簡素な OH&SMS を採用するほうがよい場合がある"．

　また，ISO/PC 283 事務局は 2014 年 5 月に ISO/PC 283 への参加者として，中小企業関係者の参加への配慮を各国に要請しており，日本も中小企業の審査を通じて事情に詳しい委員を国内審議委員会に補充し，規格作成に反映する努力をしている．

　さらに規格開発の過程では各国から中小企業を意識した各種の修正のコメントが提出され，また，欧州労働安全衛生機構が作成した"小企業に適した予防アプローチの設計"[2]のような関連する資料の配布もなされている．

5.1 ISO 45001 開発における中小企業への配慮

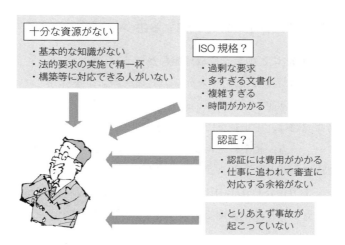

図 5.1 中小企業において OH&SMS に取り組む難しさ

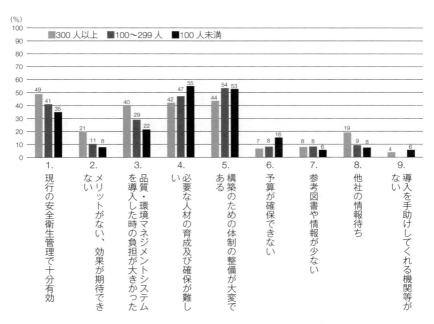

図 5.2 マネジメントシステムを導入しない理由（規模別）
出所 中央労働災害防止協会[1]

5.2　中小企業がISO 45001を活用する四つのステップ

5.2.1　ISO 45001にどのように取り組むか

　ISO 45001はマネジメントシステムの共通テキストを採用しているため，経営者が一人で取り組むことの多い経営的な課題に関わる要求事項も含んでいる．経営的な課題は，中小企業では日頃意識はしていても特に明示化していない場合が多い．一方，企業はどんな規模でも存続している以上は現場の安全衛生確保のために，たとえ，それが文書化されていないとしても何らかの管理活動が行われており，ISO 45001はそれを体系化したものを多く含んでいる．これを一気に取り組むのが大変であれば，少しずつ取り組むことを考えるとよい．

5.2.2　ISO 45001の活用

　ISO 45001は認証の基準文書としての役割を意識して作成されているが，その箇条1（適用範囲）では，"この規格は労働安全衛生マネジメントを体系的に改善するために，全体を又は部分的に用いることができる"とも述べている．さらに，0.5には"附属書Aには，これらの要求事項の説明が記載されている"とも述べており，規格の理解を助ける工夫があり，中小企業の使用を助ける意図がある．

　そこで，中小企業はISO 45001をまず"技術書"と捉えて現場の安全衛生管理の仕組みを"見える化"し，それが定着したら，より効果的な取組みのために規格の現場管理部分の詳細についての対応をとり，期待する効果が出ていることを検証することができるようにする．さらに，この規格の特徴でもある，経営的な課題にも取り組んだ仕組みとしておけば，いつでも必要なときに認証を取得することもできる体制になる．

　この考えの多くの部分は，厚生労働省調査事業の成果[3]として"ステップ1～ステップ3"の3ステップでの取組みで説明されている．ISO 45001に取り組む場合には，これに第4のステップとして経営的な課題への取組みについ

て検討することを追加することになる．

5.3　ステップごとの取組みの提案

●ステップ1：基本の取組みを理解する

　ISO 45001 の OH&SMS には次の特徴的なポイントがある．

　　・経営層の積極的関与
　　・全員参加
　　・手順と記録の整備

　なかでも，経営層の関与は労働安全衛生に関しては既に広く理解されていることの一つである．関与の最小限の実証方法として，ISO の各種のマネジメントシステム規格はトップの方針を署名付きで示すことを要求するが，その点は ISO 45001 も同様である．その方針に沿ってリスクアセスメントに基づいてリスクを低減するために必要な技術的・設備的対策を施し，要員の日常管理で安全を維持することも既に多くの企業では当然の活動となっている．この時点では，従来の安全衛生管理を規格の条項と対比させて最低限の文書や記録の整備で対応できる．

ステップ1：基本の取組みを理解する

OH&SMS を意識して，トップが方針を示し，目標等に展開し，PDCA を回して確実に実施し，安全衛生におけるレベルを向上させる．

⇩

・労働安全衛生方針
・危険源の特定並びに労働安全衛生リスクの評価
・法的要求事項及びその他の要求事項の決定
・労働安全衛生目標及びそれを達成するための計画策定

●ステップ2：基本の取組みを効果的に行う

　次に，全員参加のための体制の整備や働く人の意見の反映を規格に沿って工夫するとよい．経営者や管理責任者が一人で取り組むのでは特定の人の負担が高く，取組みの効果も大きくないであろう．全員が当事者意識をもち取り組んでいくことで職場の団結力も高まり，安全への好影響も期待できる．

　さらに，そのための手順や記録を整備することで，新規採用者の教育，手順の共通理解，"ウッカリ漏れ"の防止などに効果が期待できる．記録は，活動を実証するだけでなく，活動が形骸化したり後戻りすることを防止する重要なツールになるかもしれない．

　その上で，緊急事態への対応の検討や労働災害発生原因の調査を積み上げて日常管理に反映すれば，安全管理は守りから攻めの段階になる．

ステップ2：基本の取組みを効果的に行おう

ステップ1の基本的な仕組みをより効果的に進める取組み事項について学ぶ．

⇩

・組織の役割，責任及び権限　　　・働く人の協議及び参加
・コミュニケーション　　　　　　・力量，認識（教育）
・文書化した情報（文書及び記録）・運用の計画及び管理
・緊急事態への準備及び対応　　　・パフォーマンス評価
・インシデント，不適合及び是正処置

●ステップ3：仕組みの見直しをする

　ステップ2までの"労働安全衛生管理活動"を"OH&SMS"へ拡充するのが仕組みの見直しの活動である．継続的改善のために，内部監査やトップマネジメントによるマネジメントレビューに取り組むことがこの規格でも要求されている．

　内部監査は粗探しではなく，システムの改善のための問題の検出が重要である．検出された問題をあるべき状態に修正し，再発防止を図るとともに，同様

な問題が他部署や他工程にあれば併せて対策を講じることで職場全体の改善につなげる．

ステップ 3：仕組みの見直しを行おう

ステップ 1, 2 の運用後，期待する十分な労働災害防止の効果が出ているかを検証し，改善が必要な場合は，システム調査結果に基づいて見直す．

⇩

・順守評価　　　　　　　　・内部監査
・マネジメントレビュー　　・改善

● **ステップ 4：経営的な課題にも取り組む**

ISO が作成したマネジメントシステムの共通テキストを使用しているため，従来の OH&SMS の活動に加えて，経営的な課題にも取り組むことが要求されている．

4.1（組織及びその状況の理解）では，会社の存続にも関わる労働安全衛生に関する法規制の動向や今まで安全衛生活動の中心となっていたベテランの知識や技術が関わるかもしれない．4.2（働く人及びその他の利害関係者のニーズ及び期待の理解）では，関係者からの社会的期待や従業員，その家族の顔を思い浮かべて何が該当するかを考えるとよい．このような視点に立って取り組むことによって，より存在価値の高い企業風土を築くことができることと思われる．

ステップ 4：経営的な課題にも取り組む

⇩

・組織の状況
・リスク及び機会（OH&SMS）への取組み

5.4 中小企業には"機会"があるか？

中小企業にとって"労働安全衛生リスク"については，労働災害の増加による操業停止・業務遅延によって業績不振・従業員の離職等の経営問題を引き起こすことなど想定できることが多い．しかしながら，"労働安全衛生機会"や"OH&SMS の機会"となると何を示すかわからない．このことで中小企業がこの規格に基づくシステム構築を躊躇するのは容易に理解できる．

実は，既によく知られている品質マネジメントシステムや環境マネジメントシステムでも"機会"についての理解が難しいようである．そこで，ISO/PC 283 は附属書 A で次のような説明をしている．A.6.1.1 から，労働安全衛生機会及び OH&SMS の機会を引用する．

JIS Q 45001:2018

A.6.1.1　一般

（中略）

労働安全衛生パフォーマンスを向上させる機会の例

a)　検査及び機能の監査
b)　作業危険源分析（作業安全性分析）及び職務関連評価
c)　単調な労働，又は潜在的に危険な規定の作業量による労働を軽減することによる労働安全衛生パフォーマンスの向上
d)　作業の許可，並びにその他の承認及び管理方法
e)　インシデント又は不適合の調査，及び是正処置
f)　人間工学的及びその他の負傷防止関連評価

労働安全衛生パフォーマンスを向上させるその他の機会の例

— 施設移転，プロセス再設計，又は機械及びプラントの交換に向けて，施設，設備又はプロセス計画のライフサイクルの早期の段階で，労働安全衛生の要求事項を統合する．
— 施設移転，プロセス再設計，又は機械及びプラントの交換の計画の早

5.4 中小企業には"機会"があるか？

> 期の段階で，労働安全衛生の要求事項を統合する．
> — 新技術を使用して労働安全衛生パフォーマンスを向上させる．
> — 要求事項を超えて労働安全衛生に関わる力量を広げること，又は働く人がインシデントを遅滞なく報告するよう奨励することなどによって，労働安全衛生文化を改善する．
> — トップマネジメントによる労働安全衛生マネジメントシステムへの支援の可視性を高める．
> — インシデント調査プロセスを改善する．
> — 働く人の協議及び参加のプロセスを改善する．
> — 組織自体の過去のパフォーマンス及び他の組織の過去のパフォーマンスの両方を考慮することを含めてベンチマークを行う．
> — 労働安全衛生を取り扱うテーマに重点を置くフォーラムにおいて協働する．
>
> （後略）

これを見ても，何が自社にとっての"労働安全衛生機会"や"労働安全衛生マネジメントシステムの機会"なのかを明確に理解することはできないかもしれないが，チャンスのことであると理解すると，どのようなことを目指すとよいのかのヒントにはなる．

ISO 45001 は認証に使える規格として作成されているが，認証取得は中小企業にとっては経済的にも時間的にもかなりの負担になる．しかしながら，この規格は新たな視点からの労働安全衛生活動に取り組むための指針としても使用が可能である．とかくすると安全衛生の取組みは身近な問題であるがゆえに"自己満足"に陥った活動になりやすい．規格ができたことを一つの"機会"と捉えて，外部からの目もうまく取り入れて，よりレベルの高い安全衛生活動にするとよい．

また，法令を見ると，次のような条項や指針がある．OH&SMS 認証は任意の第三者評価活動であり，法令順守は当然の前提条件であることから，最低限

これらの法的要求事項に対応した活動が求められており，第三者評価により確実なものとすると考えるとよい．

---

(1) 労働安全衛生法第1条
　この法律は，労働基準法（平成二十二年法律第四十九号）と相まって，労働災害の防止のための危害防止基準の確立，責任体制の明確化及び自主的活動の促進の措置を講ずる等その防止に関する，総合的計画的な対策を推進することにより職場における労働者の安全と健康を確保するとともに，快適な職場環境の形成を促進することを目的とする．
(2) 事業者が講ずべき快適な職場環境の形成のための措置に関する指針（平成9年告示第104号）

5.5　おわりに

　ISO 45001の目的は，あくまでも組織で働く全ての人の，労働安全衛生面でのリスクを最小化し，事故・災害や健康障害を防止することにある．その活動は他人にいわれるまでもなく企業にとって重要な活動であって，日々頭から離れることはないと思う．しかしながら，もう一度，次のようなことも念頭に置いて取り組まれることを勧めたい．
(1)　安全衛生活動は事業との一体化
　　安全衛生の取組みは，"安全衛生担当者"がやるべきだと思っていてはならない．
(2)　リーダーシップ
　　"安全第一"が言葉だけに終わらないようにトップ自らが率先して取り組み，管理層に支援・指導をしていかなければならない．
(3)　協議と参加
　　働く人と協議して，各種の決定に参加してもらわなければならない．
(4)　変更の管理

労働安全衛生に影響を与えるプロセス，手順，設備及び機器，組織等の変更が生じた場合は，重大なリスクを生じる可能性が高い．どのように変更を管理するかを決めておくことが必要である．

(5) 調達及び請負業者

危険な材料部品の調達，請負業者の活動，業務がもたらす危険についても，どのような管理をするかを考慮することが重要である．

参考文献

1) 中央労働災害防止協会(2017)：労働安全衛生マネジメントシステムに関する調査の分析
2) ISO/PC 283　Document N211 "Designing a prevention approach suitable for small enterprises"
3) 厚生労働省，インターリスク総研：平成25年度厚生労働省委託事業 "3ステップでやさしく導入　労働安全衛生マネジメントシステム"

第6章

他のOH&SMS規格・指針との比較

6.1 OHSAS 18001:2007 との比較

OHSAS 18001:1999 の誕生の経緯は，第 1 章 1.1.2 "各国の OH&SMS 規格及び OHSAS 18001"を参考にされたい．OHSAS 18001:1999 は 2007 年に改訂版が発行されたが，OHSAS 18001:2007 は次のような改善に焦点を合わせた．

① ISO 14001 及び ISO 9001 との整合性を改善すること
② その他の OH&SMS 規格（例：ILO ガイドライン）との整合性の機会を求めること
③ 労働安全衛生の実施の有効性を高めること

OHSAS 18001 は OH&SMS への要求事項を規定しており，OH&SMS 認証登録及び自己宣言に使用できる．OHSAS 18001 の 1 年後に発行された OHSAS 18002 は 18001 を構築する上で参考となるガイドが書かれている．OHSAS 18002 は組織の OH&SMS を更に向上させることを目的としていることから，2 種類の規格の間には違いがある．組織が適切な OH&SMS を構築していることを利害関係者に納得させるためには，OHSAS 18001 を設定（計画）し，実施し，維持することで，OH&SMS を通じて労働安全衛生の戦略及び競争力に幅広い能力を保有していることを示さなければならない．

6.1.1 OHSAS 18001:2007 と ISO 45001:2018 との比較

OHSAS 18001:2007 と ISO 45001:2018 とを比較した場合（表 6.1.1 参照）の大きな差異は次のとおりである．

（1） OHSAS 18001:2007 は，ISO 14001，ISO 9001 との整合を図ってきたが，ISO 45001 は共通テキストの出現により，その誕生から ISO 14001，ISO 9001 のみならず，他のマネジメントシステム規格全てと整合している．

（2） OHSAS 18001:2007 は労働安全衛生のみに焦点を合わせており，労働安全衛生リスクのみを扱っているが，ISO 45001 は共通テキストからの要求である OH&SMS についてのリスク及び機会（その他のリスク及び

その他機会）を扱っている．

(3) OHSAS 18001:2007 は附属書 SL 発行（2012 年）以前の規格であり，労働安全衛生に特化しているので，労働安全衛生リスクについては参考にすべきことが多い．

表 6.1.1 OHSAS 18001:2007 と ISO 45001:2018 の比較対応表

OHSAS 18001:2007	ISO 45001:2018
まえがき 序文	序文（表題のみ）
	0.1 背景
	0.2 労働安全衛生マネジメントシステムの狙い
	0.3 成功のための要因
	0.4 Plan-Do-Check-Act サイクル
	0.5 この規格の内容
1 適用範囲	1 適用範囲
2 参考出版物	2 引用規格
3 用語及び定義	3 用語及び定義
4 OH&S マネジメントシステム要求事項（表題のみ） 4.1 一般要求事項（適用範囲の決定部分）	4.3 労働安全衛生マネジメントシステムの適用範囲の決定
4.1 一般要求事項	4.4 労働安全衛生マネジメントシステム 10.3 継続的改善
4.2 OH&S 方針	5.2 労働安全衛生方針
4.3 計画（表題のみ） 4.3.1 危険源の特定，リスクアセスメント及び管理策の決定（危険源特定の部分）	6.1.2 危険源の特定並びにリスク及び機会の評価（表題のみ） 6.1.2.1 危険源の特定
4.3.1 危険源の特定，リスクアセスメント及び管理策の決定（リスクアセスメントの部分）	6.1.2.2 労働安全衛生リスク及び労働安全衛生マネジメントシステムに対するその他のリスクの評価
4.3.1 危険源の特定，リスクアセスメント及び管理策の決定（管理策の決定の部分）	6.1.4 取組みの計画策定

表 6.1.1 （続き）

OHSAS 18001:2007	ISO 45001:2018
4.3.1　危険源の特定，リスクアセスメント及び管理策の決定（変更の管理の部分）	8.1.3　変更の管理
4.3.2　法的及びその他の要求事項	6.1.3　法的要求事項及びその他の要求事項の決定
4.3.3　目標及び実施計画	6.2　労働安全衛生目標及びそれを達成するための計画策定（表題のみ） 6.2.1　労働安全衛生目標 6.2.2　労働安全衛生目標を達成するための計画策定
4.4　実施及び運用（表題のみ） 4.4.1　資源，役割，実行責任，説明責任及び権限	5　リーダーシップ及び働く人の参加（表題のみ） 5.1　リーダーシップ及びコミットメント 5.3　組織の役割，責任及び権限 7　支援（表題のみ） 7.1　資源
4.4.2　力量，教育訓練及び自覚	7.2　力量 7.3　認識
4.4.3　コミュニケーション，参加及び協議（表題のみ） 4.4.3.1　コミュニケーション	7.4　コミュニケーション（表題のみ） 7.4.1　一般 7.4.2　内部コミュニケーション 7.4.3　外部コミュニケーション
4.4.3.2　参加及び協議	5.4　働く人の協議及び参加
4.4.4　文書類	7.5　文書化した情報（表題のみ） 7.5.1　一般
4.4.5　文書管理（更新，承認の部分）	7.5.2　作成及び更新
4.4.5　文書管理	7.5.3　文書化した情報の管理
4.4.6　運用管理（システムへの統合の部分）	6.1.4　取組みの計画策定
4.4.6　運用管理（手順，基準の部分）	8　運用（表題のみ） 8.1　運用の計画及び管理（表題のみ） 8.1.1　一般
4.4.6　運用管理（管理策実施の部分）	8.1.2　危険源の除去及び労働安全衛生リスクの低減

6.1 OHSAS 18001:2007 との比較

表 6.1.1 （続き）

OHSAS 18001:2007	ISO 45001:2018
4.4.6　運用管理（変更のマネジメントの部分）	8.1.3　変更の管理
4.4.7　緊急事態への準備及び対応	8.2　緊急事態への準備及び対応
4.5　点検（表題のみ） 4.5.1　パフォーマンスの測定及び監視	9　パフォーマンス評価（表題のみ） 9.1　モニタリング，測定，分析及びパフォーマンス評価（表題のみ） 9.1.1　一般
4.5.2　順守評価	9.1.2　順守評価
4.5.3　発生事象の調査，不適合，是正処置及び予防処置（表題のみ） 4.5.3.1　発生事象の調査	10.2　インシデント，不適合及び是正処置
4.5.3.2　不適合並びに是正処置及び予防処置	
4.5.4　記録の管理	7.5.3　文書化した情報の管理
4.5.5　内部監査	9.2　内部監査（表題のみ） 9.2.1　一般
4.5.5　内部監査（監査プログラムの部分）	9.2.2　内部監査プログラム
4.6　マネジメントレビュー	9.3　マネジメントレビュー
	10.3　継続的改善
なし	4　組織の状況（表題のみ） 4.1　組織及びその状況の理解
なし	4.2　働く人及びその他の利害関係者のニーズ及び期待の理解
なし	6　計画（表題のみ） 6.1　リスク及び機会への取組み（表題のみ） 6.1.1　一般
なし	6.1.2.3　労働安全衛生機会及び労働安全衛生マネジメントシステムに対するその他の機会の評価
なし	8.1.4　調達 8.1.4.1　一般 8.1.4.2　請負者 8.1.4.3　外部委託

表 6.1.1 （続き）

OHSAS 18001:2007	ISO 45001:2018
なし	10　改善（表題のみ） 10.1　一般

6.1.2　OHSAS 18001:2007 の用語

OHSAS 18001:2007 のリスクに関する用語には，ISO 45001 にないものがあり，組織が労働安全衛生を推進する上で参考になるものがある．

(1)　受容可能なリスク

──────────────────────────── OHSAS 18001:2007 ────

3.1　受容可能なリスク（acceptable risk）
　法的義務及び自らの労働安全衛生方針（3.16）に照らし合わせて組織によって許容できる水準まで低減されているリスク．

用語"受容可能なリスク（acceptable risk）"は，1999 年版では"許容可能なリスク（tolerable risk）"という用語から置き換えられた．"受容可能なリスク"とは，組織がその法的義務，労働安全衛生方針及び労働安全衛生目標に対して想定したレベルまで引き下げられたリスクのことである．

(2)　リスク

──────────────────────────── OHSAS 18001:2007 ────

3.21　リスク（risk）
　危険な事象又は暴露の発生の可能性と，事象又は暴露によって引き起こされる負傷又は疾病（3.8）のひどさの組合せ．

ISO 45001 の労働安全衛生リスクと同様な定義である．

（3） リスクアセスメント

> **OHSAS 18001:2007**
>
> **3.22 リスクアセスメント**（risk assessment）
>　危険源から生じるリスク（3.21）を評価するプロセスで，かつ，既存のすべての管理策の妥当性を考慮し，リスクが受容可能であるか否かを決定するもの．

ISO 45001 にはない定義である．

6.1.3 リスクに関する要求事項

OHSAS 18001 のリスクに関する要求事項は次のとおりである．

（1） 4.3.1 危険源の特定，リスクアセスメント及び管理策の決定

> **OHSAS 18001:2007**
>
> **4.3.1 危険源の特定，リスクアセスメント及び管理策の決定**
>　組織は，危険源の継続的特定，リスクアセスメント及び必要な管理策の決定の手順を確立し，実施し，維持しなければならない．
>　危険源の特定及びリスクアセスメントの手順は，次の事項を考慮に入れなければならない．
> a) 定常活動及び非定常活動
> b) 職場に出入りするすべての人の活動（請負者及び来訪者を含む）
> c) 人間の行動，能力及びその他の人的要因
> d) 職場内において組織の管理下にある人の安全衛生に有害な影響を及ぼす可能性がある，職場外で起因し特定される危険源
> e) 組織の管理下にある作業に関連する活動によって職場近辺に生じる危険源
>　　**参考 1** そのような危険源は，環境側面として評価することがより適切な場合がある．

f） 組織又は他者から提供されている，職場のインフラストラクチャー，設備，及び原材料
g） 組織，その活動，又は原材料に関する変更又は変更提案
h） 一時的変更を含む，OH&Sマネジメントシステムに対する修正，並びにその修正の運用，プロセス及び活動に対する影響
i） リスクアセスメント及び必要な管理策の実施に関連している，適用すべき法的義務（3.12の参考も参照）
j） 人間の能力への適応を含む，作業領域，プロセス，施設，機械設備／機器，操作手順，及び勤務・作業体制，の設計

組織による危険源の特定とリスクアセスメントの方法は次のとおりでなければならない．

a） 事後的でなく予防的であることが確実なように，その適用範囲，性質，タイミングについて定められている．
b） 適宜，リスクの特定，優先度及び文書化，並びに管理策の適用について含まれている．

変更のマネジメントに関して，組織は，その変更を導入する前に，組織自体，OH&Sマネジメントシステム又はその活動の変更に関連するOH&S危険源及びOH&Sリスクを特定しなければならない．

組織は，管理策を決定するときは，これらの評価の結果を確実に考慮しなければならない．

管理策を決定するとき，又は既存の管理策に対する変更を検討するときは，次の優先順位に従ってリスクを低減するように考慮しなければならない．

a） 除去
b） 代替
c） 工学的な管理策
d） 標識／警告及び／又は管理的な対策
e） 個人用保護具

組織は，危険源の特定，リスクアセスメント及び決定した管理策の結果

6.1 OHSAS 18001:2007 との比較

> を文書化し，常に最新のものにしておかなければならない．
>
> 組織は，OH&S マネジメントシステムを確立し，実施し，維持する場合は，OH&S リスク及び決定した管理策を確実に考慮に入れなければならない．

◀解　説▶

　組織は，インシデント（発生事象）のリスクを低減するために必要な管理策を決定するために，危険源の特定及びリスクアセスメントのプロセスを必要とする．リスクアセスメントプロセスの全体的な目的は，組織の活動のプロセスにより生ずるかもしれない危険源を認識し，理解し，それらの危険源による人々へのリスクが評価され，優先順位付けされ，受容可能なレベルまでに管理されることを確実にすることである．

　OHSAS 18002:2007 には次のガイドがある．

　リスクが評価され，優先順位付けされ，受容可能なレベルまでに管理されることは次により達成される．

　　—危険源特定手法とリスクアセスメント手法を開発すること
　　—危険源を特定すること
　　—現行の管理策の妥当性を考慮に入れて関連するリスクを見積もること
　　　（リスクの正当な見積りを達成するために追加のデータと更なる分析の実施が必要となり得る）
　　—これらのリスクが受容可能か否かを決定すること，及び
　　—必要と判明した場合，適切なリスク管理策を決定すること（職場の危険源及びそれらを管理する方法は，しばしば規制，行動規範，規制当局により発行されたガイダンス，及び産業指導文書にて明確にされる）

　リスクアセスメントの結果は，組織がリスク低減の選択肢を比較し，有効なリスクマネジメントのための資源の優先順位付けを可能にする．また，危険源の特定，リスクアセスメント及び管理策決定のプロセスからのアウトプットは，OH&S マネジメントシステムの構築及び実施を通して利用されることが望ましい．

(2) リスクアセスメントの方法

リスクアセスメントの方法については，厚生労働省 OSHMS 指針につながる通達文書"危険性又は有害性等の調査等に関する指針について"により詳細な方法が掲載されているので参考に示す．

リスク見積り及びそれに基づく優先度の設定方法の例

1 負傷又は疾病の重篤度

「負傷又は疾病の重篤度」については，基本的に休業日数等を尺度として使用するものであり，以下のように区分する例がある．

 [1] 致命的：死亡災害や身体の一部に永久損傷を伴うもの
 [2] 重　大：休業災害（1か月以上のもの），一度に多数の被災者を伴うもの
 [3] 中程度：休業災害（1か月未満のもの），一度に複数の被災者を伴うもの
 [4] 軽　度：不休災害やかすり傷程度のもの

2 負傷又は疾病の可能性の度合

「負傷又は疾病の可能性の度合」は，危険性又は有害性への接近の頻度や時間，回避の可能性等を考慮して見積もるものであり（中略），以下のように区分する例がある．

 [1] 可能性が極めて高い：日常的に長時間行われる作業に伴うもので回避困難なもの
 [2] 可能性が比較的高い：日常的に行われる作業に伴うもので回避可能なもの
 [3] 可能性がある：非定常的な作業に伴うもので回避可能なもの
 [4] 可能性がほとんどない：まれにしか行われない作業に伴うもので回避可能なもの

3 リスク見積りの例

リスク見積り方法の例には，以下の例1〜3のようなものがある．

6.1 OHSAS 18001:2007 との比較

例1：マトリクスを用いた方法

重篤度「②重大」，可能性の度合「②比較的高い」の場合の見積り例

		負傷又は疾病の重篤度			
		致命的	重大	中程度	軽度
負傷又は疾病の発生可能性の度合	極めて高い	5	5	4	3
	比較的高い	5	4	3	2
	可能性あり	4	3	2	1
	ほとんどない	4	3	1	1

リスク		優先度
4～5	高	直ちにリスク低減措置を講ずる必要がある． 措置を講ずるまで作業停止する必要がある． 十分な経営資源を投入する必要がある．
2～3	中	速やかにリスク低減措置を講ずる必要がある． 措置を講ずるまで使用しないことが望ましい． 優先的に経営資源を投入する必要がある．
1	低	必要に応じてリスク低減措置を実施する．

例2：数値化による方法

重篤度「②重大」，可能性の度合「②比較的高い」の場合の見積り例

(1) 負傷又は疾病の重篤度

致命的	重大	中程度	軽度
30点	20点	7点	2点

(2) 負傷又は疾病の発生可能性の度合

極めて高い	比較的高い	可能性あり	ほとんどない
20点	15点	7点	2点

20点（重篤度「重大」）＋15点（可能性の度合「比較的高い」）＝ 35点（リスク）

リスク		優先度
30点以上	高	直ちにリスク低減措置を講ずる必要がある． 措置を講ずるまで作業停止する必要がある． 十分な経営資源を投入する必要がある．
10～29点	中	速やかにリスク低減措置を講ずる必要がある． 措置を講ずるまで使用しないことが望ましい． 優先的に経営資源を投入する必要がある．
10点未満	低	必要に応じてリスク低減措置を実施する．

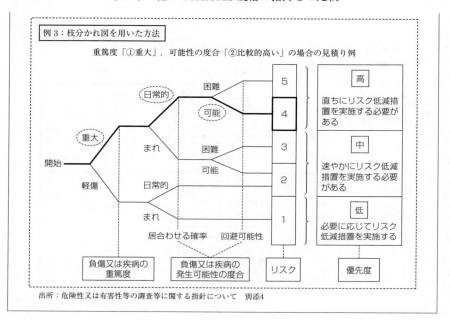

◀解 説▶

　厚生労働省の指針"危険性又は有害性等の調査等に関する指針"（平成18年）では，9項"リスクの見積り"(1)マトリクスを用いた方法，(2)数値化による方法，(3)枝分かれ図を用いた方法の3方法を規定している．

　リスクは"危険な事象又は暴露の発生の可能性と，事象又は暴露によって引き起こされる負傷又は疾病のひどさの組合せ"と定義されているので，リスクアセスメントの方法としては，その組合せに対して，評価の結果を優先度として表現することが求められる．例えば，その区分を3段階（高・中・低）として，あるいは5段階（5～1）として，リスクアセスメント結果の優先度の決定を行うことが多い．リスクアセスメントは"リスクが受容可能であるか否かを決定するもの"であるので，最も低い段階を受容可能リスクとみなすことができるように工夫するとよい．

6.2　厚生労働省"労働安全衛生マネジメントシステムに関する指針"との比較

6.2.1　指針が制定されたときの労働安全衛生管理を取り巻く状況

　1999（平成 11）年 4 月 30 日に公表された厚生労働省"労働安全衛生マネジメントシステムに関する指針"（厚生労働省 OSHMS 指針，以下指針という）の"制定の趣旨"として次のことが記されている（下線部は筆者による）．

> 　労働災害の発生状況を見ると，長期的には減少してきているものの，今なお多数の労働者が被災し，その減少率に鈍化の傾向がみられる．また，最近，労働災害が多発した時代を経験し，労働災害防止のノウハウを蓄積した者が異動する際に，安全衛生管理のノウハウが事業場において十分に継承されないことにより，事業場の安全衛生水準が低下し，労働災害の発生につながるのではないかということが危惧されている．さらに，これまで無災害であった職場でも"労働災害の危険性のない職場"であることを必ずしも意味するものではなく，労働災害の危険性が内在しているおそれがあることから，この潜在的危険性を減少させるための継続的な努力が求められている．
> 　一方，健康診断における有所見者の増加，高年齢労働者の増加等に伴って，労働者の健康の増進及び快適な職場環境の形成の促進が求められている．このような中で，今後，労働災害の一層の減少を図っていくためには，事業場において安全衛生担当者等のノウハウが確実に継承されるとともに，<u>労働災害の潜在的危険性を低減させ，労働者の健康の増進及び快適な職場環境の形成を促進する</u>ことにより，事業場の安全衛生水準を向上させる必要があり，"計画―実施―評価―改善"という一連の過程を定めて，連続的かつ継続的に実施する安全衛生管理にする仕組みを確立し，生産管理等事業実施に係る管理に関する仕組みと一体となって適切に実施され，運用されることが重要である．
> 　また，諸外国の状況を見ると，イギリス，オランダ，オーストラリア等において，"労働安全衛生マネジメントシステムの指針"等が公表されているほか，他のいくつかの国々においてもその開発が進められており，こうした安全衛生管理に関する仕組みは，国際的にも新たな潮流を形成しつつある．このような状況を踏まえ，今般，指針が公表され，事業場における労働安全衛生マネジメントシステム（以下"システム"という．）の確立に資することとされたものである．

　"制定の趣旨"の前段で示されている労働安全衛生管理を取り巻く状況はこの 20 年間でほとんど変わっていない．また，ISO 45001 の序文 0.2 で記述されている"意図した成果"と上記の下線部は内容がほぼ同じで，指針と ISO 45001 の目的がほぼ同じであることがわかる．最近は，休業 4 日以上の労働

災害の発生件数が前年より上昇している年も見られ，この状況が続けば増加傾向に転じていると言わざるを得ず，指針が制定された当時より災害の増減傾向では悪い状況になっているともいえる．ISO 45001 の活用による災害防止の効果が大いに期待されるところである．

6.2.2　指針が示している基準の内容と ISO 45001 規格との比較

指針は全 18 条の条文で構成されており，その条項は次のとおりである．ISO 45001 とは内容が似ているが異なる記述をしているものについては，参考として条文の一部を記載した．

> （目的）第 1 条
> （適用等）第 2 条
> （定義）第 3 条
> （適用）第 4 条
> 　労働安全衛生マネジメントシステムに従って行う措置は，事業場を一の単位として実施することを基本とする．ただし，建設業に属する事業の仕事を行う事業者については，当該仕事の請負契約を締結している事業場及び当該事業場において締結した請負契約に係る仕事を行う事業場を併せて一の単位として実施することを基本とする．
> （安全衛生方針の表明）第 5 条
> （労働者の意見の反映）第 6 条
> 　事業者は，安全衛生計画等の作成，実施，評価及び改善に当たり，安全衛生委員会等の活用等労働者の意見を反映する手順を定めるとともに，この手順に基づき，労働者の意見を反映するものとする．
> （体制の整備）第 7 条
> 　事業者は，労働安全衛生マネジメントシステムに従って行う措置を適切に実施する体制を整備するため，次の事項を行うものとする．
> 1　システム各級管理者（事業場においてその事業の実施を統括管理する者及び生産・製造部門，安全衛生部門等における部長，課長，係長，職長等の管理者又は監督者であって，労働安全衛生マネジメントシステムを担当するものをいう．以下同じ．）の役割，責任及び権限を定めるとともに，労働者及び関係請負人その他の関係者に周知させること．
> 　（中略）
> 5　労働安全衛生マネジメントシステムに従って行う措置の実施に当たり，安全衛生委員会等を活用すること．

> (明文化) 第8条
> (記録) 第9条
> (危険性又は有害性等の調査及び実施事項の決定) 第10条
> ① 事業者は，法第28条の2第2項に基づく指針に従って危険性又は有害性等を調査する手順を定めるとともに，この手順に基づき，危険性又は有害性等を調査するものとする．
> ② 事業者は，法又はこれに基づく命令，事業場安全衛生規程等に基づき実施すべき事項及び前項の調査の結果に基づき労働者の危険又は健康障害を防止するため必要な措置を決定する手順を定めるとともに，この手順に基づき，実施する措置を決定するものとする．
> (安全衛生目標の設定) 第11条
> (安全衛生計画の作成) 第12条
> 　(前略)
> 　次の事項を含むものとする．
> 　(中略)
> 　2 日常的な安全衛生活動の実施に関する事項
> 　3 安全衛生教育の内容及び実施時期に関する事項
> 　4 関係請負人に対する措置の内容及び実施時期に関する事項
> 　(以下略)
> (安全衛生計画の実施等) 第13条
> (緊急事態への対応) 第14条
> (日常的な点検，改善等) 第15条
> (労働災害発生原因の調査等) 第16条
> (システム監査) 第17条
> (労働安全衛生マネジメントシステムの見直し) 第18条

指針ではこれらの条項について，わかりやすい関係図を提供している（図6.2.1参照）．また，ISO 45001と指針の内容の対照表を表6.2.1に示す．表6.2.2では，指針とISO 45001にほぼ対応関係があり，大きな違いはないことがわかる．

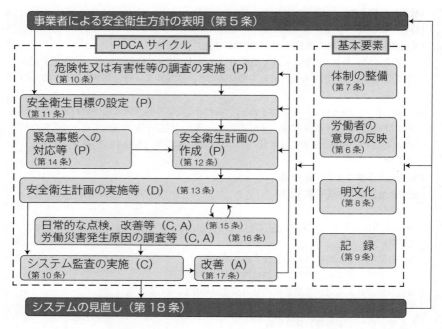

図 6.2.1 労働安全衛生マネジメントシステムの概要（流れ図）

表 6.2.1 指針と ISO 45001 との対照表

ISO 45001	厚生労働省指針 （該当する指針の主な条項）
1　適用範囲	目的（第1条，第2条）
2　引用規格	
3　用語及び定義	定義（第3条）
4　組織の状況 4.1　組織及びその状況の理解	安全衛生目標の設定（第11条） （"内外の課題"はなし）
4.2　働く人及びその他の利害関係者のニーズ及び期待の理解	労働者の意見の反映（第6条） （"その他の利害関係者のニーズ"はなし）
4.3　労働安全衛生マネジメントシステムの適用範囲の決定	適用（第4条） （"境界"はなし）

6.2 厚生労働省"労働安全衛生マネジメントシステムに関する指針"との比較

表 6.2.1 （続き）

ISO 45001	厚生労働省指針 （該当する指針の主な条項）
4.4　労働安全衛生マネジメントシステム	目的（第1条） （"必要なプロセス，それらの相互作用"はなし）
5　リーダーシップ及び働く人の参加 5.1　リーダーシップ及びコミットメント	安全衛生方針の表明（第5条）， 体制の整備（第7条）
5.2　労働安全衛生方針	安全衛生方針の表明（第5条）
5.3　組織の役割，責任及び権限	体制の整備（第7条）
5.4　働く人の協議及び参加	労働者の意見の反映（第6条） 体制の整備（第7条）
6　計画 6.1　リスク及び機会への取組み 6.1.1　一般	安全衛生目標の設定（第11条）， 安全衛生計画の作成（第12条） 危険性又は有害性等の調査及び実施事項の決定（第10条）
6.1.2　危険源の特定並びにリスク及び機会の評価 6.1.2.1　危険源の特定	危険性又は有害性等の調査及び実施事項の決定（第10条）
6.1.2.2　労働安全衛生リスク及び労働安全衛生マネジメントシステムに対するその他のリスクの評価	危険性又は有害性等の調査及び実施事項の決定（第10条）
6.1.2.3　労働安全衛生機会及び労働安全衛生マネジメントシステムに対するその他の機会の評価	安全衛生計画の実施等（第13条）
6.1.3　法的要求事項及びその他の要求事項の決定	危険性又は有害性等の調査及び実施事項の決定（第10条）
6.1.4　取組みの計画策定	安全衛生計画の作成（第12条）， 安全衛生計画の実施等（第13条）， 日常的な点検，改善等（第15条）
6.2　労働安全衛生目標及びそれを達成するための計画作成 6.2.1　労働安全衛生目標	安全衛生目標の設定（第11条）

表 6.2.1 （続き）

ISO 45001	厚生労働省指針 （該当する指針の主な条項）
6.2.2　労働安全衛生目標を達成するための計画策定	安全衛生計画の作成（第12条）
7　支援 7.1　資源	体制の整備（第7条）
7.2　力量	体制の整備（第7条）
7.3　認識	安全衛生計画の実施等（第13条），体制の整備（第7条）
7.4　コミュニケーション 7.4.1　一般 7.4.2　内部コミュニケーション 7.4.3　外部コミュニケーション	労働者の意見の反映（第6条），体制の整備（第7条）
7.5　文書化した情報 7.5.1　一般 7.5.2　作成及び更新 7.5.3　文書化した情報の管理	明文化（第8条），記録（第9条）
8　運用 8.1　運用の計画及び管理 8.1.1　一般	明文化（第8条），安全衛生方針の表明（第5条）〜労働安全衛生マネジメントシステムの見直し（第18条）
8.1.2　危険源の除去及び労働安全衛生リスクの低減	危険性又は有害性等の調査及び実施事項の決定（第10条）
8.1.3　変更の管理	安全衛生計画の作成（第12条），危険性又は有害性等の調査及び実施事項の決定（第10条）
8.1.4　調達 8.1.4.1　一般	なし
8.1.4.2　請負者	安全衛生計画の作成（第12条），安全衛生計画の実施（第13条），体制の整備（第7条）
8.1.4.3　外部委託	体制の整備（第7条），安全衛生計画の作成（第12条）
8.2　緊急事態への準備及び対応	緊急事態への対応（第14条）

表 6.2.1 （続き）

ISO 45001	厚生労働省指針 （該当する指針の主な条項）
9　パフォーマンス評価 9.1　モニタリング，測定，分析及びパフォーマンス評価 9.1.1　一般	日常的な点検，改善等（第15条）
9.1.2　順守評価	危険性又は有害性等の調査及び実施事項の決定（第10条）
9.2　内部監査 9.2.1　一般	システム監査（第17条）
9.2.2　内部監査プログラム	システム監査（第17条）
9.3　マネジメントレビュー	労働安全衛生マネジメントシステムの見直し（第18条）
10　改善 10.1　一般 10.2　インシデント，不適合及び是正処置	労働災害発生原因の調査等（第16条） 日常的な点検，改善等（第15条）， システム監査（第17条）
10.3　継続的改善	日常的な点検，改善等（第15条）， システム監査（第17条）， 労働安全衛生マネジメントシステムの見直し（第18条）

6.2.3　指針と ISO 45001 との違いが明らかな箇条とは

ISO 45001 にあって指針にない主なものを表 6.2.2 で整理した．ただし，労働安全衛生法を順守して適切に安全衛生管理を実施している組織においては，要求されているこれらの規格内容は実態としては組織で取り組まれているものが多い．したがって，全く新たなものとは考えずに，まずは規格が要求している内容に近い，組織が実際に行っていることを洗い出し，その上で，規格要求として不足している部分を付け足していく方法で確立していくとよい．

表 6.2.2 ISO 45001 にあって指針にない主な要求項目

追加項目	意味	審査対象者の例	実施例
4 組織の状況	・事業所全体の現状把握（課題，求められていることの把握） ・利害関係者のニーズ，適用範囲，必要なプロセスとそれらの相互作用	経営層，安全衛生スタッフ	・若年層の増加（危険感受性の低下） ・メンタルヘルス不調者の増加
6.1 （リスクと）機会への取組み	安全衛生の状況がよくなる活動への取組み	現場部門，安全衛生スタッフ	・4S活動等の職場活動 ・危険体感教育 ・安全衛生大会
8.1.3 変更の管理	物・組織・法令・規程などの状況が変わったときの対応 （設備・材料・工程・組織・作業環境・作業手順・法令など変更時の対応）	安全衛生スタッフ，現場部門	・リスクアセスメントの見直しと対応 ・必要事項の周知 ・作業手順書教育
8.1.4.1 一般（調達）	安全衛生に影響する物を購買する際の管理	購買，設備管理，安全衛生スタッフ	・取扱説明書・SDSの入手 ・保護具調達時の基準
8.1.4.3 外部委託	外部に委託する安全衛生に影響する（取組み）機能等の管理	設備管理，設備保全，安全衛生スタッフ	・機械設備の設計，製造の委託 ・検査工程の委託 ・作業環境測定の委託
9.1.2 順守評価	法的要求事項等が順守されているかを評価	現場部門，安全衛生スタッフ	・設備点検記録 ・作業報告 ・巡視 ・内部監査

6.3 JISHA方式適格OSHMS基準との比較

6.3.1 JISHA基準の使用文書と基準の特長

　JISHA方式適格OSHMS基準（以下，JISHA基準という）は，2003（平成15）年3月に指針に沿って作成した．以後，3回の改正を経て現在に至っている．JISHA基準には，"厚生労働省OSHMS指針"のほかに，"指針の解釈通達"，"危険性又は有害性の調査等に関する指針"と"危険性又は有害性の調査等に関する指針の解釈通達"という行政文書内容の全てと，さらには，労働安全衛生管理の実効性を確保するために，中央労働災害防止協会（以下，中災防という）が50年にわたって組織の安全衛生をサポートしてきた経験と実績から選定した基準が盛り込まれている．この中災防の独自基準はJISHA基準全体の35%あり，その主なものは，①労働安全衛生法令で実施すべきことを具体的に定めた基準，②運用の効果が実際に向上していることを求めた基準，③その他具体的な安全衛生管理・活動に関する基準，である．

　厚生労働省OSHMS指針とISO 45001はほぼ同じということを6.2節で紹介した．JISHA基準は厚生労働省OSHMS指針に沿っているので基本はISO 45001とほぼ同じであるが，JISHA基準の35%は前述した指針・通達にないものである．この部分は，ISO 45001には明示されていない項目であり，以下6.3.2で紹介する．これらの多くは，ISO 45001規格で明示されていないために，抜け落ちてしまう可能性の高い項目であると捉えて活用してもらうと理解しやすい．

6.3.2 安全衛生上の実効性を確保するために明示したJISHA基準

　以下の基準は，JISHA基準から主なものについて抜粋したものである．全文は，下記からダウンロードできる．

　https://jishaiso.jisha.or.jp/pdf/oshms/kijun-180801.pdf

JISHA 基準(平成24年4月1日適用)(抜粋)
1 安全衛生方針の表明
(3) 安全衛生方針は,次により作成されていること.
ア 健康づくりに向けての方向を明示すること.
イ 事業場の安全衛生活動の実績等を踏まえたものであること.
2 労働者の意見の反映
(2) 関係部署(部門,職場等)の安全衛生目標の設定及び安全衛生計画の作成をしている場合は,安全衛生目標の設定等次の事項に当たり,労働者の意見を反映する手順が定められていること.
ア 関係部署の安全衛生目標の設定
イ 関係部署の安全衛生計画の作成
ウ 関係部署の安全衛生計画の実施
エ 関係部署の安全衛生計画の実施に関する評価及び改善
(4) 2の(2)の手順に基づき,労働者の意見が反映されていること.
3 体制の整備
(1) 事業場における安全衛生管理に係る組織,役割について,次のことが定められていること.
ア 労働安全衛生法の規定に基づく総括安全衛生管理者等法定の管理者等の役割
イ 事業者,管理者,監督者等及び安全衛生担当者の役割
ウ 安全衛生委員会の設置及びその運営
エ 安全衛生管理体制図
(2) 事業者,管理者,監督者等に安全衛生対策の推進に関するそれぞれの役割が理解されていること.
4 明文化
(1) 次の事項が文書により定められていること.
(イ) 関係部署の安全衛生目標の設定及び安全衛生計画の作成をしている場合は,安全衛生目標の設定並びに安全衛生計画の作成,実施,評価及び改善に当たり,労働者の意見を反映する手順
(ケ) 機械,設備,化学物質等の取扱いに関する事項のうち必要な事項を労働者に周知させる手順
カ 緊急事態が発生した場合に労働災害を防止するための措置
6 危険性又は有害性等の調査及び実施事項の決定等
(5) 6の(4)の手順には,次の事項が含まれていること.
ア 実施時期
イ あらかじめ定めた危険性又は有害性の分類
ウ 危険性又は有害性の特定

エ　リスクの見積り
(7)　6の(6)の調査は，次により実施されていること．
ア　その作業に従事する労働者が関与していること．
イ　必要な場合には専門的知識を有する者の助言等を得ていること．
(9)　6の(8)の手順には，次の事項が含まれていること．
ア　リスク低減の対象とするリスクの優先度を決定する方法
イ　リスクを低減する措置の優先順位の設定
ウ　残留リスクへの対応策
(11)　6の(10)の措置の決定は，次により実施されていること．
ア　その使用部門の管理者又は監督者が参加していること．
イ　必要な場合には専門的知識を有する者の助言等を得ていること．
(12)　6の(10)により決定された措置を速やかに実施するか，又は安全衛生計画に盛り込んでいること．
(13)　機械，設備，化学物質，作業行動等に係わる残留リスクの内容と対処方法が関係者に周知されていること．

7　安全衛生目標の設定
(4)　関係部署ごとの安全衛生目標が設定されていること．
(5)　7の(4)の関係部署ごとの安全衛生目標は，7の(1)の安全衛生目標を踏まえ，かつ，当該部署の実状に即して設定されていること．
(6)　関係部署の安全衛生目標を設定した場合はその安全衛生目標は承認されていること．
(8)　関係部署の安全衛生目標が設定されている場合には，その安全衛生目標は関係者に周知されていること．

8　安全衛生計画の作成
(4)　安全衛生計画には，次の事項が含まれていること．
ウ　危険予知活動，4S活動，ヒヤリ・ハット報告活動，安全衛生改善提案活動，健康づくり活動等の日常的な安全衛生活動の実施
エ　実施事項の担当部署又は担当者
オ　予算措置
カ　安全衛生教育の内容及びその実施時期
キ　関係請負人に対する措置の内容及びその実施時期
ク　安全衛生計画の期間に関する事項
(6)　機械，設備，化学物質等を新規に導入する場合等，安全衛生計画の期間中に状況が変化した場合には，必要に応じ安全衛生計画を見直すことが定められていること．
(8)　関係部署ごとの安全衛生計画が作成されていること．
(9)　8の(8)の関係部署ごとの安全衛生計画は，8の(1)の安全衛生計画を踏まえ，かつ，当該部署の実状に即して作成されていること．

9 安全衛生計画の実施等

(安全衛生計画の実施)
(2) 9の(1)の手順には,次の事項が含まれていること.
ア 安全衛生計画に基づく活動等を実施するに当たっての具体的内容の決定方法
イ 経費の執行方法
(4) 8の(6)の定めに基づき,安全衛生計画が見直されていること.
(5) 安全衛生計画の実施に当たり,状況の変化等があった場合は,必要に応じて調整が行われていること.

(機械,設備,化学物質等の取扱いに関する書面の入手)
(8) 機械,設備,化学物質等の譲渡又は提供を受ける場合,これらの取扱いに関する事項を記載した書面等が入手されていること.
(9) 9の(8)の事項のうち,必要な事項を労働者に周知させる手順が定められていること.
(10) 9の(9)の手順に基づき,必要な事項が労働者に周知されていること.

(機械,設備,化学物質等の取扱いに関する書面の交付)
(11) 機械,設備,化学物質等を譲渡又は提供する場合は,これらの取扱いに関する事項を記載した書面等を交付していること.

(安全衛生教育)
(12) 新規採用者,危険有害作業従事者,管理者及び監督者に対して教育が実施されていること.

(作業手順書の整備)
(13) 作業手順書が整備されているとともに,その中に安全衛生に関する事項が含まれていること.
(14) 作業手順書に必要に応じて作業従事時に装着する保護具について定められていること.

(関係請負人の安全衛生の確保)
(15) 関係請負人に関係する危険性又は有害性等についての情報が提供されていること.
(16) 関係請負人が実施する安全衛生教育に対する支援が行われていること.
(17) 9の(16)の安全衛生教育には,労働安全衛生マネジメントシステムに関する教育が含まれていること.
(18) 関係請負人の安全衛生活動状況が定期的に報告されていること.

(日常的な安全衛生活動)
(19) 次の日常的な安全衛生活動が実施されていること.
ア 危険予知活動
イ 4S(整理,整頓,清潔,清掃)活動
ウ ヒヤリ・ハット報告活動

エ　安全衛生改善提案活動
オ　作業開始時等のミーティング
カ　安全衛生パトロール
(20)　日常的な安全衛生活動は，次により実施されていること．
ア　関係部署の関係者が日常的な安全衛生活動に参加していること．
イ　事業場及び関係部署は，活動状況を把握して評価していること．

10　緊急事態への対応
(3)　10の(2)の措置には，次の事項が含まれていること．
ア　被害を最小限に食い止め，かつ，拡大を防止するための措置
(ア)　消火及び避難の方法
(イ)　被災した労働者の救護の方法
(ウ)　消火設備，避難設備及び救助機材の配備
(エ)　緊急連絡先の設定
(オ)　二次災害の防止対策
イ　緊急事態発生時の各部署の役割及び指揮命令系統の設定
ウ　避難訓練の定期的な実施
(5)　10の(2)の措置について，関係労働者に周知されていること．

11　日常的な点検，改善等
(2)　11の(1)の手順には，次の事項が含まれていること．
イ　安全衛生目標の達成状況の把握及びその方法並びに実施責任者

12　労働災害発生原因の調査等
(2)　12の(1)の手順には，次の事項が含まれていること．
ア　原因調査の方法及び実施責任者
イ　改善方法，改善結果を確認する方法及び実施責任者
ウ　改善の効果を確認する方法及び実施責任者
(4)　労働災害の原因調査は，災害の原因となった直接要因だけでなく，その災害等の背景要因も含めて調査されていること．

13　システム監査
(4)　システム監査の実施には，次の事項が含まれていること．
ア　安全衛生目標の達成状況の把握
イ　問題点の把握

15　労働安全衛生マネジメントシステムの運用による効果
労働安全衛生マネジメントシステムの運用により，安全衛生方針の実現，安全衛生目標の達成など，安全衛生水準の向上が見られること．

6.3.3 JISHA 基準になくて ISO 45001 にある要求事項

JISHA 基準については，6.3.2 に紹介したとおりである．JISHA 基準になくて ISO 45001 にある要求事項は下記のとおりである．なお，これらのものは，JISHA 方式認証事業場では，実態としては対応されていることが多い項目である．

- 4.1 組織及びその状況の理解
- 4.2 働く人及びその他の利害関係者のニーズ及び期待の理解
- 4.3 労働安全衛生マネジメントシステムの適用範囲の決定
- 4.4 労働安全衛生マネジメントシステム（"必要なプロセスとそれらの相互作用"の部分）
- 6.1 （リスク及び）機会への取組み
- 6.1.2.3 労働安全衛生機会及び労働安全衛生マネジメントシステムに対するその他の機会の評価
- 6.1.4 取組みの計画策定
- 8.1.3 変更の管理
- 8.1.4.1 一般（調達）
- 8.1.4.3 外部委託
- 9.1.2 順守評価
- 10.2 インシデント，不適合及び是正処置

6.4 ILO 労働安全衛生マネジメントシステムに関するガイドラインとの比較

"ILO 労働安全衛生マネジメントシステムに関するガイドライン（ILO-OSH 2001）"（以下，ILO ガイドラインという）の作成の意図が前文で以下のように示されている．

　"事業場レベルでの危険有害要因及びリスクの低減並びに生産性向上に係る労働安全衛生（OSH）マネジメントシステム（編注：以下"OSHMS"）

6.4 ILO労働安全衛生マネジメントシステムに関するガイドラインとの比較

を導入することの実際的な効果については，現在，政府，使用者及び労働者によって認識されている．このOSHMSについてのガイドラインは，ILO（国際労働機関）の三者構成の各構成員により，国際的に合意され，明確にされた原理を踏まえ，ILOにより策定された．この三者構成による対応は，事業場で持続可能な安全文化を育成する際に，活力，柔軟性及び適切な基礎を提供するものである．(中略)

ILOは，このガイドラインを実践的な手法として設計したが，これは，OSHの実施状況の継続的な改善を達成する手段を提示することで，事業場や権限のある機関を支援しようとするものである".

また，"目的"においては，事業場がILOガイドラインを適切に活用できるように，図6.4.1を示している．これは，労働安全衛生分野は規制内容など国や業種により違いがあるので，まずは国のレベルでILOガイドラインを参考に国のガイドラインを策定し，業種に違いがあれば，国のガイドラインを参考に業種のガイドラインを策定して事業場に使用してもらうことが効果的であることを説明している．"JISHA基準"は製造業向けに策定したものであり，後述する"COHSMSガイドライン"は建設業向けに策定されたものである．

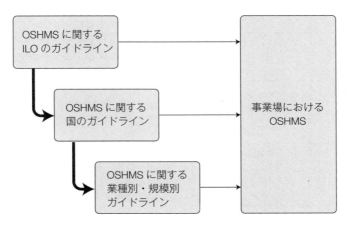

図6.4.1 ILOガイドラインにおけるOSHMSの枠組み要素

6.4.1 ILO ガイドラインになくて ISO 45001 にある要求事項

ISO 45001 には参考文献として"ILO ガイドライン"が記載されている．両者を比較すると表 6.4.1 のとおり要求事項は全般的に対応関係がある．しかし，細分箇条の段階までを比較の対象とした場合には，ILO ガイドラインには明示されておらず，ISO 45001 にある要求事項があり，以下のとおりである．

- 4.1　組織及びその状況の理解
- 4.2　働く人及びその他の利害関係者のニーズ及び期待の理解
- 4.3　労働安全衛生マネジメントシステムの適用範囲の決定
- 6.1　（リスク及び）機会への取り組み

表 6.4.1　ISO 45001 と ILO-OSHMS ガイドラインとの対照表

ISO 45001	ILO-OSHMS ガイドライン
1　適用範囲 2　引用規格 3　用語及び定義	
4　組織の状況	3.7　初期調査
5　リーダーシップ及び働く人の参加	3.1　安全衛生方針 3.2　労働者の参加 3.3　責任と説明責任
6　計画	3.8　安全衛生計画の作成とその実施 3.9　安全衛生目標
7　支援	3.4　能力及び教育・訓練 3.5　マネジメントシステム文書類 3.6　コミュニケーション
8　運用	3.8　安全衛生計画の作成とその実施 3.10　危険有害要因の除去（管理策，変更管理，緊急時への対応，調達，契約）
9　パフォーマンス評価	3.11　実施状況の調査及び測定 3.12　負傷，疾病等の調査 3.13　監査 3.14　使用者等による見直し
10　改善	3.15　防止措置及び是正措置 3.16　継続的な改善

7.3　認識
8.1.4.3　外部委託
9.1.2　順守評価
10.2（インシデント，）不適合及び是正処置

6.5　COHSMS 認定基準との比較

6.5.1　COHSMS

COHSMS（コスモス）は，建設業労働安全衛生マネジメントシステム（Construction Occupational Health and Safety Management System）の頭文字から名付けられたものであり，建設業労働災害防止協会（以下，建災防という）が定めた規格である"COHSMS ガイドライン"に基づいて，構築，実施運用している労働安全衛生マネジメントシステムのことである．

この COHSMS ガイドラインは，建設工事が有期であること，工事管理が建設企業の店社と作業所（工事現場）が一体となって行われていること，さらには労働安全衛生法令に基づき作業所において統括管理を行っていることなどの建設業の特性を踏まえており，厚生労働大臣が公表した"労働安全衛生マネジメントシステムに関する指針"（以下，厚生労働省 OSHMS 指針という）に基づいて，建災防が建設業者に取り組みやすい労働安全衛生マネジメントシステムに関するガイドラインとして策定したものである．

また，COHSMS ガイドラインは ILO（国際労働機関）が定めた ILO-OSH 2001（ILO 労働安全衛生マネジメントシステムのガイドライン）の"業種別・規模別ガイドライン"に位置付けされ，国際的にも通ずる指針である（図 6.5.1 参照）．

2018 年 4 月，COHSMS ガイドラインは，労働安全衛生マネジメントシステムの ISO による国際標準との整合性，建設業における働き方改革をはじめ，建設職人基本法に基づいた建設工事従事者のメンタルヘルス対策など建設業を取り巻く環境の変化に対応した，安全，安心，快適な職場環境を形成するため

に NEW COHSMS として COHSMS ガイドラインを改訂した．その概念は，図 6.5.2 "NEW COHSMS の概念図"のとおりである．また，COHSMS ガイドライン改訂に伴い COHSMS 認定基準も新たな基準を策定した．

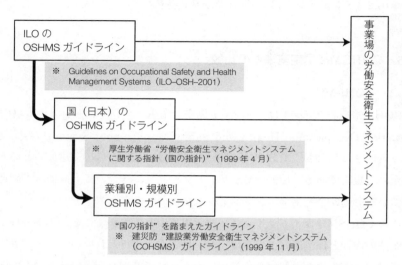

図 6.5.1 COHSMS ガイドラインの国際的な位置付け

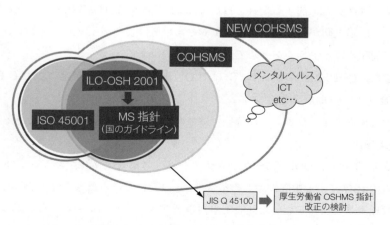

図 6.5.2 NEW COHSMS の概念図

6.5.2 COHSMS 認定

　COHSMS 認定は，厚生労働省 OSHMS 指針と同一な目的の安全衛生水準の向上に資することを目的に，求める性能が確保されていれば既存の規定を認めるという"性能規定的な考え"を重要視して実施していることにその特徴がある．その考えに基づき，COHSMS 評価者は，建設業の労働安全衛生の実務経験を有する専門家であり，かつ評価者としての資格を有する者である．したがって，各社に適合したマネジメントシステムのあり方を視野に入れ，その会社の特徴を見極めながら，各社が培ってきた安全衛生管理や安全衛生活動がより活性化されるよう配慮しつつ，具体的なアドバイスを行って，各社の安全衛生水準の向上を図っているものである．

6.5.3 COHSMS 認定基準

　COHSMS 認定基準は，建設事業場における安全衛生管理の実態に則した効果的なシステムの実施を促進する観点に立って策定したものである．その認定基準の評価項目は，労働安全衛生規則第 87 条に基づく措置に関する評価項目に対応し，改訂した COHSMS ガイドラインの基本的事項を盛り込んだものである．以下に新たな COHSMS 認定基準の店社及び作業所を示すとともに，建災防ウェブサイト"コスモス認定"にも公表している．

　https://www.kensaibou.or.jp/safe_tech/cohsms/index.html

1　店社の認定基準

1-1　安全衛生方針の表明
(1)　建設事業者の安全衛生方針が表明され，文書により定められていること．
(2)　安全衛生方針には，次の事項が含まれていること．
　　イ　労働災害の防止を図ること．
　　ロ　心身の健康の保持増進を図ること．
　　ハ　労働者の協力の下に，安全衛生活動を実施すること．
　　ニ　労働安全衛生関係法令，建設事業場の安全衛生規程等を遵守すること．

ホ　システムに従って行う措置を適切に実施すること．
(3)　安全衛生方針が，建設工事従事者及びその他の関係者並びに店社の労働者に周知されていること．

1-2　労働者の意見の反映
(1)　安全衛生目標の設定並びに安全衛生計画の作成，実施，評価及び改善に当たり，安全衛生委員会等の活用等，労働者の意見を反映する手順が，文書により定められていること．
(2)　(1)の手順に基づき，労働者の意見が反映されていること．

1-3　システム体制の整備
(1)　建設事業場においてその事業を統括管理する者が，システム管理の最高責任者として指名され，役割，責任及び権限が，文書により定められていること．
(2)　システム各級管理者が指名され，役割，責任及び権限が，文書により定められていること．
(3)　システム管理の最高責任者及びシステム各級管理者の役割，責任及び権限について，建設工事従事者及びその他の関係者並びに店社の労働者に周知されていること．
(4)　人材及び予算が確保されていること．
(5)　安全衛生委員会等の場において，システムに関する事項が検討されていること．

1-4　システム教育の実施
(1)　労働者に対してシステムに関する教育を実施する手順が，文書により定められていること．
(2)　(1)の手順に基づき，労働者に対して，システムに関する教育が実施されていること．

1-5　関係請負人の安全衛生管理能力等の評価
(1)　関係請負人が行う安全衛生管理活動等の状況が評価されていること．
(2)　(1)に基づき，把握した関係請負人の安全衛生管理活動等の状況が，関係請負人の指導，育成に活用されていること．

1-6　明文化
(1)　このコスモス認定基準の各項目で示された手順等が，文書により定められていること．
(2)　(1)の文書を管理する手順が，文書により定められていること．
(3)　(2)の手順に基づき，これらの文書が管理されていること．

1-7　記録
(1)　安全衛生計画の実施状況，システム監査の結果等，システムに従って行う措置の実施に関し必要な事項が記録されていること．
(2)　(1)の記録が，適切に保管されていること．

1-8　危険性又は有害性等の調査及び実施事項の決定
(1)　工事に伴う危険性又は有害性等の調査及び化学物質等による危険性又は有害性等

の調査をする手順が，文書により定められていること．
(2) (1)の手順には，次の事項が含まれていること．
　イ　危険性又は有害性等の調査及び化学物質等による危険性又は有害性等の調査の実施者
　ロ　危険性又は有害性等の調査及び化学物質等による危険性又は有害性等の調査の実施時期
　ハ　危険性又は有害性の特定
　ニ　ハにより特定された危険性又は有害性によって生ずるおそれのある負傷又は疾病の重篤度及び可能性の度合（化学物質等の場合には，危険を及ぼし，健康障害を生ずるおそれの程度と危険又は健康障害の程度）（以下，"リスク"という．）の見積り
　ホ　リスクを低減するための優先度の設定及びリスクを低減するための措置（以下，"リスク低減措置"という．）の検討
(3) (1)の手順に基づき，危険性又は有害性等の調査及び化学物質等による危険性又は有害性等の調査が行われていること．
(4) (3)の危険性又は有害性等の調査及び化学物質等による危険性又は有害性等の調査の結果に基づき，危険又は健康障害を防止するための必要な措置を決定する手順が，次の事項を含め文書により定められていること．
　イ　労働安全衛生関係法令及び建設事業場の安全衛生規程等に基づき，実施すべき措置を決定すること．
　ロ　リスクを低減するために設定した優先度に基づき，リスク低減措置を決定すること．
(5) (4)の手順に基づき，実施すべき措置が決定されていること．

1-9　心身の健康の保持増進及び快適な職場環境形成への取組

(1) 労働者の健康状態を把握するための手順が，文書に定められていること．
(2) (1)の手順に基づき，労働者の健康状態が把握されていること．
(3) 労働者の心理的な負担の程度を把握するための検査等を実施する手順が定められていること．
(4) (3)の手順に基づき，ストレスチェック等が実施されていること．

1-10　安全衛生目標の設定

(1) 安全衛生目標が，文書により設定されていること．
(2) 安全衛生目標は，次の事項を検討して設定されていること．
　イ　危険性又は有害性等の調査結果
　ロ　健康診断結果，心理的な負担の程度を把握するための検査結果
　ハ　過去の安全衛生目標の達成状況，労働災害の発生状況
(3) 安全衛生目標において，一定期間に達成すべき到達点が明らかにされていること．
(4) 安全衛生目標が，建設工事従事者及びその他の関係者並びに店社の労働者に周知

されていること．

1-11 安全衛生計画の作成
(1) 安全衛生計画が，文書により定められていること．
(2) 安全衛生計画には，次の事項が含まれていること．
　イ　危険性又は有害性等の調査結果，化学物質等による危険性又は有害性等の調査結果により決定された措置及びその実施時期
　ロ　心身の健康の保持増進を図るための取組内容及びその実施時期
　ハ　安全衛生教育の内容及びその実施時期
　ニ　日常的な安全衛生活動の実施内容及びその実施時期
　ホ　関係請負人に対する措置の内容及びその実施時期
　ヘ　作業所への指導，支援内容及びその実施時期
　ト　安全衛生計画の期間
　チ　安全衛生計画の見直しに関する事項
(3) 安全衛生計画が，建設工事従事者及びその他の関係者並びに店社の労働者に周知されていること．

1-12 安全衛生計画の実施等
(1) 安全衛生計画を適切かつ継続的に実施するための手順が，文書により定められていること．
(2) (1)の手順に基づき，安全衛生計画が実施されていること．
(3) 安全衛生計画の実施等に必要な事項を，建設工事従事者及びその他の関係者並びに店社の労働者に周知させる手順が，文書により定められていること．
(4) (3)の手順に基づき，安全衛生計画の実施等に必要な事項が，建設工事従事者及びその他の関係者並びに店社の労働者に周知されていること．

1-13 緊急事態への対応
(1) 緊急事態の生ずる可能性が評価されていること．
(2) 緊急事態が発生した場合に，労働災害を防止するための措置が定められていること．

1-14 日常的な点検，改善等
(1) 安全衛生計画の実施状況等の日常的な点検及び改善を実施するための手順が，文書により定められていること．
(2) (1)の手順には，次の事項が含まれていること．
　イ　安全衛生目標の達成状況及び安全衛生計画の実施状況についての点検
　ロ　発見された問題点の原因の調査と改善
(3) (1)の手順に基づき，安全衛生計画の実施状況等の日常的な点検及び改善が実施されていること．
(4) 安全衛生計画の実施状況等の日常的な点検及び改善の結果が，次回の安全衛生計画に反映されていること．

1-15 労働災害発生原因の調査等
(1) 労働災害，事故が発生した場合の，原因の調査並びに問題点の把握及び改善（以下，"原因調査等"という．）を実施するための手順が，文書により定められていること．
(2) (1)の手順には，次の事項が含まれていること．
　イ　労働災害，事故が発生した場合の調査の実施及び実施担当部署等
　ロ　調査結果に基づいた問題点の把握及び改善の検討等
　ハ　同種災害の再発防止対策の実施及び実施責任者
(3) (1)の手順に基づき，労働災害，事故が発生した場合の原因調査等が実施されていること．
(4) 労働災害，事故が発生した場合の原因調査等の結果が，次回の安全衛生計画に反映されていること．

1-16 システム監査
(1) 定期的な（少なくとも年1回）システム監査の計画を作成し，1-1から1-15まで及び2-1から2-14までに規定する事項について，システム監査を実施する手順が，文書により定められていること．
(2) (1)の手順に基づき，システム監査が実施されていること．
(3) システム監査の実施者は，必要な能力を有し，公平かつ客観的な立場にある者が選任されていること．
(4) (2)のシステム監査の結果，必要があると認めるときは，システムに従って行う措置の実施について改善が行われていること．

1-17 システムの見直し
(1) システム監査の結果を踏まえ，定期的に，コスモスガイドラインに基づき定められた手順の見直し等，システムの全般的な見直しが行われていること．

2　作業所の認定基準

2-1 工事安全衛生方針の表明
(1) 作業所長の工事安全衛生方針が表明され，文書により定められていること．
(2) 工事安全衛生方針が，建設工事従事者及びその他の関係者並びに施工する工事に関係する店社の労働者に周知されていること．

2-2 建設工事従事者及び施工する工事に関係する店社の労働者の意見の反映
(1) 工事安全衛生目標の設定並びに工事安全衛生計画の作成，実施，評価及び改善に当たり，災害防止協議会等の活用等，建設工事従事者及び施工する工事に関係する店

社の労働者の意見を反映する手順が，店社において文書により定められていること．
(2) (1)の店社で定める手順に基づき，建設工事従事者及び施工する工事に関係する店社の労働者の意見が反映されていること．

2-3 システム体制の周知等
(1) 作業所におけるシステム体制について，建設工事従事者及びその他の関係者並びに施工する工事に関係する店社の労働者に周知されていること．
(2) 作業所におけるシステム体制には，次の事項が含まれていること．
　イ　作業所におけるシステム体制図等
　ロ　作業所におけるシステム各級管理者の指名
　ハ　作業所におけるシステム各級管理者の役割，責任及び権限

2-4 関係請負人の安全衛生管理能力等の評価
(1) 関係請負人の安全衛生管理活動等の実施状況等が評価されていること．
(2) (1)で確認された事項が，店社に報告されていること．

2-5 明文化
(1) システムに関する文書を管理する手順が，店社において文書により定められていること．
(2) (1)の店社で定める手順に基づき，次の文書が管理されていること．
　イ　工事安全衛生方針
　ロ　工事安全衛生目標
　ハ　工事安全衛生計画
(3) (2)の文書が，店社に報告されていること．

2-6 記録
(1) 工事安全衛生計画の実施状況，日常的な点検及び改善の状況等，システムに従って行う措置の実施に関し必要な事項が記録されていること．
(2) (1)の記録が，適切に保管されていること．
(3) (1)の記録が，必要に応じ店社に報告されていること．

2-7 危険性又は有害性等の調査及び実施事項の決定
(1) 施工する工事に伴う危険性又は有害性等の調査及び化学物質等による危険性又は有害性等の調査をする手順が，店社において文書により定められていること．
(2) (1)の店社で定める手順には，次の事項が含まれていること．
　イ　危険性又は有害性等の調査及び化学物質等による危険性又は有害性等の調査の実施者
　ロ　危険性又は有害性等の調査及び化学物質等による危険性又は有害性等の調査の実施時期
　ハ　施工する工事に伴う危険性又は有害性及び化学物質等による危険性又は有害性の特定
　ニ　ハにより特定された危険性又は有害性によって生ずるおそれのあるリスクの見積

り
　ホ　リスクを低減するための優先度の設定及びリスク低減措置の検討
(3)　(1)の店社で定める手順に基づき，施工する工事に伴う危険性又は有害性等の調査及び化学物質等による危険性又は有害性等の調査が行われていること．
(4)　(3)の危険性又は有害性等の調査結果に基づき，建設工事従事者及びその他の関係者の危険又は健康障害を防止するための必要な措置を決定する手順が，次の事項を含め店社において文書により定められていること．
　イ　労働安全衛生関係法令及び建設事業場の安全衛生規程等に基づき，実施すべき措置を決定すること．
　ロ　リスクを低減するために設定した優先度に基づき，リスク低減措置を決定すること．
(5)　(4)の店社で定める手順に基づき，実施すべき措置が決定されていること．

2-8　心身の健康の保持増進及び快適な職場環境形成への取組

(1)　建設工事従事者の労働安全衛生法第66条第1項及び第2項に基づく健康診断の実施状況を把握する手順が，店社において文書により定められていること．
(2)　(1)の店社で定める手順に基づき，建設工事従事者の健康診断の実施状況が把握されていること．
(3)　建設工事従事者に対する快適な職場づくりを行う手順が，店社において文書により定められていること．
(4)　建設工事従事者に対する快適な職場づくりが行われていること．

2-9　工事安全衛生目標の設定

(1)　工事安全衛生目標が，文書により設定されていること．
(2)　工事安全衛生目標が，次の事項を検討して設定されていること．
　イ　施工する工事に伴う危険性又は有害性等の調査結果及び化学物質等による危険性又は有害性等の調査結果
　ロ　同種工事における労働災害の発生状況
(3)　工事安全衛生目標では，一定期間に達成すべき到達点が明らかにされていること．
(4)　工事安全衛生目標が，建設工事従事者及びその他の関係者並びに施工する工事に関係する店社の労働者に周知されていること．

2-10　工事安全衛生計画の作成

(1)　工事安全衛生計画が，文書により定められていること．
(2)　工事安全衛生計画が，次の事項を検討して作成されていること．
　イ　施工する工事の特性
　ロ　店社の安全衛生方針，安全衛生目標，安全衛生計画
(3)　工事安全衛生計画には，次の事項が含まれていること．
　イ　危険性又は有害性等の調査及び化学物質等による危険性又は有害性等の調査により決定された措置の内容及びその実施時期

ロ　安全衛生教育の内容及びその実施時期
ハ　日常的な安全衛生活動の実施内容及びその実施時期
ニ　関係請負人に対する措置の内容及びその実施時期
ホ　工事安全衛生計画の期間
ヘ　工事安全衛生計画の見直しに関する事項

(4) 工事安全衛生計画が，建設工事従事者及びその他の関係者並びに施工する工事に関係する店社の労働者に周知されていること．

2-11　工事安全衛生計画の実施等

(1) 工事安全衛生計画を適切かつ継続的に実施するための手順が，店社において文書により定められていること．

(2) (1)の店社で定める手順に基づき，工事安全衛生計画が実施されていること．

(3) 工事安全衛生計画の実施等に必要な事項を，建設工事従事者及びその他の関係者並びに施工する工事に関係する店社の労働者に周知させる手順が，店社において文書により定められていること．

(4) (3)の店社で定める手順に基づき，工事安全衛生計画の実施等に必要な事項が，建設工事従事者及びその他関係者並びに施工する工事に関係する店社の労働者に周知されていること．

2-12　緊急事態への対応

(1) 店社で定める措置に従って，緊急事態が発生した場合の対応措置が定められていること．

(2) 緊急事態への対応措置が，建設工事従事者及びその他関係者並びに施工する工事に関係する店社の労働者に周知されていること．

2-13　日常的な点検，改善等

(1) 工事安全衛生計画の実施状況等の日常的な点検及び改善を実施するための手順が，店社において文書により定められていること．

(2) (1)の店社で定める手順に基づき，工事安全衛生計画の実施状況等の日常的な点検及び改善が実施されていること．

(3) 一定期間を定めた工事安全衛生計画の場合には，工事安全衛生計画の実施状況等の日常的な点検及び改善の結果が，次回の工事安全衛生計画に反映されていること．

2-14　労働災害発生原因の調査等

(1) 労働災害，事故が発生した場合の原因調査等を実施するための手順が，店社において文書により定められていること．

(2) (1)の店社で定める手順に基づき，労働災害，事故が発生した場合の原因調査等が実施されていること．

(3) 一定期間を定めた工事安全衛生計画の場合には，労働災害，事故が発生した場合の原因調査等の結果が，次回の工事安全衛生計画に反映されていること．

付 録

付録1

ISO 45001 関連情報の入手先

1. 国際標準化一般
   - ISO（国際標準化機構）ウェブサイト
     https://www.iso.org/iso/home.html
   - JISC（日本工業標準調査会）ウェブサイト（ISO の概要）
     http://www.jisc.go.jp/international/iso-guide.html
   - 日本規格協会ウェブサイト（国際標準化支援関連資料）
     https://www.jsa.or.jp/dev/std_shiryo1/
   - ISO/TMB の最新の動向：上層委員会報告
     https://www.jsa.or.jp/dev/std_hokokukai/
   - ISO/IEC 専門業務用指針（ISO/IEC Directives）第1部，第2部
     https://www.jsa.or.jp/datas/media/10000/md_3819.pdf
     https://www.jsa.or.jp/datas/media/10000/md_3820.pdf

2. 労働安全衛生関連
   - 日本規格協会 ISO 45001 特設ページ
     https://www.jsa.or.jp/iso45001sp
   - 中災防　ISO 45001（JIS Q 45001）総合サイト
     https://www.jisha.or.jp/iso45001/index.html
   - JISHA 方式適格 OSHMS 認定
     http://www.jisha.or.jp/oshms/certification/index.html
   - COHSMS ガイドライン
     https://www.kensaibou.or.jp/safe_tech/cohsms/index.html
   - ILO "労働安全衛生マネジメントシステムに関するガイドライン"
     http://anzeninfo.mhlw.go.jp/information/oshms1a_2.html
   - 厚生労働省 "労働安全衛生マネジメントシステムに関する指針"
     http://www.jaish.gr.jp/anzen/hor/hombun/hor1-2/hor1-2-58-1-0.htm
   - マネジメントシステム認証組織件数
     https://www.jab.or.jp/files/items/5/File/QuartelyFigures-CertifiedOrganization-2018Q1.pdf

※　リンクアドレスは変更される場合があります（2018年10月確認）

付録2

OH&SMS 認証組織件数 (2018年3月末現在)

出典：日本適合性認定協会ウェブサイト

マネジメントシステム認証機関名	OHSAS 18001
一般財団法人 日本規格協会 審査登録事業部	21
日本検査キューエイ株式会社	56
日本化学キューエイ株式会社	59
一般財団法人 日本ガス機器検査協会 QAセンター	20
一般財団法人 日本海事協会	14
高圧ガス保安協会 ISO審査センター	23
一般財団法人 日本科学技術連盟 ISO審査登録センター	42
一般財団法人 日本品質保証機構 マネジメントシステム部門	172
SGSジャパン株式会社 認証サービス事業部	48
一般財団法人 電気安全環境研究所 ISO登録センター	10
一般社団法人 日本能率協会 審査登録センター	18
一般財団法人 建材試験センター ISO審査本部	46
ロイド レジスター クオリティ アシュアランス リミテッド	75
一般財団法人 日本建築センター システム審査部	7
DNV ビジネス・アシュアランス・ジャパン株式会社	41
株式会社 日本環境認証機構	92
一般財団法人 三重県環境保全事業団 国際規格審査登録センター	17
株式会社 マネジメントシステム評価センター	192
ペリージョンソンレジストラー 株式会社	64
一般財団法人 ベターリビングシステム審査登録センター	11
国際システム審査株式会社	75
エイエスアール株式会社	61
BSIグループジャパン株式会社	35
アイエムジェー審査登録センター株式会社	6
株式会社 ジェイーヴァック	8
ビューローベリタスジャパン株式会社 システム認証事業本部	75
テュフ・ラインランド・ジャパン株式会社	7
北日本認証サービス株式会社	13
AUDIX Registrars 株式会社	19
インターテック・サーティフィケーション 株式会社	226
認証組織数	1553
JAB非認定 認証機関（13機関）	197
認証組織数総計	1750

付録 3

IAF ガイダンス文書
"OHSAS 18001:2007 から ISO 45001:2018 への移行に関する要求事項"

第 1 版（IAF MD 21:2018）

IAF 基準文書への序文

この文書で使用されている用語 "should"（望ましい）は，規格の要求事項を満たすことの，認知された手段であることを示す．適合性評価機関（CAB）は，この要求事項を同等の方法で満たすことも，それを認定機関（AB）に対して実証できれば可能である．この文書で使用されている用語 "shall"（なければならない）は，関連する規格の要求事項を反映したそれらの規定が強制されることを示す．

労働安全衛生マネジメントシステム（OHSMS）の規格開発の背景

（注記：多くの国で，"労働安全衛生 'occupational health and safety'" 又は "OH&S" は，"労働安全衛生 'occupational safety and health'" 又は "OSH" と呼ばれるが，これら 2 つの用語は同義である．）

OHSMS の規格開発は，1990 年代前半に始まり，結果として 1996 年には BS 8800 が発行された．同年の ISO ワークショップでは，OHSMS 国際規格を開発することが適切であるか否かが討議されたが，時期尚早であるという決定がされた．

OHSAS プロジェクトグループが 1990 年代後半に結成され，OHSAS 18001 が 1999 年に，OHSAS 18002 が 2000 年に発行された．また，2000 年には AS/NZ 4801 も発行され，続く 2001 年には ILO の OSH ガイドラインが，2003 年には ANSI Z10 が発行されている．2007 年には OHSAS 18001 の改訂版が，2008 年には OHSAS 18002 の改訂版が発行されている．ANSI Z10 は 2013 年に改訂された．

OHSAS 18001 の完全な著作権は，OHSAS プロジェクトグループにあるものの，同グループは多くの国家標準化団体とロイヤリティーフリーのライセンス及び著作権について合意に至った．これによって，国家レベルでの OHSAS 18001 の採用及び使用が後押しされ，様々な組織によるその実施が促進された．それ以降，世界的な労働安全衛生文化の改善につながった．

OHSMS 国際規格開発に関する ISO の諮問が 2007 年に行われたが，再度，時機を見るという決定がされた．

最新の OHSAS 規格及び認証調査（2011 年のデータ）によれば，127 か国が主に OHSAS 18001 の採用又は適応によって OHSMS 規格を使用しており，この分野で国

際規格が必要とされていることが示されている．この結果を受けて，2013 年 3 月に新規規格提案が ISO に提出され，これが ISO 45001 労働安全衛生マネジメントシステム―要求事項及び利用の手引の開発プロジェクトへと繋がった．

立法機関／規制機関の中には，その地域の法的枠組みの中で OHSAS 18001 に言及しているものもあり，移行（migration）プロセスではこのことを考慮する必要があることに注意することが望ましい．

また，OHSAS 18001 に類似しているものの完全に一致していない，他の OHSMS 規格を有する国も存在するが，これらの規格はこの IAF 基準文書では含まれていない．

ISO による ISO 45001 開発プロジェクトは，これらの規格との調和を取り，ベストプラクティスを共有することを求めている．

OHSAS 18001:2007 から ISO 45001:2018 への移行（Migration）に関する要求事項

1．序文

この文書は，OHSAS 18001:2007 から ISO 45001:2018 へ移行（migration）するための要求事項を提供するものであり，国際認定フォーラム（IAF）によって OHSAS プロジェクトグループ及び ISO の協力で，利害関係者に対して，考慮を必要とする移行の取決めに関する助言を ISO 45001 を実行前に行うために用意されたものである．この文書は，関連する利害関係者が考慮しなければならない活動を特定し，ISO 45001 の内容の理解を深めるものである．

これらの移行要求事項は，同じ認証機関による OHSAS 18001:2007 から ISO 45001:2018 への移行にのみ適用される．

この文書によって利益を受ける関係する利害関係者には下記のものが含まれる．

i) OHSAS 18001:2007 認証を受けた，及び／又は使用している組織
ii) 認定機関（AB）
iii) 認証機関（CB）
iv) 立法機関及び規制機関
v) 通商／契約／調達局
vi) 働く人
vii) 社会

2. 移行
2.1 一般

　OHSASプロジェクトグループは，ISO 45001:2018を完全にレビューし，これをOHSAS 18001:2007と置き換えることを追認している．従って，ISO 45001:2018が発行されたら，OHSAS 18001:2007の正式な状態は，3年の移行期間を考慮して"廃止"されると考えられる．このことは，OHSASプロジェクトグループによって，OHSAS 18001:2007を使用しているNSBs（国家標準化団体）及び地域の法的枠組みの中でOHSAS 18001:2007を採用していることが知られている立法機関／規制機関に通知される．

　IAF，OHSASプロジェクトグループ及びISOは，ISO 45001:2018の発行日から3年の移行期間に合意している．

　　注記：OHSAS 18001:2007への参照は，BS OHSAS 18001:2007及び全ての同等の国家規格にも適用される．

　IAF決議2016-15が，2016年11月4日にインドのニューデリーで開催されたIAF総会で可決され，ISO 45001:2018への3年間の移行期間が承認された．

　IAF，OHSASプロジェクトグループ及びISOは，この移行プロセスについて必要なチャンネルを全て使って連絡することが計画されている．訓練パッケージ，普及啓発及びウェビナーは，OHSAS 18001:2007又は同等の国家規格に対して認証された既存の顧客に適切に通知し，新規格に移行することを奨励することを可能にするため，IAF，OHSASプロジェクトグループ及びISOのメンバーによって開発，実施されていることの事例である．

2.2　OHSAS 18001:2007に対して認定された認証の有効性

　IAFはISO 45001:2018の移行期間終了後，ISO 45001:2018で認定された認証の受け入れのみを促進する．

　移行期間中に発行された，OHSAS 18001:2007で認定された認証の満了日は，3年間の移行期間の終了に対応していなければならない．

　　注記：地域の法律／規制によって，認定されたOHSMS認証が要求され，当該
　　　　　法律／規制がISO 45001を参照するよう改訂されていない場合は，BS
　　　　　OHSAS 18001（又は同等の国家規格）の認定された認証の有効性は延長される場合がある．

3. 認証及び認定に関与する利害関係者に対する特定のガイダンス

　全ての組織にとって，必要とされる変更の程度は，現行のマネジメントシステム，組織構造及び慣習の成熟度及び有効性に依存する．従って，現実的な資源及び時間的関係を特定するため，影響分析／ギャップ評価を実施することを強く推奨する．

3 IAF ガイダンス文書

3.1 OHSAS 18001:2007 を使用している組織

OHSAS 18001:2007 を使用している組織は，下記の処置を取ることが推奨される．

i) ISO 45001 のコピー（又は，早期の計画作成及び適応が望まれる場合は，早期の FDIS のコピー）を得る
ii) 新しい要求事項を満たすために取り組む必要がある OHSMS のギャップを特定する
iii) 実行計画の策定
iv) 全ての新しい力量ニーズが満たされ，OHSMS の有効性に影響を与える全ての関係者の認識の形成を確実にする
v) 既存の OHSMS を新しい要求事項を満たすように更新し，有効性を検証する
vi) 該当する場合は，認証機関と移行の取決めの連絡をする

注記：利用者は，国際規格草案（DIS）又はその後の国際規格（IS）前の草案段階の文書が作成された後，規格の作成に技術的な変更が起こる可能性があることを知っておくことが望ましい．組織は，DIS 又はその後の IS 前の草案段階の文書で準備を開始できるが，技術的な内容が最終決定するまで，つまり，国際規格最終草案（FDIS）段階に至るまで，又は規格が発行されるまで，OHSMS の大きな変更は実施すべきではない．

4. IAF の移行要求事項

4.1 OHSAS 18001:2007 から ISO 45001:2018 への認証の移行の実施

この文書は，DIS 又はその後の IS 前の草案段階の文書の作成中に変更が起こり得ることを考慮して，ISO 45001:2018 の新しい要求事項の早期計画及び採用を可能にすることを意図している．

DIS 又はその後の IS 前の草案段階の文書の作成中に，活動を計画することが奨励されるが，規格が発行されるまでは更なる技術的変更が起こり得るため，組織は注意を払うことが推奨される．

認証機関は，DIS 段階又は最新の IS 前の草案段階の文書の作成中に行われた全ての評価活動の記録を取り，ISO 45001:2018 への移行審査時に完全な検証を実施しなければならない．

4.2 認定機関及び認証機関に対する一般要求事項

4.2.1 認定機関

実施は，追加の審査時間が必要になる場合に注意して，可能な限り，通常の計画された活動の中で検証されなければならない．

加速する時間枠の中で認定を要請する認証機関のため，追加の審査が必要となる場合がある．

認定機関は，可能な限り早期に，移行の取決め及び要求事項を認定された認証機関に

連絡しなければならない．移行の取決めには下記が考慮されることが推奨される．
  i) 労働安全衛生リスクの管理の審査に関連する教育・訓練を含む，審査員及びその他の要員の教育・訓練と力量の確認
  注記：認定機関は，DIS 段階で教育・訓練を開始することが奨励されているが，最新の草案段階の文書と最終的に発行された規格との違いに対処するため，追加的な教育・訓練が必要となり得る
  ii) 認定機関は，新規格に対する認定をできるだけ早期に可能にするため，DIS 又は最新の草案段階の文書の作成中に可能な限りの活動を実施するなど，使用できる時間を十分に活用できるよう，移行プログラムを作成しなければならない．草案文書の使用に関わるリスク，及び最終文書に関して見込まれる追加的な活動の必要性を認識すること
  iii) ISO 45001:2018 への移行を含む審査は，新規格の運用の結果として，認定機関が実施する変更に焦点をあてなければならない．要求事項の一貫した解釈，力量，報告，審査方法に関する一切の変更を第一に考慮することが望ましい．審査には，依頼者に対する移行に関連する認証機関の取決めのレビューも必要になる．
  iv) 認定された OHSAS 18001:2007 認証書のみを発行する，認定された OHSAS 18001:2007 の認証機関について，認定機関は少なくとも 1 審査人・日の文書レビューを実施しなければならない．
    a. レビューの結果が肯定的である場合，新しい認定証を発行してもよい
    b. 審査の結果が否定的である場合は，認定機関は追加的な評価が必要であるかを決定する（つまり，追加の文書レビュー又は事務所審査又は認証機関が実施する審査への立会い）
    注記 1：認定機関は，ISO/CASCO WG 48 が，OHSMS の審査及び認証に固有の力量要求事項を含む ISO/IEC TS 17021-10 を開発中であることに留意することが望ましい．更に，OH&SMS に関する新しい IAF MD が開発中であること，これは全ての ISO 45001:2018 認定活動に使用されなければならないことに留意すること．

4.2.2　認証機関

　認証機関は，DIS 段階から依頼者に説明を開始することが奨励され，要請があれば，依頼者のシステムと DIS のギャップ分析を開始することができる．

　認証機関は，ISO 45001:2018 への移行審査の時に完全に検証をするために，DIS 段階又は最新の IS 前の草案段階の文書の作成中に行われた全ての評価活動を記録しなければならない．

　ISO 45001:2018 に対する認定された認証は，認証機関が新規格の認証を提供することに対し認定を受け，ISO 45001:2018 への適合性を組織が実証した後でのみ発行され

なければならない．

OHSAS 18001:2007 認証された組織との合意に基づき，認証機関は，移行活動を定期的なサーベイランス，再認証監査又は特別審査で実施することができる．移行審査が，計画されたサーベイランス又は再認証と連動して行われる場合（つまり，進行的又は段階的手法），ISO 45001:2018 によって示されている既存及び新しい要求事項をカバーするため，少なくとも 1 審査人・日を追加することが必要とされる．各依頼者及び移行審査は固有のものであり，ISO 45001:2018 の適合性を十分に立証するために，審査工数は必要に応じて最小工数以上に増やすことを認識すること．

認証機関は，移行の取決めをできるだけ早期に依頼者に連絡しなければならない．これは，DIS 又は最新の IS 前の草案段階の文書作成中に実施されることが推奨される．

認証機関は，下記の事項に取組むために，移行計画を作成しなければならない．

i) 審査員及びその他の要員の教育・訓練と力量の確認

  注記1：認証機関は，DIS 段階で教育・訓練を開始することが奨励されているが，認証機関は，追加的な教育・訓練が DIS 又は最新の草案段階の文書と最終的に発行された規格との違いに対応するのに必要であるかもしれないことを認証機関は意識することが望ましい．

  注記2：認証機関は，ISO/CASCO WG 48 が，OHSMS の審査及び認証に固有の力量要求事項を含む ISO/IEC TS 17021-10 を開発中であることに留意することが望ましい．更に，OH&SMS に関する新しい IAF MD が開発中であること，これは全ての ISO 45001:2018 認定活動に使用されなければならないことに留意すること．

ii) 依頼者との連絡に関する認証機関の取決め

iii) 新規格への適合性の審査に関する認証機関の取決め．例えば，一回の訪問になるのか，それとも段階的な方法をとるのか

iv) 認証機関は，移行プロセスの間，顧客の OHSAS 18001:2007 への継続的な適合性をどのように確実なものとするのか

v) 認証機関は，DIS 又は最新の IS 前の草案段階の文書の作成中に行われた全ての評価活動の結果の利用をどのように計画するのか

vi) ISO 45001:2018 発行から 3 年間に移行を完了できなかった依頼者に関して取られる処置．例えば，認証を回復させるために必要な審査のレベルまた，下記も合わせて確実にしなければならない．

i) 新しい要求事項に適合するために依頼者の対応が必要な事項は，全て明確に特定した指摘事項として提起しなければならない

ii) 特定された未解決の事項が全て適切に対応され，マネジメントシステムの有効性が実証された時にのみ，審査員は，発行された ISO 45001:2018 に対する認証を推薦することができる

iii) ISO 45001:2018 に対する認証のためのいかなる推薦が行われる前に，過去の移

付　録

行審査における全ての指摘事項が是正処置及び適合性に関して評価されていることを検証する記録が利用できなければならない

iv) 認証機関は移行段階において新しい要求事項への依頼者の適合性の評価が，OHSAS 18001:2007への継続的な適合を妨げないことを確実にしなければならない

v) DIS又はFDISで評価活動が行われた場合，当該活動の有効性が決定プロセスで考慮されたことを確実にするためのレビューが意思決定者によって行われること

vi) 全ての未解決の重大な不適合に対する処置が，レビュー，容認，検証された後，そして，全ての軽微な不適合に対する依頼者の是正処置計画がレビュー，容認された後のみ，ISO 45001:2018に対する認証を発行する決定が行われなければならない

注記：全ての認定機関及び認証機関は，例え異なる規格に関連していても，この移行プロセスにおいても考慮すべき非常に重要なAAPG文書"ISO 9001:2015への移行におけるAB及びCABの最適実施要領"を意識することが期待される．このAAPG文書は下記のサイトから無料でダウンロードできる．
http://www.iaf.nu/articles/Accreditation_Auditing_Practices_Group_(AAPG)/20)．

ISO 14001:2015の移行に関するIAF ID 10も，最適な実施要領に関して参照されることが望ましい．

OHSAS 18001:2007からISO 45001:2018への移行（Migration）に関するIAF基準文書の終わり

追加情報：この文書又は他のIAF文書について追加の情報を必要とする場合，IAFメンバー又は事務局に連絡して下さい．

IAFメンバーの連絡先詳細については，IAFウェブサイト参照．—
http://www.iaf.nu

事務局：
IAF Corporate Secretary,
Telephone: 1 +613 454-8159
Email: secretary@iaf.nu

注：この文書は，IAF Mandatory Document—Requirements for the Migration to ISO 45001:2018 from OHSAS 18001:2007—Issue 1 の内容について，参考訳として，日本適合性認定協会が翻訳したものであり，原文だけが正式な IAF 文書としての位置付けられるものです．原文は，IAF ウェブサイトから入手することができます．

出典：日本適合性認定協会ウェブサイト
　　　https://www.jab.or.jp/news/2018/041201.html

IAF MD21:2018 原文掲載元
　　　https://www.iaf.nu/upFiles/IAFMD21MigrationtoISO450012018Pub.pdf

索　引

A, B

AED　　250
ALARP　　128, 273
as low as reasonably practicable
　　128, 273
BSI　　18

C

COHSMS　　331
competence　　67
consultation　　54
contractor　　56
Corporate Social Responsibility
　　261
CSR　　261
culture　　38

E, H

effectiveness　　61
EMS　　289
eラーニング　　241
hazard　　64

I

IAFガイダンス　　344
ILO　　16, 132
　　——ガイドライン　　18, 274, 304,
　　　328
ILS　　17, 33

International Labour Organization
　　16
International Labour Standards　　17
International Organization for
　　Standardization　　16
ISO　　16
ISO 9001　　279
ISO 14001　　279
ISO 31000　　259
ISO 45001　　27
　　——への移行　　40
ISO/IEC Directives　　18
ISO/IEC 専門業務指針　　18

J

JAB　　40
JIS Q 45100　　226
JISHA方式適格OSHMS基準　　323
JTCG　　86, 162, 259

K, M

KY訓練　　153
migration　　40, 345

O

objective　　62
Occupational Health and Safety
　　Management System　　16
OHSAS 18001/18002　　18, 23
OH&SMS　　16, 18

OSHMS　18

P

participation　54
PC 283　23, 24
PDCA　100, 211
policy　61
PPE　177

R

requirement　56
risk　64

S

SDCAサイクル　222
SDS　169

T, W

THP活動　255
worker　31, 52
workplace　55

あ

アウトプット　89, 127
アクシデント　278
安全委員会　102, 108
安全衛生教育　149
安全衛生計画　165, 238
安全衛生推進者　103
安全衛生パトロール　240
安全衛生方針　164
安全管理者　103
安全性プログラム　200
安全点検　251
安全文化　277

い

移行　345
維持する　77
石綿　253
一体で運用　227
意図した成果　29, 79, 93, 96, 115, 116
意図しない変更　180
依頼者　349
医療情報　169
インシデント　21, 74, 96, 118, 120, 151
インターフェース　265
イントラネット　245
インプット　89, 127
インフラストラクチャ　122, 145

う, え

請負者　56, 106

英国規格協会　18
衛生委員会　102, 108
衛生管理者　103
枝分かれ図　314
エラープルーフ　217

か

快適な職場環境　300
外部委託　106, 110, 189
　　——する　71
外部及び内部の課題　81
外部コミュニケーション　156, 157, 160
化学的　123
　　——有害要因　253
化学物質　234
確実にする　78
確立する　78, 89
過重労働　232
環境保護　287
関係請負人　187
関係性管理　282
監査　72
　　——基準　206
　　——手順　207
感染症　240
監督機関　134
管理　21
　　——策　126
　　——策の優先順位　136
　　——責任者　103
　　——の方式及び程度　190

き

機会　116, 130
機械的　123
危険源　64, 96, 120, 148
　　——の除去　177
　　——の特定　119, 173
危険予知（KY）活動　151
技能　148
客観的事実に基づく意思決定　282
教育訓練　148
境界　85, 87, 108, 262
協議　54
　　——及び参加　33, 96
共通テキスト　27, 258, 297
強度率　271
記録　268
緊急事態　135, 136, 192
緊急時対応サービス　192

け

経営環境　122
経営プロセス　266
経済産業省　226
継続的改善　76, 106, 209, 221
健康確保　239
健康教育　231
健康診断プログラム　178
言語能力　150
検査プログラム　175
検証　184
建設業　187
　　——労働安全衛生マネジメントシステム　331

こ

工学的　175
厚生労働省　226
　——令　181
交通事故　193
行動規準　134
行動規範　311
考慮する　77
厚労省 OSHMS 指針　226, 315
5S 活動　226
顧客重視　282
顧客ニーズ　280
国際標準化機構　16
国際労働機関　16
国際労働基準　17
個人情報　169
個人用保護具　177
コミットメント　100
コミュニケーション　106, 112, 154, 155
コンソーシアム規格　18, 23
根本原因　215, 216

さ

サービス　186
作業環境　175
　——測定　202
　——測定法　133
作業編成　175
参加　54
　——及び協議　113
産業医　103
三者構成　274

3W1H　243
残留リスク　128

し

支援　145
　——プロセス　266
識字力　150
事業プロセス　93, 95, 135, 137, 143
　——に統合　91
資源　145
次工程はお客様　281
システム各級管理者　103
自然災害　192
社会的要因　119
重篤度　312
順守　149
　——評価　164, 198
障害又は障壁　105
職業病　278
職場　55, 120, 154, 180
審査登録制度　39
人的資源　145
心理社会的　123

す

水平の動き　264
ストレスチェック　109, 239
スローガン　139

せ

生活習慣病　232
製造業　191
生物学的　123
責任及び権限　101

是正処置　75, 209, 214
接点　265
説明責任　77
戦術的目標　141
戦略的な環境管理　286
戦略的目標　141

そ

総括安全衛生管理者　103, 143
測定　72, 196
測定機器　198
　　――の校正　196
組織　51
　　――の状況　79
　　――の能力　80
　　――の目的　79
　　――の役割　101

た

タイプA　258
タイプB　258
対立する概念　260
縦の動き　264
妥当性　210
多様性の側面　154

ち，つ

知識　148
中小企業　292
調達プロセス　175
墜落　252

て

定常的　124

定性的　140
適合　73
適切性　210
適用可能性　85, 87
適用範囲　30, 46
手順　69, 107
テスト及び訓練　192
テロリズム　193
電気的　123
転倒　252
天然資源　145
転落　252

と

統括管理　233
統合を確実にする　78
特殊健康診断　252
独立性　206
度数率　271
トップマネジメント　60, 93
取組みの計画　135

な

内部監査　204
　　――プログラム　205
内部コミュニケーション　156, 159
なぜなぜ分析　217

に，ね

ニーズ及び期待　83, 84
2種類の機会　34
2種類のリスク　34
日本適合性認定協会　40
人間工学的　175

認識　151
認証機関　348
認証取得　299
認定機関　347
熱中症対策　240

は

媒体　166
ばく露　183
挟まれ　252
働き方改革　232
働く人　31, 52, 96, 105, 142
　——の代表　140
パフォーマンス　70
　——評価　196
パンデミック　193

ひ

非管理職　106, 110, 207
必要なプロセス　267, 284
非定常的　124
人々の積極的参加　282
批判的観察　200
ヒヤリ・ハット　111, 167
ヒューマンファクター　273
評価方法及び基準　127
品質マネジメントの7原則　282

ふ

負傷及び疾病　63
附属書SL　99, 167
　——コンセプト文書　86, 202
不確かさの影響　260
物理的　123

　——有害要因　253
不適合　73, 214
プロセス　29, 69, 91
　——アプローチ　282
　——からのアウトプット　121
　——の大きさ　266
　——の確立（計画）　31
　——へのインプット　121
　——を確立　105, 119, 126, 130, 131, 154, 155, 177
文化　38, 94
文書化した情報　68, 115, 161
文書管理システム　169
文書類　268
粉じん　253
分析　196

へ

ベストプラクティス　137
変化すること　124
変更管理　172
変更の管理　179
ベンチマーク　119

ほ

防災訓練　199
方針　61
法的要求事項　106
　——及びその他の要求事項　57, 110, 132
報復　94, 106, 153
保護装置　178
保持する　77
母性健康管理　254

ま

巻き込まれ　252
マトリクス　314
マネジメント　21
マネジメントシステム　29, 58
　　——に対するその他の機会　36, 37, 116, 130
　　——に対するその他のリスク　36, 116
　　——を確立　88, 90, 134
マネジメントレビュー　164, 209

み，め

見える化　294
メンタルヘルス教育　240

も

目的，目標　62
元方事業者　187
モニタリング　72, 129, 137, 140, 142, 196

ゆ

有効性　61, 210
　　——のレビュー　219

よ

要求事項　56
用語及び定義　50
四つのケア　255
予防処置　149

ら

ライフサイクル　118, 288
　　——思考　287

り，れ

リーダーシップ　93
利害関係者　51, 83, 84, 134
力量　67, 146, 147, 150
リスク　64
　　——アセスメント　108, 111, 126, 164, 165
リスク及び機会　115, 118, 132, 136
　　——への取組み　114
レビュー　182

ろ

労働安全衛生機会　36, 67, 116, 130
労働安全衛生基準　185
労働安全衛生パフォーマンス　70, 109, 119, 138
労働安全衛生法　133, 160
労働安全衛生方針　61, 95, 98
労働安全衛生マネジメントシステム　16, 59
　　——に関する指針　226, 315
　　——の確立　145
労働安全衛生目標　62, 138, 143
労働安全衛生リスク　36, 66, 116
労働基準法　133
労働組合　108
労働形態　178
労働災害　152, 165
ローベンス報告　20, 23

ISO 45001:2018（JIS Q 45001:2018）
労働安全衛生マネジメントシステム　要求事項の解説

2018 年 10 月 31 日　第 1 版第 1 刷発行	
2025 年 2 月 19 日　　　　　　第 4 刷発行	

監　　修　中央労働災害防止協会
編　　著　平林　良人
発 行 者　朝日　弘
発 行 所　一般財団法人　日本規格協会
　　　　　〒 108-0073　東京都港区三田 3 丁目 11-28　三田 Avanti
　　　　　https://www.jsa.or.jp/
　　　　　振替　00160-2-195146
製　　作　日本規格協会ソリューションズ株式会社
印 刷 所　株式会社平文社

© Yoshito Hirabayashi, et al., 2018　　　　　　　　　Printed in Japan
ISBN978-4-542-40273-7

● 当会発行図書，海外規格のお求めは，下記をご利用ください．
　 JSA Webdesk（オンライン注文）：https://webdesk.jsa.or.jp/
　 電話：050-1742-6256　E-mail：csd@jsa.or.jp